机械可靠性设计

主　编　刘混举

副主编　赵河明　王春燕

科学出版社

北　京

内 容 简 介

本书全面系统地介绍了机械可靠性设计的基本理论与方法。内容包括：可靠性基本概念、可靠性数学基础、机械可靠性设计原理与可靠度计算、机械系统可靠性设计、故障模式影响及危害性分析与故障树分析、机械零部件可靠性设计、机械可靠性优化设计及可靠性提高、可靠性试验。每章都配备了习题，同时附有一定的算例及附表。

本书可作为高等学校机械设计制造及其自动化、机械工程及自动化、车辆工程、探测制导与控制技术等专业的机械可靠性设计教材，也可供从事机电产品设计、制造、试验、使用与管理的工程技术人员学习与参考。

图书在版编目(CIP)数据

机械可靠性设计/刘混举主编. —北京：科学出版社，2012.2

ISBN 978-7-03-033071-0

Ⅰ.①机… Ⅱ.①刘… Ⅲ.①机械设计：可靠性设计-高等学校-教材
Ⅳ.①TH122

中国版本图书馆 CIP 数据核字(2011)第 267318 号

责任编辑：毛 莹 朱晓颖 / 责任校对：张凤琴
责任印制：张 伟 / 封面设计：迷底书装

科学出版社 出版
北京东黄城根北街 16 号
邮政编码：100717
http://www.sciencep.com
北京建宏印刷有限公司 印刷
科学出版社发行 各地新华书店经销
*
2012 年 2 月第 一 版 开本：B5（720×1000）
2023 年 1 月第十次印刷 印张：17
字数：350 000

定价：59.00 元

（如有印装质量问题，我社负责调换）

前　　言

可靠性是一门新兴的工程学科，它涉及基础科学、技术科学和管理科学的许多领域，是一门多学科交叉的边缘性学科。产品的可靠性已成为衡量产品质量的重要指标之一。近年来，世界各发达国家已把可靠性技术和全面质量管理紧密地结合起来，大大提高了产品的可靠性水平。20 世纪 60 年代以来，可靠性工程技术逐步地在各个工业领域内得到了发展和应用，人们也逐步认识到产品的可靠性与企业的生命、国家的安全紧密相关，而且产品性能的优化、结构的复杂化要求产品有很高的可靠性，同时产品更新速度的加快以及使用场所的广泛性和严酷性要求产品有很高的可靠性，此外，国内外企业界普遍认识到产品竞争的焦点是可靠性，大型产品的可靠性同时又是一个企业、一个国家科技水平的重要标志。

国家发展与改革委员会和科学技术部联合发布的重大产业技术开发专项中强调重点开发可靠性设计和防疲劳断裂设计等技术。国家 863 计划先进制造技术领域四个专题中“重大产品和重大设施寿命与预测技术”将寿命和可靠性设计与分析技术、寿命和可靠性试验方法与评估技术作为重点研究课题给予资助，可见国家对可靠性设计技术是非常重视的。

然而由于种种原因，我国的可靠性理论与应用工作还比较薄弱，许多从事可靠性工作的工程技术人员和管理人员没有系统地掌握可靠性技术，许多高等院校还没有广泛地开设可靠性理论与应用方面的课程。本书是作者在多年从事机械可靠性设计本科教学、研究生培养以及有关可靠性研究工作的基础上，经过修改、补充而完成的。本书以大学本科教学为出发点，系统介绍了机械可靠性设计的基础理论与方法，可满足大学本科 40～60 学时的教学使用，同时又可供广大工程技术人员学习和参考。

全书共分 8 章。太原理工大学刘混举编写第 1 章；中北大学魏秀业编写第 2 章和第 7 章，高强编写第 3 章，赵河明和王峰编写第 4 章；太原理工大学王学文编写第 5 章；太原科技大学王春燕编写第 6 章，高有山编写第 8 章。刘混举教授任本书主编并负责统稿，赵河明教授和王春燕教授任副主编。在编写过程中，参阅了国内外同行的教材、手册及科技文献，在此谨致谢意。

由于作者水平、经验及时间所限，疏漏及不妥之处在所难免，敬请广大读者批评指正。

作　者

2011 年 11 月

前言

主要符号表

C—轴承额定动载荷
C_d—螺栓直径的变异系数
C_f—工作拉力的变异系数
C_s—螺栓拉伸强度的变异系数
$C(f)$—频率和温度系数的函数
$\mathrm{Cov}(X,Y)$—随机变量 X 和 Y 的协方差
$D(X)$—随机变量 X 的方差
$E(X)$—随机变量 X 的数学期望
FTA—失效树分析(故障树)
$F(t)$—不可靠度(失效概率)
$F(x)$—随机变量 x 的累积分布函数
$f(x)$—随机变量 x 的概率密度函数
G—材料的剪切弹性模量
K—额定动载荷可靠性系数
K_A—使用系数
$K_{H\alpha}$—齿间载荷分配系数
$K_{H\beta}$—齿向载荷分布系数
K_v—动载系数
k—弹簧刚度
k_σ—有效应力集中系数
L_{10}—轴承的额定寿命
MTBF—平均无故障工作时间
MTTF—平均失效时间
$M(t)$—维修度
N—失效循环次数
$N(\mu,\sigma)$ —均值为 μ、标准差为 σ 的正态分布
$N(\mu,\sigma^2)$ —均值为 μ、方差为 σ^2 的正态分布
$N(0,1)$—标准正态分布
n—安全系数
P—当量动载荷
$P(A)$ —事件 A 发生的概率
$P_n(k)$—二项分布
$P_\lambda(k)$—泊松分布
P_H—人为差错率
R_H—人的出错率
R_s—系统可靠度
$R(t)$ —可靠度
$R(S \mid F_x)$ —单元 x 不可靠工作的条件下,系统能正常工作的概率
$R(S \mid R_x)$ —单元 x 可靠工作的条件下,系统能正常工作的概率
r—循环特性
S_M—弯矩标准差
S_σ—弯曲应力标准差
T—扭矩
t_{cp}—零件在高温下的工作时间
t_r—蠕变寿命
$X(\omega)$—变量 X 在样本空间上的随机变量
$\hat{x}$—随机变量 x 的估计值
$\bar{x}$—样本的均值
β—威布尔分布的形状参数,威布尔斜率
γ—威布尔分布的位置参数,风险
ε—疲劳寿命系数
ε_σ—尺寸系数
η—威布尔分布的尺度参数,特征寿命
$\theta_{i(j)}$—第 i 个分系统(第 j 个机构)的平均故障间隔时间
λ_G—单元的基本失效率
$\lambda(t)$ —失效率,瞬时失效率
μ—总体的均值
ξ—强度与应力的比值

$\rho_{X,Y}$—随机变量 X 和 Y 的相关系数

σ—总体的标准差

σ_a—应力幅

σ_b—强度极限

σ_F—齿根弯曲工作应力

σ_k—循环中的最高应力

σ_{lim}—材料的强度极限

σ_m—平均应力

σ_{max}—零件工作时所受最大工作应力

σ_{min}—零件工作时所受最小工作应力

σ_r—蠕变断裂强度

σ_s—屈服极限

σ_{-1}—疲劳极限

$\sigma_{极限}$—极限应力

τ—切应力

$\Phi(x)$ —标准正态分布函数

$\phi(x)$ —标准正态分布的概率密度函数

Ω—样本空间

$\omega_{i(j)}$—第 i 个分系统(第 j 个机构)的重要度

目　录

前言
主要符号表
第1章　绪论 …… 1
1.1　可靠性研究的历史 …… 1
1.2　可靠性研究的重要性及其意义 …… 3
1.3　可靠性的定义和特征量 …… 5
1.3.1　可靠性的定义 …… 5
1.3.2　可靠性的特征量 …… 6
1.4　机械可靠性设计的内容、特点和方法 …… 11
1.4.1　机械可靠性设计的基本特点 …… 11
1.4.2　机械可靠性设计的主要内容 …… 12
1.4.3　机械可靠性设计的方法与步骤 …… 14
1.4.4　机械可靠性定性设计准则 …… 16
习题1 …… 19
第2章　可靠性数学基础 …… 20
2.1　随机事件与概率 …… 20
2.1.1　随机事件及其运算 …… 20
2.1.2　概率及其特点 …… 21
2.2　随机变量 …… 22
2.2.1　随机变量的定义和分类 …… 22
2.2.2　随机变量的数字特征 …… 22
2.3　常用的概率分布 …… 24
2.3.1　离散型随机变量的分布 …… 24
2.3.2　连续型随机变量的分布 …… 24
2.3.3　概率分布的应用 …… 28
2.4　数理统计 …… 29
2.4.1　分布参数估计 …… 29
2.4.2　假设检验 …… 33
习题2 …… 36
第3章　机械可靠性设计原理与可靠度计算 …… 37
3.1　应力强度干涉理论及可靠度计算 …… 37
3.1.1　应力强度分布干涉理论 …… 37
3.1.2　可靠度的计算方法 …… 40

3.2 机械零件的可靠度计算…… 45
3.2.1 应力和强度分布都为正态分布时的可靠度计算 …… 45
3.2.2 应力和强度分布都为对数正态分布时的可靠度计算 …… 48
3.2.3 已知应力幅水平、失效循环次数的分布和规定的寿命要求时零件的可靠度计算 …… 51
3.2.4 已知强度分布和最大应力幅在规定寿命下的零件可靠度计算…… 52
3.2.5 疲劳应力下零件的可靠度计算 …… 52
3.2.6 应力和强度分布都为指数分布时的可靠度计算 …… 53
3.3 安全系数设计法与可靠性设计方法…… 53
3.3.1 安全系数设计法 …… 53
3.3.2 可靠性意义下的安全系数…… 54
3.3.3 可靠性设计方法与安全系数设计方法的区别…… 57
习题 3 …… 58
第 4 章 机械系统可靠性设计 …… 59
4.1 概述…… 59
4.1.1 机械系统可靠性的概念 …… 59
4.1.2 基本可靠性模型和任务可靠性模型 …… 60
4.1.3 系统的结构框图与可靠性框图 …… 60
4.1.4 可靠性模型建立的步骤 …… 61
4.1.5 系统可靠性模型的应用 …… 62
4.2 系统可靠性模型…… 63
4.2.1 串联模型…… 63
4.2.2 并联模型…… 65
4.2.3 混联模型…… 67
4.2.4 储备模型…… 67
4.2.5 复杂系统…… 73
4.3 系统可靠性预计…… 77
4.3.1 可靠性预计的目的 …… 77
4.3.2 可靠性预计的程序 …… 78
4.3.3 单元可靠性预计 …… 79
4.3.4 系统可靠性预计的一般方法…… 80
4.3.5 可靠性预计注意事项 …… 88
4.4 系统可靠性分配…… 88
4.4.1 可靠性分配的原则 …… 88
4.4.2 可靠性分配的方法 …… 89
4.5 可靠性设计方法…… 98
4.5.1 结构可靠性设计 …… 99
4.5.2 冗余设计 …… 101

4.5.3 耐环境设计 …… 102
4.5.4 耐热设计 …… 109
习题 4 …… 111
第 5 章 故障模式影响及危害性分析与故障树分析 …… 114
5.1 概述 …… 114
5.1.1 故障模式影响及危害性分析 …… 114
5.1.2 故障树分析 …… 114
5.2 故障模式影响及危害性分析 …… 115
5.2.1 故障模式影响及危害性分析的概念、特点与程序 …… 115
5.2.2 故障模式及影响分析 …… 122
5.2.3 危害性分析 …… 126
5.2.4 故障模式影响及危害性分析的应用 …… 130
5.3 故障树分析 …… 133
5.3.1 常用符号 …… 133
5.3.2 故障树的建立 …… 137
5.3.3 故障树的定性分析 …… 139
5.3.4 故障树的定量计算 …… 142
5.3.5 机械系统故障树分析实例 …… 147
习题 5 …… 150
第 6 章 机械零部件可靠性设计 …… 152
6.1 概述 …… 152
6.2 螺栓连接的可靠性设计 …… 155
6.2.1 受拉伸载荷螺栓连接的可靠性设计 …… 155
6.2.2 受剪切载荷螺栓连接的可靠性设计 …… 162
6.3 弹簧的可靠性设计 …… 167
6.3.1 圆柱螺旋压缩弹簧的静强度可靠性设计 …… 169
6.3.2 圆柱螺旋压缩弹簧的疲劳强度可靠性设计 …… 170
6.4 齿轮传动的可靠性设计 …… 174
6.4.1 齿轮轮齿的故障模式及其特征 …… 174
6.4.2 齿面接触疲劳强度的可靠性设计 …… 176
6.4.3 齿根弯曲疲劳强度的可靠性设计 …… 186
6.5 轴的可靠性设计 …… 192
6.5.1 轴的失效模式 …… 193
6.5.2 转轴的可靠性设计 …… 193
6.5.3 心轴的可靠性设计 …… 199
6.5.4 传动轴的可靠性设计 …… 201
6.5.5 轴的刚度可靠性设计 …… 203
6.6 滚动轴承的可靠性设计 …… 204

6.6.1 滚动轴承的寿命与可靠度之间的关系 …… 205
6.6.2 滚动轴承的额定动载荷与可靠度之间的关系 …… 207
习题 6 …… 208
第 7 章 机械可靠性优化设计及可靠性提高 …… 209
7.1 概述 …… 209
7.1.1 可靠性优化设计的概念 …… 209
7.1.2 以可靠度指标为约束条件的可靠性优化设计 …… 209
7.1.3 以总费用指标为约束条件的可靠性优化设计 …… 211
7.1.4 机械可靠性优化设计实例 …… 212
7.2 可靠性提高 …… 218
7.2.1 可靠性增长概述 …… 218
7.2.2 可靠性增长方法 …… 220
7.2.3 人-机-环境系统可靠性 …… 221
习题 7 …… 228
第 8 章 可靠性试验 …… 229
8.1 概述 …… 229
8.2 寿命试验设计 …… 230
8.2.1 寿命试验的目的 …… 230
8.2.2 寿命试验的分类 …… 230
8.2.3 寿命试验的设计方案 …… 232
8.3 寿命试验结果的统计分析及参数估计 …… 234
8.3.1 一般分布完全寿命试验的数据处理 …… 234
8.3.2 指数分布截尾寿命试验及参数的点估计 …… 236
8.3.3 正态分布寿命试验及参数的点估计 …… 238
8.3.4 威布尔分布寿命试验及参数的点估计 …… 239
8.4 加速寿命试验 …… 240
8.4.1 加速寿命试验的原理与类型 …… 241
8.4.2 恒定应力加速寿命试验设计 …… 242
8.4.3 加速寿命曲线与方程 …… 244
8.4.4 影响加速寿命试验三个因素之间的关系 …… 244
习题 8 …… 251
参考文献 …… 253
附录 …… 254
附录 1 标准正态分布数值表 …… 254
附表 2 χ^2 分布的分位数表 …… 256
附录 3 Γ 函数表 …… 257
附表 4 t 分布的分位数表 …… 258
附表 5 F 分布的分位数表 …… 259

第1章 绪　　论

1.1 可靠性研究的历史

可靠性是一门新兴的工程学科。产品的可靠性已成为衡量产品质量的重要指标之一。近年来,世界各发达国家已把可靠性技术和全面质量管理紧密地结合起来,大大提高了产品的可靠性水平。

可靠性工程的诞生可以追溯到20世纪40年代,即第二次世界大战期间。当时,由于战争的需要,迫切要求对飞机、火箭及电子设备的可靠性进行研究。最早提出可靠性理论的是德国的科技人员,德国在v-1火箭的研制中,提出了火箭系统的可靠性等于所有元器件可靠度乘积的理论,即把小样本问题转化为大样本问题进行研究。到了50年代初期,美国为了军事发展的需要,投入了大量的人力、物力对可靠性进行研究。美国先后成立了“电子设备可靠性专门委员会”、“电子设备可靠性顾问委员会”(AGREE)等研究可靠性问题的专门机构。1957年6月4日,美国的“电子设备可靠性顾问委员会”发布了《军用电子设备可靠性报告》,这就是著名的“AGREE”报告。这一报告提出了可靠性是可建立的、可分配的及可验证的,从而为可靠性学科的发展提出了初步框架。“AGREE”报告是美国可靠性工程学发展的奠基性文件。

20世纪50年代,苏联为了保证人造地球卫星发射与飞行的可靠性,开始了可靠性的研究工作。同时,为了解决作战导弹可靠性的要求,一些国家也先后开展了对可靠性的研究与应用。也就在这一时期,日本企业家认识到,要在国际市场的竞争中取胜,必须进行可靠性的研究。1958年日本科学技术联盟成立了“可靠性研究委员会”,专门对可靠性问题进行研究。

1961年,苏联发射第一艘有人驾驶的宇宙飞船时,宇航局对宇宙飞船安全飞行和安全返回地面的可靠性提出了0.999的概率要求,可靠性研究人员把宇宙飞船系统的可靠性转化为各元器件的可靠性并对其进行研究,取得了成功,满足了宇航局对宇宙飞船系统提出的可靠性要求。也就在这一时期,苏联对可靠性问题展开了全面的研究。20世纪60年代是美国航空航天事业迅速发展的时期。美国国家航空航天管理局(NASA)和美国国防部接受并发展了50年代由“AGREE”发展起来的可靠性设计及实验方案。与此同时,计算机硬件也从晶体管到集成电路,并朝着超大规模集成(VLSI)方向发展,计算机的进步主要源于硬件的进步,那时软件的重要性还不显著。软件可靠性问题是在60年代末获得重视。这时,苏联、法国、日本、英国等国家也相继开展了可靠性工程的研究。60年代我国在雷达、通信、电子计算机等方面也提出了可靠性问题。

20世纪70年代，各种各样的电子设备或系统广泛应用于各科学技术领域、工业生产部门以及人们的日常生活中。电子设备的可靠性直接影响着生产的效率、系统、设备以及人们的生命安全，对可靠性问题的研究显得日益重要。同时，人们也开始了对非电子设备（机械设备）可靠性的研究，以解决已有的电子设备可靠性设计及试验技术对非电子设备使用时受到限制和结果不理想的问题。

20世纪70年代我国国家重点工程的需要（元器件的可靠性问题）以及消费者的强烈要求（电视机的质量问题），对各行业开展可靠性的研究起了巨大的推动作用。从1973年起，国防科学技术工业委员会和四机部为了解决国家重点工程元器件的可靠性问题，多次召开有关提高可靠性的工作会议。1978年提出《电子产品可靠性“七专”质量控制与反馈科学实验》计划，并组织实施。经过10年努力，使军用元器件可靠性有了很大的提高，保证了运载火箭、通信卫星的连续发射成功和海底通信电缆的长期正常运行。1978年，国家计划委员会、电子工业部及广播电视总局陆续召开了有关提高电视机质量的工作会议。对电视机等产品明确提出了可靠性、安全性的要求和可靠性指标，组织全国整机及元器件生产厂家开展了大规模的、以可靠性为重点的全面质量管理。在5年的时间里，使电视机平均故障间隔时间提高了一个数量级，配套元器件使用可靠性也提高了一或二个数量级。

20世纪80年代可靠性研究继续向广度和深度方向发展，其中心内容是实现可靠性保证。1985年，美国军方提出在2000年实现“可靠性加倍，维修时间减半”这一新的目标，并已开始实施。80年代初，我国掀起了电子行业可靠性工程和管理的第一个高潮，组织编写了可靠性普及教材。在电子工业部内普遍开展可靠性教育，形成了一批研究可靠性的骨干队伍。1984年组建了全国统一的电子产品可靠性信息交换网，并颁布了GJB299—1987《电子设备可靠性预计手册》，有力地推动了我国电子产品可靠性工作。同时还组织制定了一系列有关可靠性的国家标准、国家军用标准和专业标准，使可靠性管理工作纳入标准化轨道。在80年代，软件可靠性理论研究停滞不前，没有质的飞跃。但软件可靠性的工程实践经验得到不断积累，不少软件可靠性技术在软件工程实践中得以应用。某些技术达到实用化程度，如软件可靠性建模技术、管理技术等。可以说这一时期，软件可靠性从研究阶段逐渐迈向工程化阶段。

20世纪90年代初，机械电子工业部提出了“以科技为先导，以质量为主线”，沿着管起来—控制好—上水平的发展模式开展可靠性工作，兴起了我国第二次可靠性工作的高潮，取得了较大的成绩。进入90年代后，由于软件可靠性问题的重要性更加突出和软件可靠性工程实践范畴的不断拓展，软件可靠性逐渐成为软件开发者需要考虑的重要因素，软件可靠性工程在软件工程领域逐渐取得相对独立的地位，并成为一个生机勃勃的分支。

1991年海湾战争的“沙漠风暴”行动和科索沃战争表明，未来的战争是高技术的较量。现代化技术装备，由于采用了大量的高技术，极大地提高了系统的复杂性，为了保证战备的完好性、任务的成功性以及减少维修人员和费用，可靠性工程将大力扩展，需要更多的可靠性技术作保证，需要更加严密的可靠性管理系统。

综上所述，可靠性工程的诞生、发展是社会的需要，与科学技术的发展，尤其与电子技术的发展是分不开的。虽然可靠性工程起源于军事领域，但从它的推广应用和给企业与社会带来巨大经济效益的事实中，人们更加认识到提高产品可靠性的重要性。世界各国纷纷投入大量人力、物力进行研究，并在更广泛的领域里推广应用。

我国可靠性工程虽然发展很快，但应该看到，目前与发达国家相比，还有很大差距。为尽快改变我国可靠性工作落后的局面，各级领导和各类人员应尽快从认识上转变观念，树立当代质量观，"以质量求生存、求发展"。把产品性能和可靠性同等看待，这是推动可靠性发展的关键。与此同时，要有效地推动可靠性工程，应将可靠性理论研究成果和可靠性工程技术应用于可靠性工程实践中，把对产品的可靠性要求纳入产品指标体系，并要有相应的考核要求和办法。

1.2 可靠性研究的重要性及其意义

可靠性问题的提出，首先是从军用航空电子设备开始的。在第二次世界大战期间，军用航空电子设备的失效率高，难以维护，引起人们对可靠性问题的高度重视。

20 世纪 60 年代以来，可靠性工程技术逐步地在各个工业领域内得到了发展和应用，而且日益得到重视。可靠性研究的重要性及其意义体现在以下几个方面。

1. 产品的可靠性与企业的生命、国家的安全紧密相关

国防科学技术工业委员会在总结中国两弹一星的成功经验时，将可靠性列为三大技术成就之一；第二次世界大战中美国空军由于技术故障造成的飞机事故多于被击落的损失；1979 年 3 月 28 日美国三里岛核电站发生的放射性物质泄漏事故是由于硬件(冷凝器循环泵)故障和操作人员的不可靠所造成的；而 1986 年 4 月苏联切尔诺贝利核电站爆炸事故，对国家的安全和声誉造成了严重损害。所以，对于重要的大型成套设备如电站、冶金、化工设备等，都应进行可靠性和安全性设计与风险评估，以控制其失效概率。

2. 产品性能的优化、结构的复杂化要求有很高的可靠性

随着现代科学技术的发展，机械产品(包括机电一体化产品)的结构日趋复杂(图 1-1)，性能参数越来越高，可靠性指标同样要求越来越高。

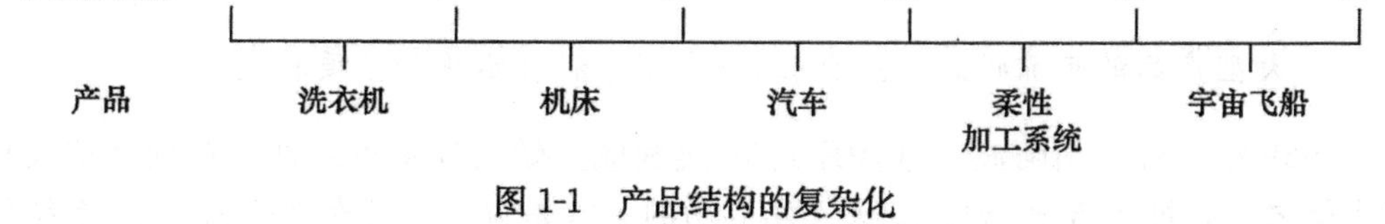

图 1-1　产品结构的复杂化

美国研制 F-105 战斗机时，投资 2500 万美元，使其可靠度从 0.7263 提高到 0.8986，每年节约维修费用 5400 万美元。而 20 世纪 50 年代末，美国迪尔公司在研发新系列发动机和拖拉机时，采用了一系列的新结构、新技术，使可靠性大大降低，年维修费用增加 1～2 倍。在可靠性工程领域，人们经常会提到：宁可牺牲先进性，也要保证可靠性。

3. 产品更新速度的加快，使用场所的广泛性、严酷性，要求有很高的可靠性

机械产品在工作过程中，往往因一个零件的失效而造成灾难性的后果。1986 年 1 月 28 日美国航天飞机“挑战者”号在发射后进入轨道前，因助推火箭燃料箱密封装置在低温下失效，使燃料溢出而引起爆炸(图 1-2)，造成 7 名宇航员牺牲，经济损失达 12 亿美元。

图 1-2 “挑战者”号爆炸情景

4. 产品竞争的焦点是可靠性

一台 300MW 汽轮发电机组因叶片失效被迫停机一天，则少发电 7.2×10^6kW·h，直接损失为 65 万元，间接损失约为 1000 万元。因为国产设备的可靠性不高，每年不得不进口很多机电成套设备，耗费大量外汇。据统计，1985 年和 1986 年进口的机电设备费用分别为 170 亿美元和 190 亿美元。

国际市场上机械产品的价格与可靠性水平的高低直接相关。许多产品在投标、签订合同和鉴定、验收时都采用了可靠性指标。在商品广告中利用可靠性特征量的内容越来越多。在发达国家，产品质量和可靠性几乎没有一天不成为新闻。

早在 20 世纪 60 年代初，美国有人预言，今后在激烈的国际市场竞争中，只有可靠性高的产品及其企业才能幸存下来。在 80 年代，日本有人断言，今后国际市场上产品竞争的焦点是可靠性。而苏联更是将可靠性纳入 25 年科技发展规划。日本从美国引进可靠性工程技术之后，在民用产品上的应用十分成功，其汽车、工程机械、发电设备、日用设备(复印机、洗衣机、电冰箱等)能够畅销全球，根本原因是其质量及可靠性高，这使日本获取了巨额的利润。

目前在国际上盛行的产品责任法、保质期、索赔制等，也都与产品的可靠性有关。例如，1959 年美国小汽车的保质期仅为 4 个月或 6400km，而到 70 年代提高到 5 年或 80000km。

5. 大型产品的可靠性是一个企业、一个国家科技水平的重要标志

1969 年 7 月美国阿波罗号登月成功，美国航空航天局将可靠性工程列为重大技术成就之一；“神舟五号”载人航天飞船成功的关键是解决了可靠性问题，飞船系统的

可靠性指标达到 0.97,而航天员安全性指标达到 0.997。

在美国,几乎所有的军事订货合同中,都有可靠性与维修性条款。20 世纪 70 年代末,美国的国防技术政策有了引人注目的变化,从过去主要追求武器系统的高性能转为更加重视武器系统的可靠性与维修性。

为了提高产品的可靠性,必须在生产的各个环节上做出努力,但最重要的是设计阶段。如果设计不合理,想通过事后的修理来达到所期望的可靠性,这几乎是不可能的。因此,从事机械研究和系统设计的科研人员,应该熟悉和掌握保证可靠性的各种方法与手段。

1.3 可靠性的定义和特征量

1.3.1 可靠性的定义

根据 GB3187—1982《可靠性基本名词术语及定义》,可靠性(reliability)的定义是:产品在规定的条件下和规定时间内,完成规定功能的能力。

理解这一定义应注意下列几个要点:

(1)“产品”,指作为单独研究和分别试验对象的任何元件、零件、部件、设备、机组等,甚至还可以把人的因素也包括在内。在具体使用“产品”这一词时,必须明确其确切含义。

(2)“规定的条件”,一般指的是使用条件、维护条件、环境条件、操作技术,如载荷、温度、压力、湿度、振动、噪声、磨损、腐蚀等。这些条件必须在使用说明书中加以规定,这是判断发生故障时有关责任方的关键。

(3)“规定的时间区间”,可靠度随时间而降低,产品只能在一定的时间区间内才能达到目标可靠度。因此,对时间的规定一定要明确。需要指出的是这里所说的时间,不仅仅指的是日历时间,根据产品的不同,还可能是与时间成比例的次数、距离等,如应力循环次数、汽车的行驶里程等。

(4)“规定的功能”,首先要明确具体产品的功能是什么,怎样才算是完成规定的功能。产品丧失规定的功能称为失效,对可修复产品也称为故障。怎样才算是失效或故障,有时是很容易判定的,但更多的情况是很难判定的。例如,对于某个齿轮,轮齿的折断显然就是失效,但当齿面发生了某种程度的磨损时,对某些精密或重要的机械来说该齿轮就是失效,而其并不影响某些机械的正常运转,因此就不能算失效。对一些大型设备来说更是如此。因此,必须明确地规定产品的功能。

(5)“能力”只是定性的分析是不够的,应该加以定量的描述。产品的失效或故障具有偶然性,一个确定的产品在某段时间的工作情况并不能很好地反映该种产品可靠性的高低。应该观察大量该种产品的运转情况并进行合理的处理后才能正确反映该种产品的可靠性。因此,这里所说的能力具有统计学的意义,需要用概率论和数理统计的方法来处理。

1.3.2 可靠性的特征量

表示产品总体可靠性水平高低的各种可靠性指标称为可靠性特征量。可靠性特征量的真值是理论上的数值，实际中是不知道的。根据样本观测值，经一定的统计分析可得到特征量的真值的估计值。估计值可以是点估计，也可以是区间估计。

常用的可靠性特征量有可靠度、失效概率（或不可靠度）、失效率、平均寿命、可靠寿命与中位寿命等。

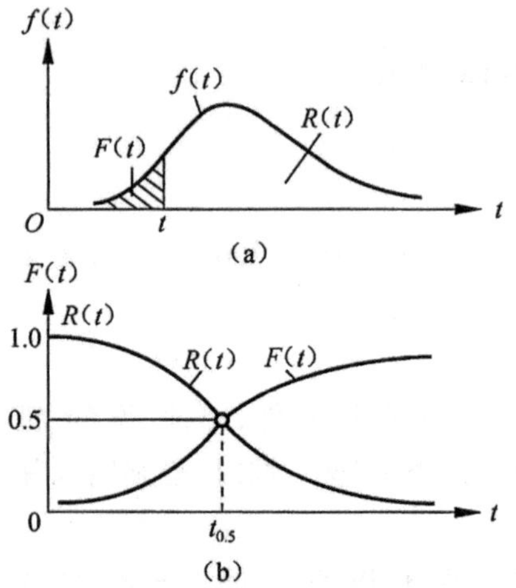

图 1-3 可靠度、失效概率与时间的关系

1. 可靠度

可靠度是产品在规定的条件下和规定的时间区间内，完成规定功能的概率。一般记为 R，由于它是时间的函数，故也记为 $R(t)$，称为可靠度函数。

如果用随机变量 T 表示产品从开始工作到发生失效或故障的时间，概率密度为 $f(t)$，则该产品在某已指定时刻 t 的可靠度为（图 1-3）

$$R(t) = P(T > t) = \int_t^{\infty} f(t)\,\mathrm{d}t \quad (1\text{-}1)$$

对于不可修复产品，可靠度的观测值是指直到规定的时间区间终了为止，能完成规定功能的产品数 $N_s(t)$ 与在该区间开始时投入工作的产品数 N 之比，即

$$\hat{R}(t) = \frac{N_s(t)}{N} = 1 - \frac{N_f(t)}{N} \quad (1\text{-}2)$$

式中，$N_f(t)$ 为到 t 时刻未完成规定功能的产品数。

对可修复产品，可靠度观测值是指一个或多个产品的无故障工作时间达到或超过规定时间的次数与观测时间内无故障工作的总次数之比（图 1-4），即

$$\hat{R}(t) = \frac{N_s(t)}{N} \quad (1\text{-}3)$$

式中，N 为一观测时间内无故障工作的总次数，每个产品的最后一次无故障工作时间若未超过规定时间则不予计入；$N_s(t)$ 为无故障工作时间达到或超过规定时间的次数。

上述可靠度公式中的时间是从零算起的，实际使用中常需知道工作过程中某一段执行任务时间的可靠度，即需要知道已经工作 t_1 后再继续工作 t_2 的可靠度。

从时间 t_1 工作到 $t_1 + t_2$ 的条件可靠度称为任务可靠度，记为 $R(t_1 + t_2/t_1)$。由

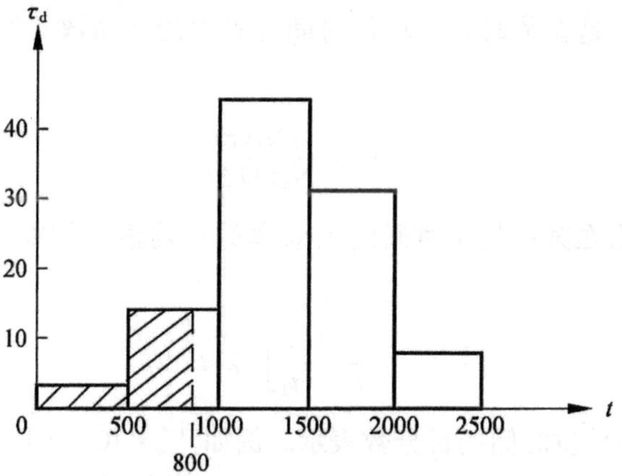

图 1-4　可靠度观察值

条件概率知

$$R(t_1+t_2)=P(T>t_1+t_2 \mid T>t_1)=\frac{R(t_1+t_2)}{R(t_1)} \tag{1-4}$$

根据样本的观测值，任务可靠度的观测值为

$$\hat{R}(t_1+t_2 \mid t_1)=\frac{N_s(t_1+t_2)}{N_s(t_1)} \tag{1-5}$$

2. 失效概率

失效概率是产品在规定的条件下和规定的时间区间内未完成规定功能（即发生失效）的概率，也称为不可靠度。一般记为 F 或 $F(t)$。

因为完成规定功能与未完成规定功能是对立事件，按概率互补定理有

$$F(t)=1-R(t)=P(T\leqslant t)=\int_{-\infty}^{t} f(t)\mathrm{d}t \tag{1-6}$$

累积失效概率的观测值可按概率互补定理得

$$\hat{F}(t)=1-\hat{R}(t) \tag{1-7}$$

失效概率与可靠度的关系如图 1-3 所示。

3. 失效率

失效率是工作到某时刻尚未失效的产品，在该时刻后单位时间内发生失效的概率。一般记为 λ，它也是时间 t 的函数，故也记为 $\lambda(t)$，称为失效率函数。

按上述定义，失效率为

$$\lambda(t)=\lim_{\Delta t\to 0}\frac{1}{\Delta t}P(t\leqslant T\leqslant t+\Delta t \mid T>t) \tag{1-8}$$

它反映了 t 时刻产品失效的速率，也称为瞬时失效率。

失效率的观测值是在某时刻后单位时间内失效的产品数与工作到该时刻尚未失效的产品数之比，即

$$\hat{\lambda}(t)=\frac{\Delta N_{\mathrm{f}}(t)}{N_{\mathrm{s}}(t)\Delta t} \tag{1-9}$$

平均失效率是指在某一规定时间内失效率的平均值。例如，在(t_1,t_2)内失效率平均值为

$$\hat{\lambda}(t)=\frac{1}{t_2-t_1}\int_{t_1}^{t_2}\lambda(t)\mathrm{d}t \tag{1-10}$$

失效率的单位用单位时间的百分数表示。例如，$\%\cdot10^{-3}\cdot\mathrm{h}^{-1}$可记为$10^{-5}\cdot\mathrm{h}^{-1}$。失效率的单位也常取成$\mathrm{h}^{-1}$、$\mathrm{km}^{-1}$、次$^{-1}$等。常用零部件失效率的概略值如表1-1所示。

表 1-1　常用零部件失效率 λ 的概略值

零部件名称	λ/(失效数/10^6h)		
	最上限	平均	最下限
机床铸件(基础铸件)	0.7	0.175	0.015
一般轴承	1.0	0.50	0.02
球轴承(高速、重载)	3.53	1.80	0.075
球轴承(低速、低载)	1.72	0.875	0.035
轴套或轴承	1.0	0.50	0.02
滚子轴承	0.02	0.002	0.004
凸轮	1.10	0.04	0.001
离合器	0.93	0.60	0.06
电磁离合器	1.348	0.687	0.45
弹性联轴器	0.049	0.027	0.025
液压缸	0.12	0.008	0.001
气压缸	0.013	0.005	0.004
带传动	1.5	0.875	0.002
O形密封圈	0.142	0.08	0.02
橡胶密封圈	0.03	0.02	0.011
压力表	7.80	4.00	0.135
齿轮	0.20	0.12	0.0118
齿轮箱(运输用)	0.36	0.20	0.11
箱体	2.05	1.10	0.051
电动机	0.58	0.30	0.11
液压马达	7.15	4.30	1.45
转动密封	1.12	0.70	0.25
滑动密封	0.92	0.30	0.11
轴	0.62	0.35	0.15
弹簧	0.221	0.1125	0.004

4. 平均寿命

平均寿命(mean time to failures,MTTF)是寿命的平均值。对不可修复产品指失效前的平均时间,对可修复产品则指平均无故障工作时间(mean time between failures,MTBF),它们都表示无故障工作时间 T 的数学期望 $E(T)$,或简记为 $\bar{t}$。

若已知 T 的概率密度 $f(t)$,则

$$\bar{t} = E(T) = \int_0^{\infty} t f(t) \mathrm{d}t \tag{1-11}$$

对完全样本,即所有试验样品都观测到发生失效或故障时,平均寿命的观测值是指它们的算术平均值,即

$$\hat{\bar{t}} = \frac{1}{n}\sum_{i=1}^{n} t_i \tag{1-12}$$

5. 可靠寿命和中位寿命

可靠寿命是指定的可靠度所对应的时间,一般记为 $t(R)$。

一般可靠度随着工作时间 t 的增大而下降。给定不同的 R,则有不同的 $t(R)$,即

$$t(R) = R^{-1}(R) \tag{1-13}$$

式中,R^{-1}为 R 的反函数,即由 $R(t)=R$ 反求 t。

可靠寿命的观测值是能完成规定功能的产品的比例恰好等于给定可靠度 R 时所对应的时间。

当指定 $R=0.5$,即 $R(t)=F(t)=0.5$ 时的寿命称为中位寿命(图 1-5),记为 $\tilde{t}$、$t_{0.5}$或 $t(0.5)$。

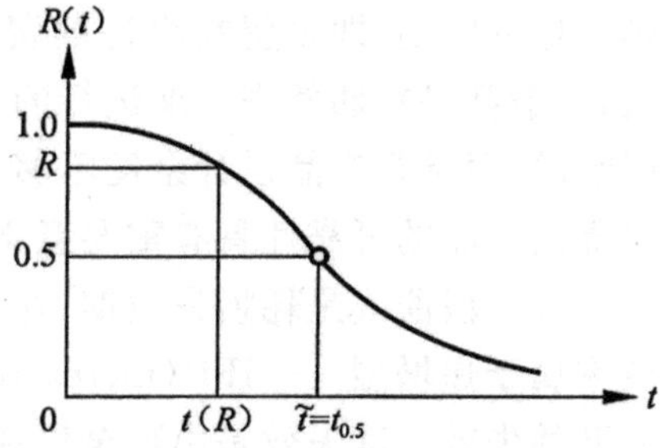

图 1-5 可靠寿命与中位寿命

6. 失效率曲线

失效率曲线(浴盆曲线)反映了产品整个寿命期失效率的情况。产品的可靠性取决于产品的失效率,而产品的失效率随工作时间的变化具有不同的特点,根据长期以来的理论研究和数据统计,发现由许多零件构成的机器、设备或系统,在不进行预防性维修时,或者对于不可修复的产品,其失效率曲线的典型形态如图 1-6 所示,由于它的形状与浴盆的剖面相似,所以又称为浴盆曲线(bathtub-curve),它明显地分为三段,分别对应产品的三个不同阶段或时期。

第一段曲线是早期失效期:表明产品在开始使用时,它的失效率很高,但随着产品工作时间的增加,失效率迅速降低。失效率属于递减型——DFR(decreasing failure rate)型。这一阶段产品失效的原因大多是由设计、原材料和制造过程中的缺陷造成的。这个时期的长短随设备或系统的规模和上述情况的不同而异。为了缩短这一

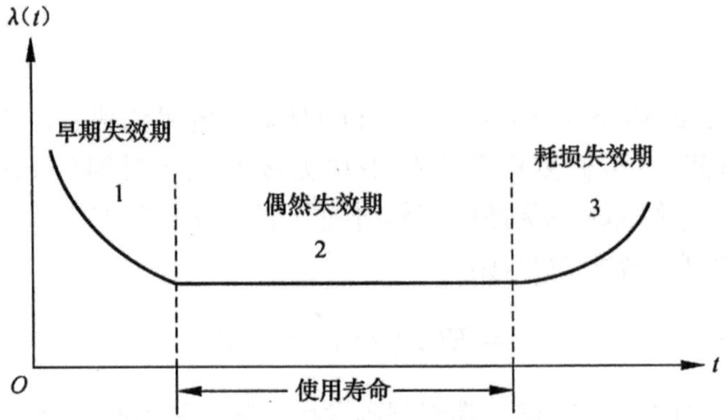

图 1-6 浴盆曲线

阶段的时间，产品应在投入运行以前进行试运转，以便及早发现、修正和排除缺陷；或通过试验进行筛选，剔除不合格品，以便改善其技术状况。

第二段曲线是偶然失效期，也称随机失效期：这一阶段的特点是失效率较低，且较稳定，可近似看作常数，失效率属于恒定型——CFR(constant failure rate)型。产品可靠性指标所描述的正是偶然失效时期，是产品的良好使用阶段。人们总是希望延长这一时期，即希望在容许的费用内延长使用寿命。产品的寿命试验、可靠性试验，一般都是在偶然失效期进行的。产品的失效是由多种而又不太严重的偶然因素引起的，通常是产品设计余度不够，造成产品随机失效。研究这一时期的失效原因，对提高产品的可靠性具有重要意义。

第三段曲线是耗损失效期：这一阶段的失效率随时间延长而急速增加，产品的失效率属于递增型——IFR(increasing failure rate)型。到了这一阶段，大部分产品都要开始失效。其失效是由带全局性的原因造成的。说明产品的损伤已经严重，寿命即将终止。当某种零部件的失效率已达到不能允许值时，就应进行更换或维修，这样可延长使用寿命，推迟耗损失效期的到来。

可靠性研究虽涉及上述三种失效类型或三种失效期，但着重研究的是随机失效，因为它发生在设备的正常使用期间。

这里必须指出，浴盆曲线的观点反映的是不可修复且较为复杂的设备或系统在投入使用后失效率的变化情况。一般情况下，凡是由于单一的失效机理而引起失效的零件、部件，应归于 DFR 型。只有在稍复杂的设备或系统中，由于零件繁多且对它们的设计、使用材料、制造工艺、工作(应力)条件、使用方法等不同，失效因素各异，才形成包含上述三种失效类型的浴盆曲线。

7. 可靠性特征量间的关系

可靠性特征量中 $R(t)$、$F(t)$、$f(t)$和 $\lambda(t)$是四个基本函数，只要知道其中的一个，则所有其他的特征量均可求得。以指数分布为例，它们之间的关系见表 1-2。

表 1-2　可靠性特征量中四个基本函数之间的关系

基本函数	$R(t)$	$F(t)$	$f(t)$	$\lambda(t)$
$R(t)$	—	$1-F(t)$	$\int_t^{\infty} f(t)\mathrm{d}t$	$\exp\left[-\int_0^t \lambda(t)\mathrm{d}t\right]$
$F(t)$	$1-R(t)$	—	$\int_0^t f(t)\mathrm{d}t$	$1-\exp\left[-\int_0^t \lambda(t)\mathrm{d}t\right]$
$f(t)$	$-\dfrac{\mathrm{d}R(t)}{\mathrm{d}t}$	$\dfrac{\mathrm{d}F(t)}{\mathrm{d}t}$	—	$\lambda(t)\exp\left[-\int_0^t \lambda(t)\mathrm{d}t\right]$
$\lambda(t)$	$-\dfrac{\mathrm{d}}{\mathrm{d}t}\ln R(t)$	$\dfrac{1}{1-F(t)}\cdot\dfrac{\mathrm{d}F(t)}{\mathrm{d}t}$	$\dfrac{f(t)}{\int_t^{\infty} f(t)\mathrm{d}t}$	—

1.4　机械可靠性设计的内容、特点和方法

1.4.1　机械可靠性设计的基本特点

机械可靠性设计与以往传统的机械设计方法不同，机械可靠性设计具有以下基本特点。

1. *以应力和强度为随机变量作为出发点*

认识到零部件所受的应力和材料的强度均非定值，而为随机变量，具有离散性质，数学上必须用分布函数来描述，这是由于载荷、强度、结构尺寸、工况等都具有变动性和统计本质。

2. *应用概率和统计方法进行分析、求解*

这是基于应力和强度都是随机变量这一客观事实和认识。

3. *能定量地回答产品的失效概率和可靠度*

首先承认所设计的产品存在一定的失效概率，但不能超过技术文件所规定的允许值。并能定量地给出所设计产品的失效率和可靠度。

4. *有多种可靠性指标供选择*

与传统的设计方法中将安全系数作为唯一的评价项目和度量完全不同，可靠性设计要求根据不同的产品、场合而采取不同的可靠性指标。传统的机械设计方法仅有一种可靠性评价指标，即安全系数；而机械可靠性设计则要求根据不同产品的具体情况选择不同的、最适宜的可靠性指标，如失效率、可靠度、MTBF、首次故障里程（用于车辆）、维修度、有效度等。开始设计阶段就应当选定可靠性指标以及评价方法等。

5. *强调设计对产品可靠性的主导作用*

强调产品的可靠性从根本上来说是由设计决定的，设计决定了产品的固有可靠

性，由制造保证固有可靠度。如果设计不当，则不论制造工艺有多好和管理水平有多高，产品都是不可靠的。在设计中赋予零件以足够的固有可靠性，该零件就会本质上可靠。后者意味着零件的应力分布和强度分布的尾部不发生干涉，不产生随机失效。

6. *必须考虑环境的影响*

可靠性设计必须考虑环境的影响。高温、低温，冲击、振动，潮湿、盐雾，腐蚀，沙尘、磨损等激励对可靠度有很大影响。研究表明，应力分布的尾部比强度分布的尾部对可靠度的影响要大得多，因此对环境的质量控制比对强度的质量控制会带来更大的效益。

7. *必须考虑维修性*

在浴盆曲线的耗损失效期及当有效度是主要可靠性指标时，都必须考虑维修性。以有效度为可靠性指标的产品，如对于工程机械等，不论产品设计得固有可靠性有多好，都必须考虑维修性(因为它与使用和环境等一同影响产品的使用可靠性)，否则不可能使产品维持高的有效度。因此，从设计一开始，就必须将固有可靠性和使用可靠性联系起来作为整体考虑，分析为了使设备或系统达到规定有效度，究竟是提高维修度还是提高可靠度更为合理。

8. *从整体的、系统的观点出发*

从整体的、系统的、人机工程的观点出发考虑设计问题，并更重视产品在寿命期间的总费用而不只是购置费用。

9. *承认在设计期间及以后都需要可靠性增长*

可靠性设计承认在设计阶段及以后的阶段都需要可靠性增长。在产品的最初设计、研制、试验期间，产品的可靠性会经常得到改善，这种改善是由于一些因素的变化。例如，在发生故障后，分析其原因就提供了改善可靠性的信息，并且在设计、研制过程中，随着经验的积累也会改进设计、制造工艺，提高产品的可靠性。因此，如果在产品设计、研制、试验、制造的初始阶段，定期地对产品的可靠性进行评估，将会发现可靠性特征量会逐步提高。可靠性得到了改善，这种现象称为“可靠性增长”。GB3187—1982 关于可靠性增长的定义是：“随着产品设计、研制、生产各阶段工作的逐步进行，产品的可靠性特征量逐步提高的过程”。当可靠性水平接近于设计的固有可靠性时，可靠性增长将趋于饱和。可靠性增长的这些预测和报告给出了达到可靠性目标的进程，在确定能否按计划达到预计的可靠性水平方面提供了依据，使得能及早发现问题以便及早地进行对设计的调整。

1.4.2 机械可靠性设计的主要内容

机械设备和系统的可靠性设计内容最基本的有以下几方面。

1. 研究产品的故障物理和故障模型

搜集、分析与掌握该类产品在使用过程中零件材料的老化、损伤和失效等（均为受许多复杂的随机因素影响的随机过程）的有关数据及材料的初始性能（强度、冲击韧性等）对其平均值的偏离数据；揭示影响老化、损伤这一复杂的物理化学过程的最本质的因素；追寻故障的真正原因；研究以时间函数形式表达的材料老化、损伤的规律，从而估计产品在使用条件下的状态和寿命。用统计分析的方法使故障（失效）机理模型化，建立计算用的可靠度模型或故障模型，为机械可靠性设计奠定物理数学基础。故障模型的建立，往往以可靠性试验结果为依据。为节省时间、加快新产品设计、开发进度，建立合理的加速试验方法是非常必要的。

2. 确定产品的可靠性指标及其等级

选取何种可靠性指标取决于产品的类型、设计要求以及习惯和方便性等，而产品可靠性指标的等级或量值，则应依据设计要求或已有的试验、使用和修理的统计数据、设计经验、产品的重要程度、技术发展趋势及市场需求等来确定。例如，对汽车，可选用可靠度、首次故障里程、平均故障间隔里程等作为可靠性指标，对工程机械则常采用有效度。

3. 可靠性预测

可靠性预测是指在设计开始时，运用以往的可靠性数据资料计算系统可靠性的特征量并进行详细设计，即通过合适手段所获得的数据得出比较确切的可靠性指标，并加以验证。在不同的阶段，系统的可靠性预测要反复进行几次。

4. 合理分配产品的可靠性指标值

将可靠性指标分配到各子系统，并与各子系统能达到的指标相比较，判断是否需要改进设计。再把改进设计后的可靠性指标分配到各子系统。根据同样的方法，将确定的产品可靠性指标的量值合理地分配给部件、零件，以确定每个零部件的可靠性指标值，后者与该零部件的功能、重要性、复杂程度、体积、质量、设计要求与经验、已有的可靠性数据及费用等有关，这些构成对可靠性指标值的约束条件。可采用优化设计方法将产品（系统、设备）的可靠性指标值分配给各个部件、零件，以求得到最大经济效益下的各零部件可靠性指标值的最合理的匹配。

5. 以规定的可靠性指标值为依据对零件进行可靠性设计

即把规定的可靠性指标值直接设计到零件的有关参数中，使它们能够保证可靠性指标值的实现。

1.4.3 机械可靠性设计的方法与步骤

1. 机械可靠性设计方法

现代的复杂而昂贵的零件和系统要求高可靠度，所以必须保证把规定的目标可靠度设计到零件中去，从而设计到系统中去。机械可靠性设计的主要方法有：概率设计法、故障树分析法（FTA）及失效模式、影响及危害性分析法（FMECA）。

零件的强度和工作应力均为随机变量，呈分布状态，若能将这两种统计分布连接起来，则不难算得与分布相关的可靠度、所希望的可靠度的置信度以及置信区间。可靠度若达到了目标可靠度，则认为设计是可以接受的；若小于则应进行迭代调整。调整那些最敏感、对强度分布和应力分布影响最显著的设计参数为最有效，直至调整到规定的可靠度指标值为止。

2. 机械可靠性设计的步骤

(1) 提出设计任务，规定详细指标。常以设计任务书的形式提出设计任务及详细的技术指标、性能指标和可靠性指标等。

(2) 确定有关的设计变量及参数。设计变量及参数应当是对设计结果有影响的、能够量度和相互独立的。

(3) 失效模式、影响及危害性分析（FMECA）。研究系统与零部件的相互关系，以便确定可能失效部位、失效模式和失效机理，确定每一失效模式对系统及其零部件产生的影响，认识危害程度并提出可采取的预防改进措施，以提高产品的可靠性。

(4) 确定零件的失效模式是否是相互独立的。若零件的失效模式是相互独立的，则一种失效模式下的应力与强度计算不受其他失效模式的影响；否则，应对受到影响的失效模式下的应力与强度加以修正，以使计算出的每种失效模式的可靠度相互独立。

(5) 确定失效模式的判据。机械零部件可能的失效模式有：材料屈服、断裂、疲劳、过度变形、压杆失稳、腐蚀、磨损、振幅过大、噪声过大、蠕变等。较常用的判据有：最大正应力、最大剪应力、最大变形能、最大应变能、最大应变、最大变形、疲劳下的变形能、疲劳下的最大总应变、最大许用腐蚀量、最大许用磨损量、最大许用振幅、最大允许声强、最大许用蠕变等。

(6) 得出应力公式。对于每种失效模式，在确定载荷、尺寸、物理性质、工作环境、时间等设计变量及参数之间的函数关系后，得出应力公式。

(7) 确定每种失效模式下的应力分布。根据应力分布公式，画出零部件应力分布图。

(8) 确定强度计算公式。一旦强度即失效时的应力被工作应力超过，就会导致一定的失效模式，这种失效模式发生的概率，就是不可靠度。零件的强度数据可由材料的强度数据用一些修正参数加以修正后得到。

(9) 确定每种失效模式下的强度分布。零件的强度分布可由试件的强度分布(即材料的强度分布)用每个强度修正系数加以修正后得到。由实验直接得出零件的强度分布则更可靠。

(10) 确定每种致命失效模式下与应力分布和强度分布相关的可靠度。当零件只有一种致命失效模式时,则仅需按这一种失效模式的判据来计算其可靠度,如果还有其他致命失效模式,则应计算所有致命失效模式的可靠度。

(11) 确定零件的可靠度。如果在确定每种失效模式下的应力分布和强度分布时已经考虑了其他失效模式的影响,n 为可能的失效模式数($n \geqslant 1$),R_i 为第 i 种失效模式下的可靠度,则零件的可靠度为

$$R_s = R_1 \cdot R_2 \cdot \cdots \cdot R_n = \prod_{i=1}^{n} R_i \tag{1-14}$$

这时,其中任何一种失效模式出现时零件即失效。

另一种方法是根据最有可能发生的那种(如第 i 种)失效模式下的可靠度来确定。显然,这种失效模式的发生概率最高而其下的可靠度最低,若用 $R_{i(\min)}$ 表示,则零件的整个可靠度为

$$R_s = R_{i(\min)} \tag{1-15}$$

显然,式(1-14)给出的是零件的最小可靠度而式(1-15)给出的为最大可靠度。如果零件的实际可靠度为 R,则有

$$\prod_{i=1}^{n} R_i \leqslant R \leqslant R_{i(\min)}$$

上式表示,零件如果确是由于单一的失效模式引起失效,则其实际可靠度将接近(小于)或等于 $R_{i(\min)}$;如果是由于多种原因引起失效,则零件的实际可靠度将接近(大于)或等于 $\prod_{i=1}^{n} R_i$。

(12) 确定零件可靠度的置信度。可靠度是对于零件而言,而置信度是对于样本试验结果而言。例如,说某零件在可靠度为 98%的置信度为 90%时,表示在对该零件任意抽取的 10 个样本(容量 $n=100$)进行试验时,9 个样本中将有 2 个或少于 2 个零件失效;有 1 个样本中将有 2 个以上的零件失效。

(13) 按上述步骤求出系统中所有关键零、部件的可靠度。

(14) 计算子系统和整个系统的可靠度。当计算的系统可靠度达不到要求时,则应对设计进行迭代调整,直到达到规定的目标值为止。

(15) 必要时可对某些设计内容进行优化。例如,可对性能或性能匹配,可靠性分配,维修性、安全性、费用、质量、体积、操作性、制造过程的匹配,交货日程表等进行优化。

1.4.4 机械可靠性定性设计准则

可靠性设计准则是指在进行产品设计时工程设计人员应该遵循的规章、原则，是进行产品设计的重要依据，也是保证产品可靠性的重要前提条件。在进行产品设计时，如果工程设计人员遵循了可靠性的设计准则，就能保证产品的可靠性；否则，就达不到产品的可靠性要求，甚至造成严重后果。

机械可靠性一般可分为结构可靠性和机构可靠性。结构可靠性主要考虑机械结构的强度以及由于载荷的影响使之疲劳、磨损、断裂等引起的失效；机构可靠性则主要考虑的不是强度问题引起的失效，而是考虑机构在动作过程中由于运动学问题而引起的故障。

机械可靠性设计可分为定性可靠性设计和定量可靠性设计。所谓定性可靠性设计就是在进行故障模式影响及危害性分析的基础上，有针对性地应用成功的设计经验使所设计的产品达到可靠的目的。所谓定量可靠性设计就是在充分掌握所设计零件的强度分布和应力分布以及各种设计参数的随机性基础上，通过建立隐式极限状态函数或显式极限状态函数的关系设计出满足规定可靠性要求的产品。

机械可靠性设计方法是目前开展机械可靠性设计的一种最直接有效的常用方法，可靠性定量设计虽然可以按照可靠性指标设计出满足要求的零件，但由于材料的强度分布和载荷分布的具体数据目前还很缺乏，加之其中要考虑的因素很多，从而限制了其推广应用，一般在对关键或重要的零部件进行设计时采用。

机械可靠性设计由于产品的不同和结构的差异，可以采用的可靠性设计方法也不同。

1. 简单化设计准则

在满足预定功能的情况下，机械设计应力求简单，零部件的数量应尽可能减少，越简单越可靠是可靠性设计的一个基本原则，是减少故障提高可靠性的最有效方法。但不能因为减少零件而使其他零件执行超常功能或在高应力的条件下工作；否则，简单化设计将达不到提高可靠性的目的。

2. 模块化、组件化、标准化设计准则

机械产品一般属于串联系统，要提高整机可靠性，首先应从零部件的严格选择和控制做起。例如，尽量采用模块化、通用化设计方案；优先选用标准件，提高互换性；在通用化设计时，应使接口、连接方式是通用的；选用经过使用分析验证的可靠的零部件；严格按标准选择及对外购件进行控制；充分运用故障分析的成果，采用成熟的经验或经分析试验验证后的方案。日本一些企业的专家认为：一个新产品的设计，其80%是采用原有产品或相似产品的设计经验，只有20%是因为产品的功能、性能的变化需要进行重新设计。

3. 降额设计和安全裕度设计准则

降额设计是使零部件的使用应力低于其额定应力的一种设计方法。降额设计可以通过降低零件承受的应力或提高零件的强度的办法来实现。工程经验证明，大多数机械零件在低于额定承载应力条件下工作时，其故障率较低，可靠性较高。为了找到最佳降额值，需做大量的试验研究。当机械零部件的载荷应力以及承受这些应力的具体零部件的强度在某一范围内呈不确定分布时，可以采用提高平均强度(如通过加大安全系数实现)、降低平均应力、减少应力变化(如通过对使用条件的限制实现)和减少强度变化(如合理选择工艺方法，严格控制整个加工过程，或通过检验或试验剔除不合格的零件)等方法来提高可靠性。对于涉及安全性的重要零部件，还可以采用极限设计方法，以保证其在最恶劣的极限状态下也不会发生故障。

4. 合理选材准则

在机械可靠性的影响因素中，零部件材料的影响程度占到总体可靠性的30%，在齿轮、轴类零件、轴承、弹簧等基础性零部件中，其失效模式在很大程度上取决于材料的选择。众所周知的美国“挑战者”号航天飞机爆炸事故，就是由于燃料箱密封装置材料在低温下失效而引起的，可见材料的性能在可靠性设计中占有非常重要的地位。因此，合理选择零部件的材料是机械可靠性设计必须遵循的准则之一。机械零部件原材料的选择按如下原则进行：

(1) 选用的零部件原材料除满足结构尺寸、质量、强度、刚度要求外，还应满足使用环境和寿命要求；

(2) 压缩零部件原材料的种类和规格，优先采用符合军标、国标和专业标准的通用件和标准件。

5. 冗余设计准则

冗余设计是对完成规定功能设置重复的结构、备件等，以备局部发生失效时，整机或系统仍不至于发生丧失规定功能的设计。当某部分可靠性要求很高，但目前的技术水平很难满足，比如采用降额设计、简化设计等可靠性设计方法，还不能达到可靠性要求，或者提高零部件可靠性的改进费用比重复配置还高时，冗余技术可能成为唯一或较好的一种设计方法，如采用双泵或双发动机配置的机械系统。但应该注意，冗余设计往往使整机的体积、质量、费用均相应增加。冗余设计提高了机械系统的任务可靠度，但基本可靠性相应降低了，因此采用冗余设计时要慎重。

6. 耐环境设计准则

耐环境设计是在设计时就考虑产品在整个寿命周期内可能遇到的各种环境影

响，如装配、运输时的冲击，振动影响，储存时的温度、湿度、霉菌等影响，使用时的气候、沙尘振动等影响。因此，必须慎重选择设计方案，采取必要的保护措施，减少或消除有害环境的影响。具体地讲，可以从认识环境、控制环境和适应环境三方面加以考虑。认识环境指不应只注意产品的工作环境和维修环境，还应了解产品的安装、储存、运输的环境。在设计和试验过程中必须同时考虑单一环境和组合环境两种环境条件；不应只关心产品所处的自然环境，还要考虑使用过程所诱发出的环境。控制环境指在条件允许时，应在小范围内为所设计的零部件创造一个良好的工作环境条件，或人为地改变对产品可靠性不利的环境因素。适应环境指在无法对所有环境条件进行人为控制时，在设计方案、材料选择、表面处理、涂层防护等方面采取措施，以提高机械零部件本身耐环境的能力。

7. 失效安全设计准则

系统某一部分即使发生故障，使其限制在一定范围内，就不致影响整个系统的功能。例如，传动系统中的安全剪切销、扭矩轴等。

8. 防错设计准则

进行防差错设计，采用不同的安全保护装置，如灯光、音响等报警装置，监视装置，保护性开关、防误插定位卡、定位销等，并有符合国家标准的醒目的识别标志、防差错或危险标志；防止误动作引起重大事故，主要用于产品或设备的操作系统设计上。

9. 维修性设计准则

进行产品或设备的结构设计应充分考虑其维修性能的优劣。例如，采煤机底托架燕尾槽结构、滚筒的连接等。

10. 人机工程设计准则

人机工程设计的目的是减少使用中人的差错，发挥人和机器各自的特点以提高机械产品的可靠性。当然，人为差错除了人自身的原因外，操纵台、控制及操纵环境等也与人的误操作有密切的关系。因此，人机工程设计是要保证系统向人传达的信息的可靠性。例如，指示系统不仅要有显示器，而且有显示的方式，显示器的配置要使人易于无误地接受；控制、操纵系统可靠，不仅仪器及机械有满意的精度，而且适于人的使用习惯，便于识别操作，不易出错；与安全有关的部件，更应具有防误操作的功能；设计的操作环境尽量适合于人的工作需要，减少引起疲劳、干扰操作的因素，如温度、湿度、气压、光线、色彩、噪声、振动、沙尘、空间等。

当然，机械可靠性设计的方法绝不能离开传统的机械设计和其他的一些优化设计方法，如机械计算机辅助设计、有限元分析等。

习　题　1

1-1　为什么要重视和研究可靠性？

1-2　可靠性、可靠度、失效率、平均寿命的定义。

1-3　画图说明产品的典型失效率曲线，并说明失效率曲线中三个区间的失效率特点及构成曲线段状态的原因。

1-4　某零件工作到 50h 时，还有 100 个仍在工作，工作到 51h 时，失效了 1 个，在第 52h 内失效了 3 个，试求这批零件工作满 50h 和 51h 时的失效率 $\lambda(50)$ 和 $\lambda(51)$。

1-5　已知某产品的失效率为常数：$\lambda(t)=0.5\times10^{-4}\text{h}^{-1}$，可靠度函数 $R(t)=e^{-\lambda t}$，试求可靠度 $R=0.999$ 的相应可靠寿命 $t_{0.999}$，中位寿命 $t_{0.5}$。

第2章　可靠性数学基础

可靠性学科的数学基础主要是概率论和数理统计。为了观察工程中大量随机事件的规律，确定产品的可靠性的特征量以及对机械系统和零部件进行可靠性设计与分析，必须根据概率统计的方法来建立有关的数学模型和进行必要的计算。因此，要理解本书各章内容，首先应学习和掌握概率论和数理统计的有关知识。

2.1　随机事件与概率

2.1.1　随机事件及其运算

随机事件是随机试验的可能结果。

1. 随机试验

随机试验所满足的三个条件有：

(1) 试验在相同条件下可以重复进行；

(2) 每次试验至少有两个可能结果，且在试验结束之前可以明确知道所有的可能结果；

(3) 在每次试验结束之前不能确定将会出现哪一种结果。

2. 随机事件

在单次试验中不能确定其是否发生，而在大量重复试验中具有某种规律性的事件，称为随机事件，简称事件，常用大写拉丁字母 A、B、C 等表示。事件按其结构可以分为以下几种类型。

基本事件：不能分解为其他事件的事件(实验的最基本结果)。例如，掷一颗骰子，观察其出现的点数，显然是一随机试验。则试验结果出现“1点”，“2点”，…，“6点”都是基本事件。

复合事件：能分解为不少于两个事件的事件(由若干个基本事件复合而成的事件)。例如，掷骰子试验中，出现“偶数点”就是一个复合事件，它是由出现“2点”、“4点”、“6点”这三个基本事件组成。只要这三个基本事件中有一个发生，“偶数点”这个事件就发生。

必然事件：在每次试验中一定要发生的事件，记为 Ω。

不可能事件：在每次试验中一定不发生的事件，记为 ϕ。

3. 事件的表示

为了便于描述随机试验，引进样本点和样本空间的概念。

每一个基本事件所对应的一个元素称为一个样本点，用 ω 表示。样本点全体构成的集合为样本空间，用 Ω 表示。

例如，在抛硬币试验中，若以 $\omega_{正}$、$\omega_{反}$ 分别表示出现正、反面的基本事件（样本点），则该试验的样本空间为 $\Omega=\{\omega_{正},\omega_{反}\}$；又如，测试灯泡的使用寿命，记为"灯泡的使用寿命 x 小时"这一结果，显然 $0\leqslant x\leqslant+\infty$，则该试验的样本空间为 $\Omega=\{x\mid 0\leqslant x\leqslant+\infty\}$。

2.1.2 概率及其特点

1. 概率

对事件发生的可能性大小的数量的描述值称为该事件发生的概率。它是由事件的内外因素所决定的，可以被人们描述、刻画和逐步认识。针对不同的试验，可以对事件的概率给出不同的定义。

设在 n 次试验中，事件 A 发生的次数为 K，若 A 发生的频率在某一常数 P 附近稳定摆动，且当 n 越大，摆动的幅度越小，称此常数 P 为事件 A（发生）的概率，记为 $P(A)$。

考虑试验共有有限个可能的结果（n 个基本事件，有限样本空间），且各个基本事件出现的可能性相同（等可能性），称试验满足如上两个条件的概率模型为古典模型。若某事件 A 由其中 m 个基本事件构成，则定义事件 A 发生的概率为

$$P(A)=\frac{A\text{包含的基本事件}}{\text{基本事件总数}}=\frac{m}{n} \tag{2-1}$$

设试验是在某一可测空间 S 上进行（S 可以是某区间、某区域等），若试验结果落入 S 中某子空间 A（事件 A 发生）的概率与子空间 A 的测度 $L(A)$ 成正比（此处的测度可以是长度、面积、体积等），称此类试验的概率模型为几何模型。定义事件 A 发生的概率为

$$P(A)=\frac{A\text{ 的测度}}{S\text{ 的测度}}=\frac{L(A)}{L(S)} \tag{2-2}$$

2. 概率的基本特点

对任意随机事件 A，这三种概率均具有如下基本特点：

(1) $0\leqslant P(A)\leqslant 1$；

(2) 对必然事件 Ω，有 $P(\Omega)=1$；

(3) 对不可能事件 ϕ，有 $P(\phi)=0$。

2.2 随机变量

2.2.1 随机变量的定义和分类

为了更好地揭示随机现象的规律性并利用数学工具描述其规律，引入随机变量来描述随机试验的不同结果。

若对于随机试验的每一个基本可能的结果 ω，都对应着一个实数 $X(\omega)$，且随着 ω 的不同，$X(\omega)$取不同的实数值，则称变量 X 为定义在样本空间上的随机变量。随机变量一般用 X、Y、Z 或小写希腊字母 ξ、η、ζ 等表示。

按随机变量的取值形式可分为如下两类：

(1) 离散型随机变量。若随机变量 X 的可能取值为有限个或无限可列个，且以确定的概率取这些值，则称为 X 离散型随机变量。

(2) 连续型随机变量。若随机变量 X 的可能取值为若干区间或整个数轴内的全体实数，且这些取值的概率与这些值的测度(度量)有关，则称为连续型随机变量。

2.2.2 随机变量的数字特征

在实际中，要准确地确定一个随机变量的分布常常比较困难。在大多数场合，人们更关心随机变量的某些指标。例如，检查某批产品质量，主要关心的是这批产品质量的平均水平和质量的差异程度；研究某个城市居民的消费平均水平以及居民在消费上的差异程度；在分析企业生产的投入与产出时，可能更关心这种投入与产出的关联程度。这些都与随机变量的数字特征有关。

1. 数学期望

1) 离散型随机变量的数学期望

设离散型随机变量 X 的概率分布函数为

$$P(X = x_k) = p_k, \quad k = 1,2,\cdots$$

若级数 $\sum_{k=1}^{\infty} x_k p_k$ 绝对收敛，则称这级数的和为随机变量 X 的数学期望，记为

$$E(X) = \sum_{k=1}^{\infty} x_k p_k \tag{2-3}$$

也称为期望或均值。

2) 连续型随机变量的数学期望

设连续型随机变量的分布密度函数为 $\varphi(x)$，若积分$\int_{-\infty}^{+\infty} x\varphi(x)$ 绝对收敛，则称该积分为随机变量的数学期望，记为

$$E(X) = \int_{-\infty}^{\infty} x\varphi(x)\mathrm{d}x \tag{2-4}$$

显然，随机变量的数学期望是对随机变量的取值，按其取值的概率（或概率密度）进行加权求和（或求积分）。

2. *方差*

对随机变量 X，若 $E(X)$存在，称 $X-E(X)$为随机变量 X 的离差。用随机变量的方差作为反映随机变量与其数学期望偏离程度的数学特征。

称随机变量 X 的离差的平方的数学期望为随机变量 X 的方差，记为 $D(X)$或 σ_x^2，即

$$D(X)=E(X-E(X))^2 \tag{2-5}$$

称 $\sqrt{D(X)}$为 X 的标准差。显然，随机变量 X 的方差是它的函数$(X-E(X))^2$ 的数学期望。

1）离散型随机变量 X 的方差

若随机变量 X 的概率分布为 $P(X=x_k)=p_k$，则 X 的方差为

$$D(X)=\int_{-\infty}^{\infty}(x_k-E(X))^2P(X=x_k) \tag{2-6}$$

2）连续型随机变量 X 的方差

若随机变量 X 的分布密度函数为 $\varphi(x)$，则 X 的方差为

$$D(X)=\int_{-\infty}^{\infty}(x_k-E(X))^2\varphi(x)\mathrm{d}x \tag{2-7}$$

3. *协方差、相关系数*

为了描述和研究二维随机变量 X 和 Y 之间的相互关联程度，可引入协方差和相关系数这两个数字特征。

1）协方差

定义 2-1 对二维随机变量(X,Y)，称

$$E[(X-EX)(Y-EY)]$$

为随机变量 X 和 Y 的协方差，记为 $\mathrm{Cov}(X,Y)$，即

$$\mathrm{Cov}(X,Y)=E[(X-EX)(Y-EY)] \tag{2-8}$$

对离散型二维随机变量(X,Y)，有

$$\mathrm{Cov}(X,Y)=\sum_i\sum_j E[(X_i-EX)(Y_j-EY)]P(X=x_i,Y=y_j)$$

对连续型二维随机变量(X,Y)，有

$$\mathrm{Cov}(X,Y)=\int_{-\infty}^{\infty}\int_{-\infty}^{\infty}(x-EX)(y-EY)\varphi(x,y)\mathrm{d}x\mathrm{d}y$$

2）相关系数

定义 2-2 对二维随机变量(X,Y)，若有方差 DX、DY 均不为零，称

$$\rho_{x,y} = \frac{\mathrm{Cov}(X,Y)}{\sqrt{DX}\ \sqrt{DY}} \tag{2-9}$$

为变量 X、Y 的相关系数(或标准协方差)。

2.3 常用的概率分布

常用的概率分布有二项分布、泊松分布(Poisson)、正态分布、对数正态分布、威布尔分布、指数分布和极值分布,并可分为离散型随机变量的分布和连续型随机变量的分布,它们在可靠性工程中有着广泛的应用。

2.3.1 离散型随机变量的分布

1. 二项分布

若事件 A 在每次试验中发生的概率均为 p,则 A 在 n 次重复独立试验中恰好发生 k 次的概率为

$$P_n(k) = \mathrm{C}_n^k p^k q^{n-k}, \quad q = 1 - p \tag{2-10}$$

若随机变量 X 的概率函数为 $P_n(k)=\mathrm{C}_n^k p^k q^{n-k}(k=0,1,\cdots,n)$,其中 $0<p<1$,$q=1-p$,则称 X 服从参数为 n、p 的二项分布,记作 $X\sim B(n,P)$。显然,随机变量 X 就是事件 A 在 n 次重复独立试验中恰好发生的次数。

2. 泊松分布

若随机变量 X 的概率函数由下式确定:

$$P_\lambda(k) = P(X = k) = \frac{\lambda^k}{k!}\mathrm{e}^{-\lambda}, \quad k = 0,1,2,\cdots,n \tag{2-11}$$

式中,$\lambda>0$,则称 X 服从参数为 λ 的泊松分布。

在二项分布的概率当中,当 n 较大、p 很小时,需要较大的计算量。此时可采用泊松分布近似计算二项分布。

泊松分布常被用于对大量稠密性问题的描述和研究。例如,在某段时间内,某服务窗口的顾客数、某电话交换台的呼唤次数以及零件铸造表面上一定大小的面积(或体积)内砂眼的个数等。这些现象的共同特点是,在足够小的时间区间(或几何空间),它们的发生是彼此独立的。

2.3.2 连续型随机变量的分布

1. 均匀分布

若随机变量 X 的概率函数由下式确定:

$$\varphi(x) = \begin{cases} \lambda, & a \leqslant x \leqslant b \quad (a < b) \\ 0, & \text{其他} \end{cases} \tag{2-12}$$

式中，$\lambda>0$，则称 X 服从区间$[a,b]$上的均匀分布。

若随机变量 X 服从区间$[a,b]$上的均匀分布，则

$$E(X)=\frac{a+b}{2} \tag{2-13}$$

$$D(X)=\frac{(b-a)^2}{12} \tag{2-14}$$

2. 指数分布

若随机变量 X 的概率函数为

$$\varphi(x)=\begin{cases}\lambda e^{-\lambda x}, & x>0\\ 0, & x\leqslant 0\end{cases} \tag{2-15}$$

式中，$\lambda>0$ 为常数，则称 X 服从参数为 λ 的指数分布。

若随机变量 X 服从参数为 λ 的指数分布，则

$$E(X)=\frac{1}{\lambda} \tag{2-16}$$

$$D(X)=\frac{1}{\lambda^2} \tag{2-17}$$

指数分布常被用于对诸如“寿命”问题的描述和研究。例如，某随机服务系统中的服务时间、某电话交换台的占线时间、某些消耗性产品(如电子管、灯泡等电子元件等)的使用寿命等，通常都被假定为服从指数分布。而参数 λ 则被表示为诸如服务率(即单位时间服务的顾客数)、失效率等。

3. 正态分布

正态分布是最常用的一种连续型随机变量分布，它通常被用于描述一种主体因素不明确的现象。例如，当所考虑的某个随机变量可看成是许多作用微小、彼此独立的随机因素共同作用所引起的，则这个随机变量可以被认为是服从正态分布。

若随机变量 X 的概率函数为

$$f(x)=\frac{1}{\sqrt{2\pi}\sigma}e^{-\frac{(x-\mu)^2}{2\sigma^2}} \tag{2-18}$$

式中，μ、σ 为常数，$\sigma>0$，则称 X 服从正态分布，记为 $X\sim N(\mu,\sigma^2)$，称 X 为正态变量。

它的图形如图 2-1 所示。$f(x)$图形关于 $x=\mu$ 对称，且在 $x=\mu$ 处达最大值。σ 取值不同，$f(x)$形状也不同，σ 越大，图形越平坦，σ 越小，图形越陡峭。

若随机变量 $X\sim N(\mu,\sigma^2)$，则

$$E(X)=\mu \tag{2-19}$$

$$D(X)=\sigma^2 \tag{2-20}$$

即服从正态分布的随机变量 X，其密度函数中的参数 μ、σ^2 分别是 X 的数学期望和方差。

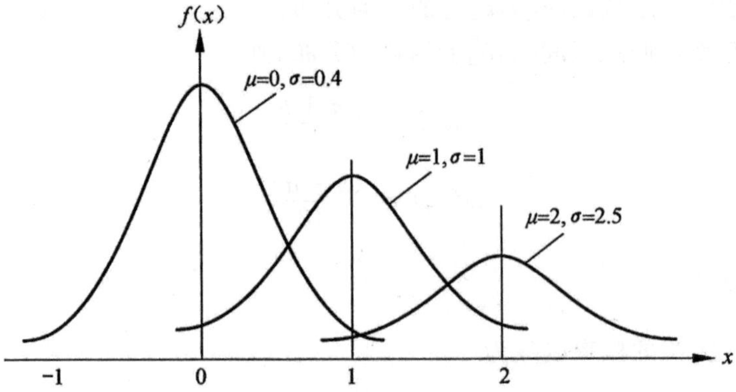

图 2-1　μ 和 σ 对正态分布曲线位置和形状的影响

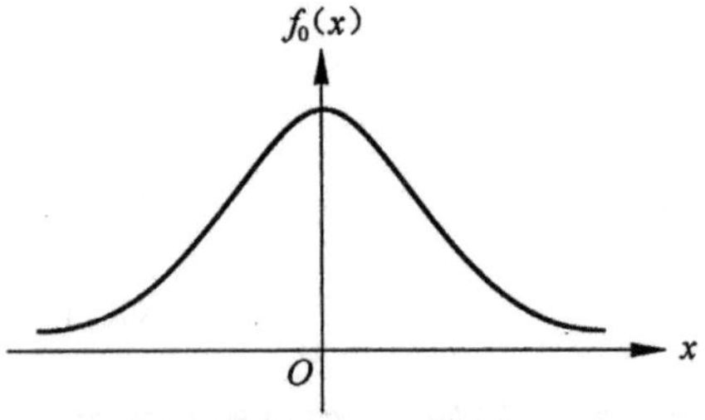

图 2-2　标准正态分布密度曲线

当 $\mu=0,\sigma=1$ 时，正态变量 x 的概率密度函数为

$$f_0(x)=\frac{1}{\sqrt{2\pi}}e^{-\frac{x^2}{2}} \tag{2-21}$$

称 $f_0(x)$ 为标准正态分布密度，称 X 服从标准正态分布，记为 $X\sim N(0,1)$，也称 X 为标准正态变量。标准正态分布密度函数的图形如图 2-2 所示。

显然有

$$f(x)=\frac{1}{\sigma}f_0\left(\frac{x-\mu}{\sigma}\right)$$

$$f_0(x)=\sigma f(\sigma x+\mu)$$

即 $f(x)$ 与 $f_0(x)$ 有类似的性质。

4．对数正态分布

如果随机变量 X 的自然对数 $y=\ln x$ 服从正态分布，则称 X 服从对数正态分布。由于随机变量的取值 x 总是大于零，以及概率密度函数 $f(x)$ 的向右倾斜不对称，如图 2-3 所示，因此对数正态分布是描述不对称随机变量的一种常用的分布。材料的疲劳强度和寿命、系统的修复时间等都可用对数正态分布拟合，其概率密度函数和累积分布函数分别为

$$f(x)=\frac{1}{x\sigma_y\sqrt{2\pi}}e^{-\frac{1}{2}\left(\frac{y-\mu_y}{\sigma_y}\right)} \tag{2-22}$$

$$F(x)=\int_0^x\frac{1}{x\sigma_y\sqrt{2\pi}}e^{-\frac{1}{2}\left(\frac{y-\mu_y}{\sigma_y}\right)}dx,\quad x>0 \tag{2-23}$$

式中，μ_y 和 σ_y 为 $y=\ln x$ 的均值和标准差。实际上常用到随机变量中位值 x_m，它表示随机变量的中心值，其定义为

$$P(X \leqslant x_m) = P(X > x_m) = 0.50$$

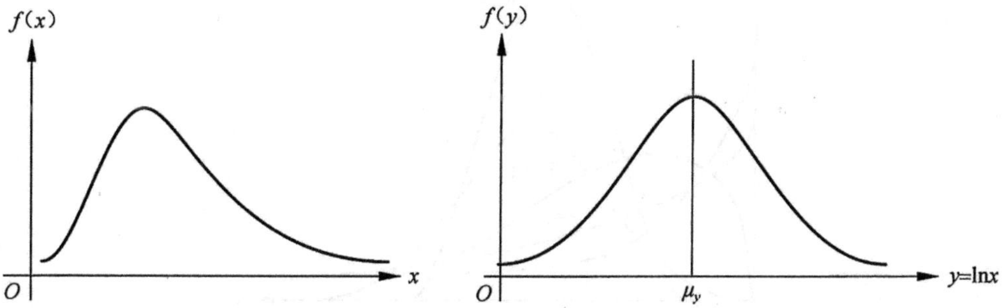

图 2-3　对数正态分布与正态分布曲线

对数正态分布的均值、标准差和中位值分别为

$$\mu_x = E(X) = e^{\left(\mu_y + \frac{\sigma_y^2}{2}\right)} \tag{2-24}$$

$$\sigma_x = \sqrt{D(X)} = \mu_x (e^{\sigma_y^2} - 1)^{\frac{1}{2}} \tag{2-25}$$

$$x_m = e^{\mu_y} \tag{2-26}$$

由于 $y=\ln x$ 呈正态分布，所以有关正态分布的一切性质和计算方法都在此应用。只要令 $Z=\dfrac{\ln x-\mu_y}{\sigma_y}$，便可应用附表 4 标准正态分布表，查出累积概率 $F(Z)$，反之由 $F(Z)$ 也可查出 $Z=\dfrac{\ln x-\mu_y}{\sigma_y}$。

5. 威布尔分布

威布尔分布是一种含有三参数或两参数的分布，由于适应性强而获得广泛的应用。三参数威布尔分布的概率密度函数为

$$f(x) = \frac{\beta}{\eta}\left(\frac{x-\gamma}{\eta}\right)^{\beta-1} e^{-\left(\frac{x-\gamma}{\eta}\right)^{\beta}} \tag{2-27}$$

累积概率分布为

$$F(x) = 1 - e^{-\left(\frac{x-\gamma}{\eta}\right)^{\beta}} \tag{2-28}$$

式中，β 为形状参数；η 为尺度参数；γ 为位置参数。

当 $\gamma=0$，则称为两参数威布尔分布。其概率密度函数和累积分布函数分别为

$$f(x) = \frac{\beta}{\eta}\left(\frac{x}{\eta}\right)^{\beta-1} e^{-\left(\frac{x}{\eta}\right)^{\beta}} \tag{2-29}$$

$$F(x) = 1 - e^{-\left(\frac{x}{\eta}\right)^{\beta}} \tag{2-30}$$

威布尔分布概率密度函数如图 2-4 所示。

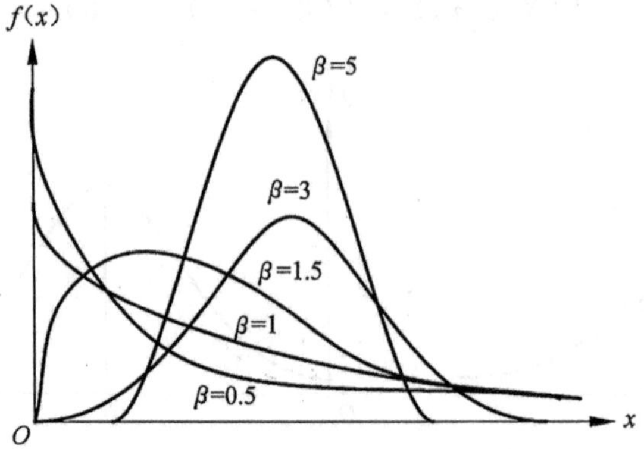

图 2-4　威布尔分布概率密度函数

指数分布是威布尔分布的特例。当 $\beta<1$ 时，产品的时效率曲线随时间增加而减少，即反映了早期失效的特征；当 $\beta=1$ 时，曲线表示了失效率为常数的情况，即反映了耗损寿命期，老化衰竭现象。根据试验求得的 β 值可以判断产品失效所处的过程，从而加以控制。所以威布尔分布对产品的三个失效期都适用，而指数分布仅适用于偶然失效期。

当 $2.7\leqslant\beta\leqslant3.7$ 时，威布尔分布与正态分布非常接近，若 $\beta=3.13$，则为正态分布；当 $\beta=2$，$\gamma=0$ 时，则为瑞利分布。许多分布都可以看成是威布尔分布的特例，由于它具有广泛的适应性，因而许多随机现象，如寿命、强度、磨损等，都可以用威布尔分布来拟合。

2.3.3　概率分布的应用

为了对产品进行可靠性分析与设计，需要通过实验数据的统计推断，明确其分布特征，但选择哪一种概率分布来拟合，则往往是比较困难的，其一是试验数据有限；其二是分布类型往往与产品类型无关，而与作用的应力类型及失效机理和失效形式有关；有些分布，如威尔分布、对数正态分布、伽马分布的中间部分不容易分辨，只有尾部才有所不同。因此，某些分布能否较准确地描述某一失效现象，也还有争议。当没有足够证据选择何种分布时，作为第一次尝试可假设某随机变量服从正态分布，对产品的寿命则假设服从威尔分布，这已被许多领域的大量应用证明是有效的。为了借鉴以往的经验与试验事例，表 2-1 提供了常用概率的应用范围。

表 2-1　各种分布的应用范围

分布类型	应用范围	试验事例
二项	从一个次品率为 P 的大批量中抽出样本容量 n 中的次品，一组 y 事件中出现 x 事件的概率，涉及“过一不过”、“正品一次品”、“好一坏”型的情况；抽样的结果不显著改变整批的比例	一次装运的钢制零件中次品的检查；一生产批量中有缺陷轮胎的检查；有缺陷焊缝的确定；一生产机器完成其功能的概率

续表

分布类型	应用范围	试验事例
正态	各种物理、机械、电器、化学等特性	铝合金板的抗拉强度、按月温度变化;钢事件的穿透深度,铆钉头直径;某给定地区的电力消耗;电阻抗;磨损、风速、硬度、发射弹药的膛内压力
指数	系统、部件等的寿命。对于元件,则适用于失效只是由于偶然原因出现且使用时间无关的情况,当设计完全排除了在生产误差方面的故障时,常常使用	真空管失效寿命;在可靠性试验过程中探测不良设备的预期成本;雷达设备中使用的指示管的预取寿命;照明灯泡、洗碗机、热水器、发电机、飞机用泵、汽车变速箱等的失效寿命
对数正态	寿命现象,事件集中发生在范围尾端的不对称情况,且观察值的差异很大	不同用户的汽车里程累计;不同用户的用电量;大量电器系统的故障时间,灯泡的照明强度等
威布尔(两参数)	同于对数正态分布。也使用于产品的寿命的早期、偶然和损耗失效阶段,失效率随所测特性的增加而可能减小、增加或保持不变的情况	电子管、滚动轴承、传动箱齿轮和其他许多机械和电子元件的寿命;腐蚀寿命;磨损寿命
威布尔(三参数)	同于两参数威布尔分布。此外还使用于各种物理、机械、电气、化学等特性,只是没有正态分布那样普遍应用	同于两参数威布尔分布。此外还有电阻、电容、疲劳强度等

2.4 数理统计

数理统计以概率论的理论为基础,根据试验或观察到的数据,对研究对象的客观规律性做出种种合理的估计和判断,从而为决策和行动提供依据和建议。在可靠性工程中,为了获得随机现象的分布规律与参数,必须运用数理统计和概率论的理论,对随机现象的试验和观测结果进行统计推断。

2.4.1 分布参数估计

所谓参数估计,就是从样本出发,构造一些适当的统计量作为总体的某些参数(或数字特征)的估计量,当取得一个样本值时,就以相应的统计量的值作为总体的参数估计值。

例如,统计量 $\overline{X}=\frac{1}{n}\sum_{i=1}^{n}X_i$ 作为整体均值 $E(X)=\mu$ 的估计量,自然地用统计量的值 $\overline{x}=\frac{1}{n}\sum_{i=1}^{n}x_i$ 作为整体均值的估计值。

对一个被估计参数,用什么样的统计量作为它的估计量,是统计量的构造问题。对被估参数,可以构造出不同的统计量作为它的估计量。

用估计量的值作为参数的估计值,这种做法称为点估计。有时不是要对参数作点估计,而是要求估计参数在一个多大的范围内,并指出该参数以多大的概率(信度)

被置于此范围。这种问题是参数的区间估计问题。

1. 参数的点估计法

设总体 X 的分布函数为 $F(x,\theta)$，其中 θ 为总体的待估计参数，$(X_1,X_2,\cdots,X_n)$ 是从总体 X 中随机抽取的一个样本，若由样本构造统计量，$\hat{\theta}=\hat{\theta}(X_1,X_2,\cdots,X_n)$ 作为参数 θ 的估计，则称 $\hat{\theta}(X_1,X_2,\cdots,X_n)$ 为 θ 的点估计量，简称为点估计。

设 $(x_1,x_2,\cdots,x_n)$ 是样本的一个观察值，代入统计量 $\hat{\theta}$ 中，得到一个确定的值 $\hat{\theta}(x_1,x_2,\cdots,x_n)$，称为参数 θ 的点估计值。

假若总体的未知参数有 r 个，即 $\theta=(\theta_1,\theta_2,\cdots,\theta_r)$，这时就需要构造出 r 个不同的统计量 $\hat{\theta}_i(X_1,X_2,\cdots,X_n)(i=1,2,\cdots,r)$，分别作为 θ_i 的点估计量，即

$$\hat{\theta}_i=\hat{\theta}_i(X_1,X_2,\cdots,X_n),\quad i=1,2,\cdots,r$$

2. 估计量的评选标准

对于总体 X 中的同一参数，用不同的估计法，可以构造不同的估计量。究竟哪一估计量好，这就涉及评价估计量的标准问题。

1) 无偏估计

定义 2-3 若 $\hat{\theta}$ 是未知参数 θ 的一个估计量，如果

$$E(\hat{\theta})=\theta \tag{2-31}$$

成立，则称 $\hat{\theta}$ 是未知参数 θ 的无偏估计量。

2) 有效估计

定义 2-4 设 $\hat{\theta}_1$、$\hat{\theta}_2$ 都是未知参数 θ 的无偏估计，若

$$D(\hat{\theta}_1)<D(\hat{\theta}_2) \tag{2-32}$$

则称估计量 $\hat{\theta}_1$ 较 $\hat{\theta}_2$ 有效。

对于未知参数 θ，其无偏估计可能不止一个，我们自然应以对 θ 的平均偏差较小者为好。也就是以估计量的方差小者为好。但是，在样本容量一定时，任意一个无偏估计的方差不能无限制地小。在一定条件下，它有一个下限值。

设总体 X 的概率密度函数为 $f(x,\theta)$，样本容量为 n，$\hat{\theta}$ 为参数 θ 的无偏估计，则有

$$D(\hat{\theta})\geqslant\frac{1}{nE\left(\dfrac{\partial}{\partial\theta}\ln f(X;\theta)\right)^2} \tag{2-33}$$

一般地，若用估计量 T 来估计 θ 的某个可微函数 $g(\theta)$，且 $E(T)=g(\theta)$，则有

$$D(T)\geqslant\frac{[g'(\theta)]^2}{nE\left(\dfrac{\partial}{\partial\theta}\ln f(X;\theta)\right)^2} \tag{2-34}$$

式(2-55)、式(2-56)两个不等式都称为罗-克拉默不等式。

如果 $I(\theta)=E\left(\frac{\partial}{\partial\theta}\ln f(X;\theta)\right)^2$，则$\frac{1}{nI(\theta)}$为参数 θ 的无偏估计的方差下界，若 θ 的无偏估计 $\hat{\theta}$ 满足

$$D(\hat{\theta})=\frac{1}{nI(\theta)} \tag{2-35}$$

则称 $\hat{\theta}$ 为 θ 的有效估计。有效估计也称为最小方差无偏估计。

3）一致估计

定义 2-5 设 $\hat{\theta}_n=\hat{\theta}(X_1,X_2,\cdots,X_n)$为未知参数 θ 的估计量，若对任意的正数 $\varepsilon>0$，有

$$\lim_{n\to\infty}p(|\hat{\theta}_n-\mu|\leqslant\varepsilon)=1$$

则称 $\hat{\theta}_n$ 为 θ 的一致估计。

3. 区间估计

定义 2-6 设总体 X 的分布中含有未知参数 θ，$(X_1,X_2,\cdots,X_n)$为总体从 X 中抽取的容量为 n 的样本，由样本构造两统计量 $\hat{\theta}_1=\hat{\theta}_1(X_1,X_2,\cdots,X_n)$及 $\hat{\theta}_2=\hat{\theta}_2(X_1,X_2,\cdots,X_n)$，且 $\hat{\theta}<\hat{\theta}_2$，若对于给定的 $\alpha(0<\alpha<1)$，有

$$P(\hat{\theta}_1<\theta<\hat{\theta}_2)=1-\alpha \tag{2-36}$$

则称随机区间$(\hat{\theta}_1,\hat{\theta}_2)$是参数 θ 的 $1-\alpha$ 的置信区间或区间估计。$\hat{\theta}_1$、$\hat{\theta}_2$ 称为 θ 的置信下限和置信上限，$1-\alpha$ 称为置信水平或置信度或置信概率。

由定义知，置信区间$(\hat{\theta}_1,\hat{\theta}_2)$为随机区间，$P(\hat{\theta}_1<\theta<\hat{\theta}_2)=1-\alpha$ 是指在每次抽样下，对样本的一个观察值$(x_1,x_2,\cdots,x_n)$，就得到一个具体的区间$(\hat{\theta}_1,\hat{\theta}_2)$，它要么包含参数 θ，要么不包含参数 θ，重复多次抽样，就得到许多不同的区间，在这些区间中，包含 θ 真值的约占 $100(1-\alpha)\%$，不含 θ 真值的约占 $100\alpha\%$。例如，若 $\alpha=0.01$，反复抽样 1000 次，得到 1000 个这样的区间中不包含 θ 真值的仅有 10 个左右。

设总体 $X\sim N(\mu,\sigma^2)$，$(X_1,X_2,\cdots,X_n)$是它的一个样本，求 μ 的$(1-\alpha)$置信区间。

(1) 方差 $\sigma^2=\sigma_0^2$ 已知时，均值 μ 的区间估计。

取样本均值 $\hat{\mu}=\overline{X}=\frac{1}{n}\sum_{i=1}^{n}X_i$ 作为 μ 的一个估计量，有 $X\sim N\left(\mu,\frac{\sigma^2}{n}\right)$，故随机变量

$$U=\frac{\overline{X}-\mu}{\sigma_0/\sqrt{n}}\sim N(0,1) \tag{2-37}$$

由正态分布的对称性及分位数的定义，对于给定的 $\alpha(0<\alpha<1)$，从正态分布表可查得相应的分位数 $\mu_{1-\frac{\alpha}{2}}$，使

$$P(|U|)<\mu_{1-\frac{\alpha}{2}}=1-\alpha \tag{2-38}$$

即

$$P\left(-\mu_{1-\frac{\alpha}{2}} < \frac{\overline{X}-\mu}{\sigma_0}\sqrt{n} < \mu_{1-\frac{\alpha}{2}}\right) = 1-\alpha \tag{2-39}$$

于是有

$$P\left(\overline{X}-\frac{\sigma_0}{\sqrt{n}}\mu_{1-\frac{\alpha}{2}} < \mu < \overline{X}+\frac{\sigma_0}{\sqrt{n}}\mu_{1-\frac{\alpha}{2}}\right) = 1-\alpha \tag{2-40}$$

因此,参数 μ 的置信度是 $1-\alpha$ 的置信区间为

$$\left(\overline{X}-\frac{\sigma_0}{\sqrt{n}}\mu_{1-\frac{\alpha}{2}}, \overline{X}+\frac{\sigma_0}{\sqrt{n}}\mu_{1-\frac{\alpha}{2}}\right) \tag{2-41}$$

区间长度为$\frac{2\sigma_0}{\sqrt{n}}\mu_{1-\frac{\alpha}{2}}$。

一般地,对于给定的置信度 $1-\alpha$,参数 θ 的置信区间$(\hat{\theta}_1, \hat{\theta}_2)$的取法有多种,也就是说,置信区间不唯一。我们总希望所构造的置信区间的长度越短越好。若构造置信区间的样本函数具有对称分布时,以样本均值为中心的对称区间,其长度最短。然而对于不具有对称性的分布,求最短长度的置信区间,是较繁琐的问题。在实际应用中,为方便起见,总是把 α 等分为两部分 $\alpha_1=\alpha_2=\frac{\alpha}{2}$,然后查分布表求相应的上、下置信限。

(2) 方差 σ^2 未知时,均值 μ 的区间估计。

因为方差 σ^2 未知,而式(2-41)得出的置信区间含有方差 σ^2,因此还需另找途径来求 μ 的区间估计。由抽样分布知

$$T = \frac{\overline{X}-\mu}{S/\sqrt{n}} \sim t(n-1) \tag{2-42}$$

式中,$\overline{X}=\frac{1}{n}\sum_{i=1}^{n}X_i$,由于 t 分布是对称的,对给定的 $\alpha(0<\alpha<1)$,由 t 分布查表得自由度为 $n-1$ 的 t 分布的分位数 $t_{1-\frac{\alpha}{2}}(n-1)$,使

$$P(|T| < t_{1-\frac{\alpha}{2}}(n-1)) = 1-\alpha \tag{2-43}$$

即

$$P\left(-t_{1-\frac{\alpha}{2}}(n-1) < \frac{\overline{X}-\mu}{S}\sqrt{n} < t_{1-\frac{\alpha}{2}}(n-1)\right) = 1-\alpha \tag{2-44}$$

从而有

$$P\left(\overline{X}-\frac{S}{\sqrt{n}}t_{1-\frac{\alpha}{2}}(n-1) < \mu < \overline{X}+\frac{S}{\sqrt{n}}t_{1-\frac{\alpha}{2}}(n-1)\right) = 1-\alpha \tag{2-45}$$

故得参数 μ 的置信水平为 $1-\alpha$ 的置信区间为

$$\left(\overline{X}-\frac{S}{\sqrt{n}}t_{1-\frac{\alpha}{2}}(n-1), \overline{X}+\frac{S}{\sqrt{n}}t_{1-\frac{\alpha}{2}}(n-1)\right) \tag{2-46}$$

区间长度为$\frac{2S}{\sqrt{n}}t_{1-\frac{\alpha}{2}}(n-1)$。

2.4.2 假设检验

1. 基本概念

1）假设检验的定义

在实际工作中，往往能够根据过去的资料，对总体作出的某种参数假设（记为H_0，称为原假设）。一种是关于总体参数的假设，即参数假设；另一种是关于总体分布的假设，即统计假设。

对于一种假设是否成立，需要根据样本提供的信息，按照一定的规则和程序来进行检验，决定接受这种假设，还是拒绝这种假设。这一过程称为假设检验。在假设检验中，如果总体分布类型已知，仅对总体中的未知参数及其性质进行判断，这种检验称为参数检验。设总体分布类型不知，若检验其分布属于某种类型或两变量是否独立，或两总体的分布函数是否相同，等等，称为非参数假设检验。

2）假设检验的步骤

（1）提出原假设 H_0 及备择假设 H_1。

（2）构造检验统计量，在 H_0 为真的条件下，确定该统计量的分布。

（3）确定 H_0 的拒绝域：在给定显著性水平 $\alpha(0<\alpha<1)$ 的条件下，查统计量所服从的分布表，求出临界值，从而确定拒绝域 W。

（4）推断：由样本观察值算出统计量的观察值，若落在拒绝域 W 中，则拒绝 H_0，否则接受 H_0。

2. 关于正态总体数学期望的假设检验

设$X\sim(\mu,\sigma^2)$，样本为$X_1,X_2,\cdots,X_n$。样本均值为$\overline{X}=\frac{1}{n}\sum_{i=1}^{n}X_i$，$\overline{X}\sim N\left(\mu,\frac{\sigma^2}{n}\right)$，样本方差为 $S^2=\frac{1}{n-1}\sum_{i=1}^{n}(X_i-\overline{X})^2$，对 μ 进行假设检验分两种情况，一是方差 σ^2 已知，一是 σ^2 未知。

1）方差 σ^2 已知，检验 μ

（1）给出原假设 $H_0:\mu=\mu_0$，对立假设 $H_1:\mu\neq\mu_0$。

（2）在 $H_0:\mu=\mu_0$ 成立的条件下，选统计量

$$U=\frac{\overline{X}-\mu_0}{\sigma/\sqrt{n}}\sim N(0,1)$$

（3）对给定的显著性水平 α，根据对立假设 H_1 和统计量 U 的分布（图 2-5）$|U|>z_{\frac{\alpha}{2}}$，它的概率表达式为

$$P\{|U|>z_{\frac{\alpha}{2}}\}=\alpha \tag{2-47}$$

(4) 由样本值算出样本均值 $\bar{x}$，从而算出统计量 U 的值 u，并查出标准正态分布的分位点 $z_{\frac{\alpha}{2}}$。

(5) 判断小概率事件 $|U|>z_{\frac{\alpha}{2}}$ 是否出现。

若 $|U|>z_{\frac{\alpha}{2}}$ 即小概率事件出现，就拒绝 H_0；

若 $|U|<z_{\frac{\alpha}{2}}$ 即小概率事件没出现，就接受 H_0。

以上所说的检验法通常称为 U 检验法。

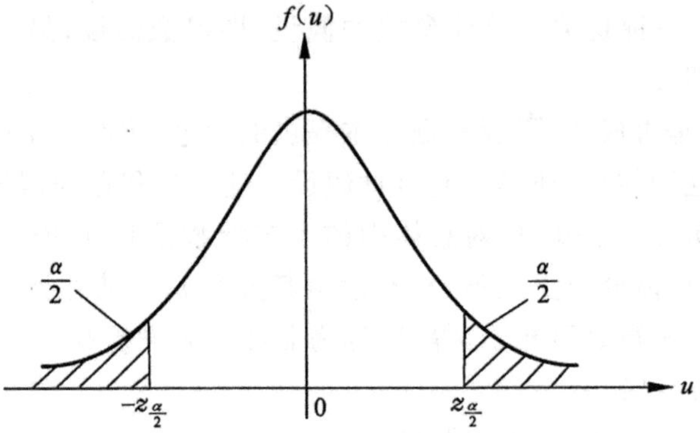

图 2-5 标准正态分布

2) 方差 σ^2 未知，检验 μ

这种情况要用 S^2 代替 σ^2，即用 S 代替 σ。

(1) 给出原假设 $H_0:\mu=\mu_0$，对立假设 $H_1:\mu\neq\mu_0$。

(2) 在 $H_0:\mu=\mu_0$ 成立的条件下，选统计量

$$T=\frac{\overline{X}-\mu_0}{S/\sqrt{n}}\sim t(n-1) \tag{2-48}$$

(3) 对给定的显著性水平 α，根据对立假设 H_1 和统计量 T 的分布（图 2-6）$|U|>z_{\frac{\alpha}{2}}$，小概率事件为 $|T|>t_{\frac{\alpha}{2}}(n-1)\alpha$，它的概率表达式为

$$P\{|T|>t_{\frac{\alpha}{2}}\}=\alpha$$

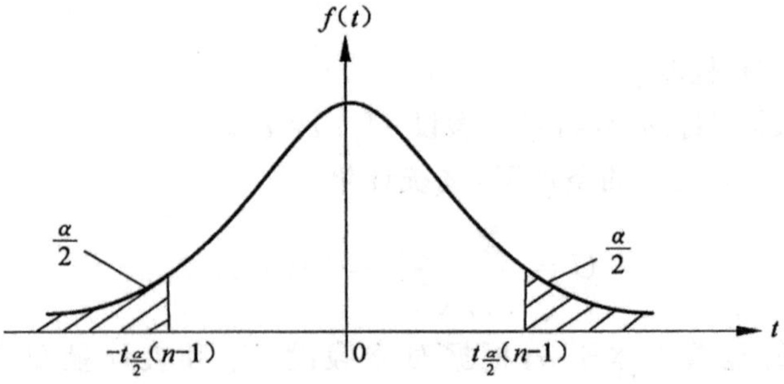

图 2-6 t 分布

(4) 由样本值算出样本均值 $\overline{x}$、s^2，从而算出统计量 T 的值 t，并查出 $t_{\frac{\alpha}{2}}(n-1)$。

(5) 判断：若 $|t|>t_{\frac{\alpha}{2}}(n-1)$，拒绝 H_0；$|t|<t_{\frac{\alpha}{2}}(n-1)$，接受 H_0。

从接受域、拒绝域来考虑则有：H_0 的关于 T 的接受域为

$$\left(-t_{\frac{\alpha}{2}}, t_{\frac{\alpha}{2}}\right) \tag{2-49}$$

拒绝域为

$$\left(-\infty, -t_{\frac{\alpha}{2}}\right) \quad 和\left(t_{\frac{\alpha}{2}}, +\infty\right) \tag{2-50}$$

对 $\overline{X}$ 来说，H_0 的接受域

$$\left(\mu_0 - t_{\frac{\alpha}{2}} \frac{s}{\sqrt{n}}, \mu_0 + t_{\frac{\alpha}{2}} \frac{s}{\sqrt{n}}\right) \tag{2-51}$$

拒绝域为

$$\left(-\infty, \mu_0 - t_{\frac{\alpha}{2}} \frac{s}{\sqrt{n}}\right) \quad 和\left(\mu_0 + t_{\frac{\alpha}{2}} \frac{s}{\sqrt{n}}, +\infty\right) \tag{2-52}$$

临界点为

$$t = \pm t_{\frac{\alpha}{2}} \frac{\sigma}{\sqrt{n}}, \quad \overline{x} = \mu_0 \pm t_{\frac{\alpha}{2}} \frac{s}{\sqrt{n}} \tag{2-53}$$

这种检验法称为 T 检验法。

3. 关于正态总体方差的 σ^2 的假设检验

1) 期望 μ 已知，检验 σ^2，可知

(1) 原假设 $H_0:\sigma^2=\sigma_0^2$，对立假设 $H_1:\sigma^2\neq\sigma_0^2$。

(2) 由 $\mu=\mu_0$ 已知，我们已假定 H_0 成立时，$\frac{1}{n}\sum_{i=1}^{n}(X_i-\mu_0)^2$ 是 σ_0^2 的无偏估计，则统计量

$$\chi^2 = \frac{\sum_{i=1}^{n}(X_i-\mu_0)^2}{\sigma_0^2} \sim \chi^2(n)$$

(3) 对于给定的显著性水平 α，根据 H_1 和统计量的分布(图 2-7)，小概率事件为

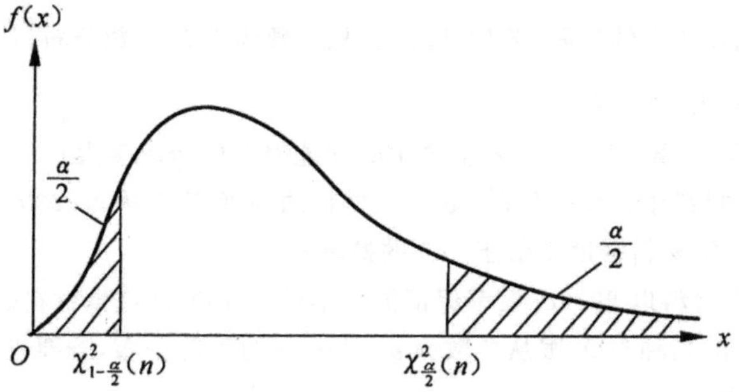

图 2-7 对数正态分布

$\{0<\chi^2<\chi^2_{\frac{\alpha}{2}}(n)\cup\chi^2_{1-\frac{\alpha}{2}}(n)<\chi^2<\infty\}$，它的概率表达式为

$$P\{0<\chi^2<\chi^2_{\frac{\alpha}{2}}(n)\cup\chi^2_{1-\frac{\alpha}{2}}(n)<\chi^2<\infty\}=\alpha \tag{2-54}$$

(4) 由样本值算出χ^2，通过查χ^2分布表可得$\chi^2_{1-\frac{\alpha}{2}}(n)$，$\chi^2_{\frac{\alpha}{2}}(n)$。

(5) 判断：如果$\chi^2\leqslant\chi^2_{\frac{\alpha}{2}}(n)$或$\chi^2\geqslant\chi^2_{1-\frac{\alpha}{2}}(n)$，则拒绝 H_0；如果$\chi^2_{\frac{\alpha}{2}}(n)<\chi^2<\chi^2_{1-\frac{\alpha}{2}}(n)$，则接受 H_0。

2) 期望 μ 未知，检验 σ^2

在这里用 $\overline{X}$ 代替 μ：

(1) 原假设 $H_0:\sigma^2=\sigma_0^2$，对立假设 $H_1:\sigma^2\neq\sigma_0^2$。

(2) 在 H_0 成立的条件下，选统计量

$$\chi^2=\frac{(n-1)S^2}{\sigma^2}\sim\chi^2(n-1)$$

(3) 对给定的显著水平 α，它的小概率表达式为

$$P\{0<\chi^2<\chi^2_{1-\frac{\alpha}{2}}(n-1)\cup\chi^2_{1-\frac{\alpha}{2}}(n-1)<\chi^2<+\infty\}=\alpha \tag{2-55}$$

(4) 算出χ^2，S^2，查出$\chi^2_{1-\frac{\alpha}{2}}(n-1)$，$\chi^2_{\frac{\alpha}{2}}(n-1)$。

(5) 判断：如果$\chi^2_{1-\frac{\alpha}{2}}(n-1)<\chi^2<\chi^2_{\frac{\alpha}{2}}(n-1)$，则接受 H_0；如果 $0<\chi^2<\chi^2_{1-\frac{\alpha}{2}}(n)$，或$\chi^2_{1-\frac{\alpha}{2}}(n-1)<\chi^2$ 则拒绝 H_0，接受 H_1。

习　题　2

2-1　从 0,1,2,…,9 这 10 个数字中随机取两个数，求其和大于 10 的概率多大。

2-2　设有 M 件产品，其中 N 件为一级品，R 件为二级品，其余为废品，现从中任取 m 件，问恰好有 n 件一级品，r 件二级品，其余为废品的概率多大？

2-3　一批产品共 10 件，其中有 2 件次品。无放回地从中随机抽取两次，每次取一件，计算下列各事件的概率：

(1) 两次都是次品；

(2) 两次都是正品；

(3) 一件是正品，一件是次品；

(4) 第二次取出的是次品。

2-4　修理某一机器所需的时间(单位：h)X 服从参数为$\frac{1}{2}$的指数分布，计算：

(1) 修理时间超过 2h 的概率。

(2) 若乙持续修理了 9h，问总共需要至少 10h 才能修好的概率多大？

2-5　已知从某批材料中任取一件时，取得的材料的强度 X 服从 $N(200,18^2)$。

(1) 计算取得的这批材料强度不低于 180 的概率；

(2) 如果要求所用材料以 99% 的概率保证强度不低于 150，问这批材料是否符合要求？

2-6　一工厂生产的某种与 X 服从参数为 $\mu=180$，σ 的正态分布，若要求 $P\{120<X\leqslant200\}\geqslant 0.8$，允许 σ 最大为多少？

第3章　机械可靠性设计原理与可靠度计算

3.1　应力强度干涉理论及可靠度计算

3.1.1　应力强度分布干涉理论

从可靠性的角度考虑，影响机械产品故障的各种因素可概括为应力和强度两类。应力大于强度时故障发生。应力不仅仅指外力在微元面积上产生内力与微元面积比值的极限，而且包括各种环境因素，如温度、湿度、腐蚀、粒子辐射等。强度是指机械结构承受应力的能力，因此，凡是能阻止结构或零部件故障的因素，统称为强度，如材料机械性能、加工精度、表面粗糙度等。

机械零部件设计的基本目标是在一定的可靠度下保证其危险断面上的最小强度（抗力）不低于最大的应力，否则，零件将由于未满足可靠度要求而导致失效。可靠性设计理论的基本任务是在故障物理学研究的基础上，结合可靠性试验以及故障数据的统计分析，提出可供实际计算的物理数学模型及方法。

在实际工程中，外载荷、温度、湿度等都是具有一定分布的。因而应力是一个受多种因素影响的随机变量，具有一定的分布规律。同样，受材料的机械性能、工艺环节的波动和加工精度等的影响，强度也是一个具有一定离散性，服从一定分布规律的随机变量。也就是说应力和强度在这里都不是一个确定的值，而是由若干随机变量组成的多元随机函数（随机变量），它们都具有一定的分布规律，如图3-1所示。

应力-强度模型又称干涉模型，它可以清楚地揭示零件可靠性设计的本质，是零件可靠性设计的基本模型。

一般而言，施加于产品或零件上的物理量，如应力、压力、温度、湿度、冲击等，统称为产品或零件所受的应力，用 s 表示；产品或零件能够承受这种应力的程度，统称为产品或零件的强度，用 S 表示。如果产品或零件的强度 S 小于应力 s，则它们就不能完成规定的功能，称为失效。欲使产品或零件在规定的时间内可靠地工作，必须满足

$$Z = S - s \geqslant 0 \tag{3-1}$$

机械设计中，应力 s 及强度 S 本身是某些变量的函数如图3-1所示，即

$$\begin{aligned} s &= f(s_1, s_2, \cdots, s_j, s_n) \\ S &= f(S_1, S_2, \cdots, S_i, S_n) \end{aligned} \tag{3-2}$$

式中，S_i 为影响强度的随机量，如零件材料性能、表面质量、尺寸效应、材料对缺口的敏感性等；s_j 为影响应力的随机量，如载荷情况、应力集中、工作温度、润滑状态等。

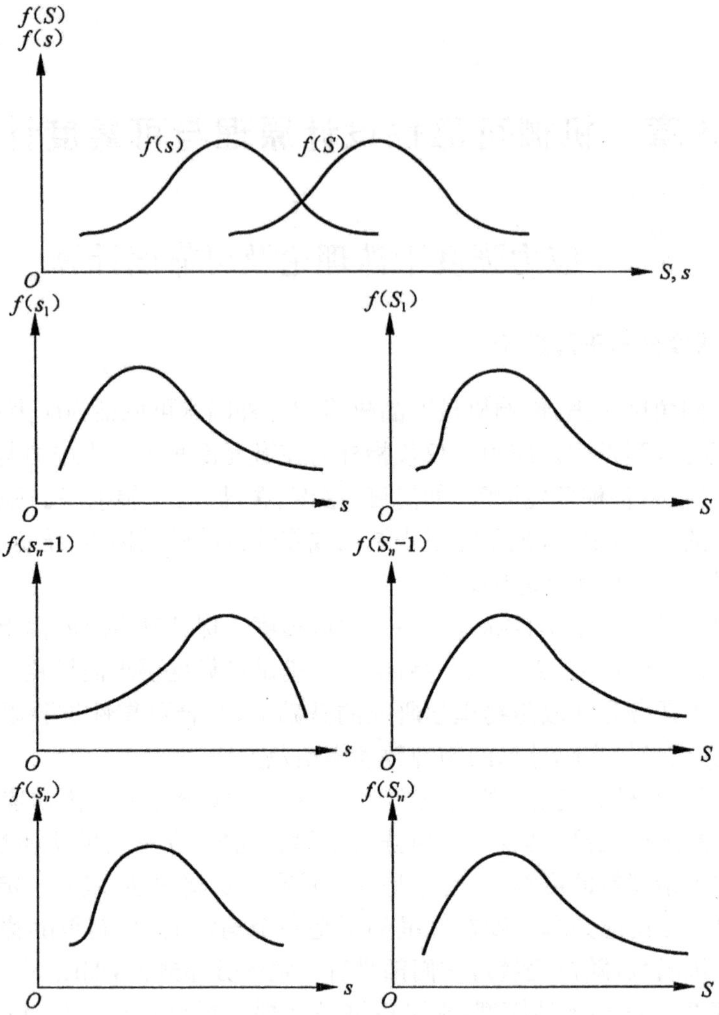

图 3-1 应力-强度综合干涉模型

在一般情况下，强度 S 与应力 s 的概率关系满足 $P(S|s)=P(S)$，因为无论是否知道 s 的准确数值，强度 S 的取值都是按自己的规律出现。所以，可以认为应力 s、强度 S 是相互独立的随机变量。于是，Z 也为随机变量。

设产品或零件的可靠度为 R，则

$$R = P(Z \geqslant 0) \tag{3-3}$$

即可靠度为随机变量 Z 取值大于和等于 0 时的概率。相应的累积失效概率为

$$F = 1 - R = P(Z < 0) \tag{3-4}$$

若知道随机变量 S 及 s 的分布规律，利用下述的应力-强度干涉模型，可以求得可靠度 R 或失效概率 F。

机械设计中，随机变量 S 与 s 具有相同的量纲。因此，S、s 的概率密度曲线可以表示在同一坐标系上。

从统计分布函数的性质可知，机械工程设计中常用的分布函数的概率密度曲线，都是以横坐标轴为渐近线的。因此，两概率密度曲线必定有相交的区域（图 3-2 中的阴影线部分），这个区域就是产品或零件可能出现失效的区域，称为干涉区。干涉区的面积越小，零件的可靠度就越高；反之，可靠度越低。但是，如图 3-2 所示，分布的阴影面积只是干涉的表示，而不是干涉数值的度量。例如，图中的应力 s_1 与 S_1 比较，因 $s_1>S_1$，引起干涉，零件失效，而 s_2 与 S_2 比较，不会导致失效，因为 $s_2<S_2$，尽管它们都在干涉区之内。

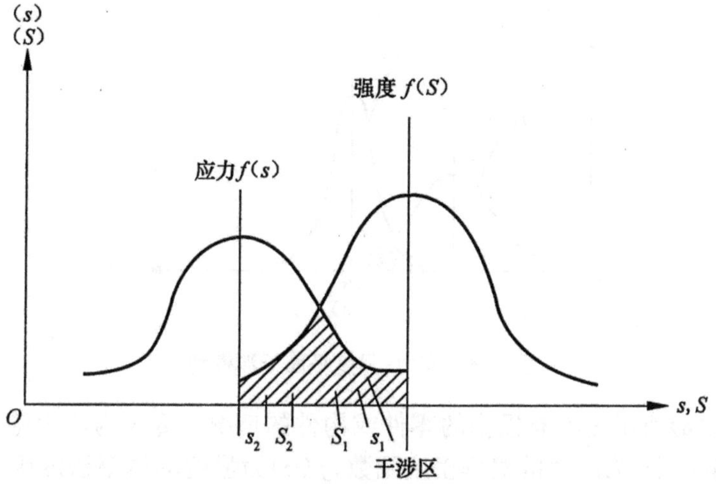

图 3-2　应力-强度干涉区

应力-强度干涉模型揭示了概率设计的本质。从干涉模型可以看到，就统计数学的观点而言，任一设计都存在失效概率，即可靠度 $R<1$。所以，我们能够做到的仅仅是将失效概率限制在一个可以接受的限度之内，这个观点在普通设计的安全系数法中是不明确的。因为，根据安全系数进行的设计不考虑存在失效的可能性。可靠性设计这一重要特征，客观地反映了产品设计和运行的真实情况，同时，它还可以定量地回答产品在使用中的失效概率或可靠度，因而受到设计人员的重视。

下面介绍恒幅循环载荷的简单情况。图 3-3 表示材料的等寿命曲线的强度分布与应力分布的干涉情况。这是两个三维曲面的干涉问题。如取应力比 r 为常数，截取得到的应力-强度干涉模型，就成为应力-强度平面干涉模型（图 3-4）。

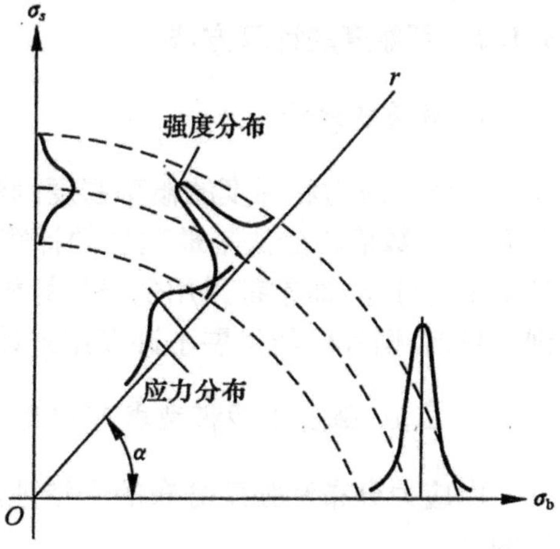

图 3-3　材料的等寿命曲线的强度分布与应力分布的干涉情况

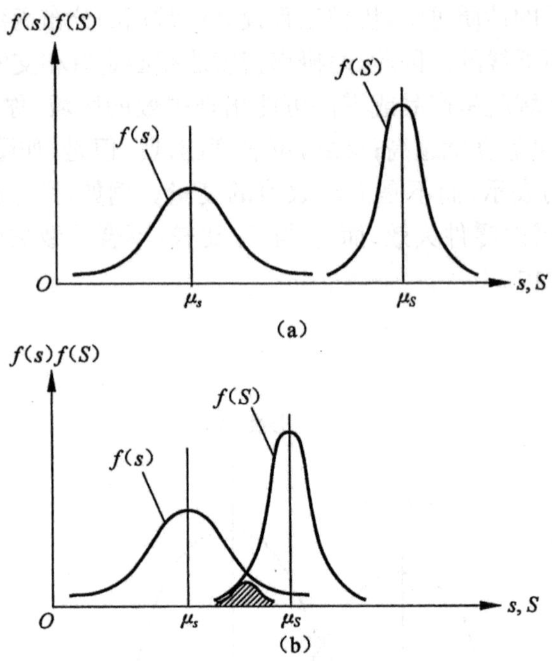

图 3-4　应力-强度平面干涉模型

如图 3-4(a)所示为没有损伤的零件或构件的情况。令 s 为应力随机变量，S 为强度随机变量，$f(s)$为应力的概率密度函数，$f(S)$为强度的概率密度函数，μ_s 为应力分布的均值，μ_S 为强度分布的均值。零件和构件在投入运行前，没有受到损伤。以后在循环载荷的长期作用下，强度逐渐降低，由图 3-4(a)的位置逐渐移到图 3-4(b)的位置，应力与强度干涉面积增大。在概率疲劳设计中，当零件和构件的寿命给出时，由试验可以得到在该寿命下的强度概率分布。也就是说，用给定寿命条件下的疲劳强度概率分布，可以将动态应力-强度干涉模型变成静态应力-强度干涉模型，使计算简化。

3.1.2　可靠度的计算方法

1. 数值积分法

在已知应力和强度的概率密度函数 $f(s)$和 $f(S)$时，可进行数值积分，求出可靠度 $R(t)$。数值积分法是最理想的计算方法，它能得出精确的可靠度值，也能计算各种复杂的分布，通常都采用电子计算机计算，常用的方法是运用辛普森(Simpson)法则。目前，国外已经发展了许多用来计算可靠度的计算机软件。

2. 应力-强度干涉模型求可靠度

由应力分布和强度分布的干涉理论可知，可靠度是强度大于应力的整个概率，表示为

$$R(t)=P(S>s)=P(S-s>0)=P\left(\frac{S}{s}>1\right) \tag{3-5}$$

如能满足式(3-5)，则可保证零件不会失效，否则将出现失效，图 3-5 表示出这两种情况。当 $t=0$ 时，两个分布之间有一定的安全裕度，因而不会产生失效。但随着时间的推移，由于材料和环境等因素，强度恶化，导致在时间 t_1 时应力分布与强度分布发生干涉，这时将产生失效。

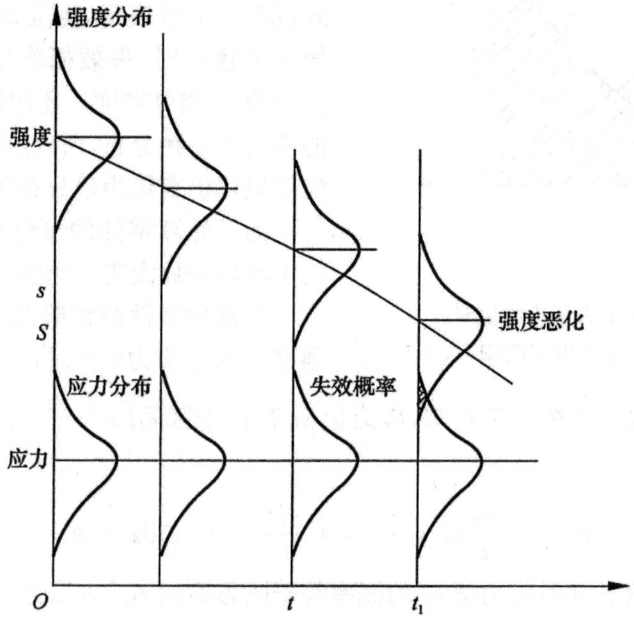

图 3-5　应力-强度分布与时间的关系

需要研究的是两个分布发生干涉的部分。因此对时间为 t_1 时的应力-强度分布干涉模型进行分析，如图 3-6 所示，零件的工作应力为 s，强度为 S，且呈一定的分布

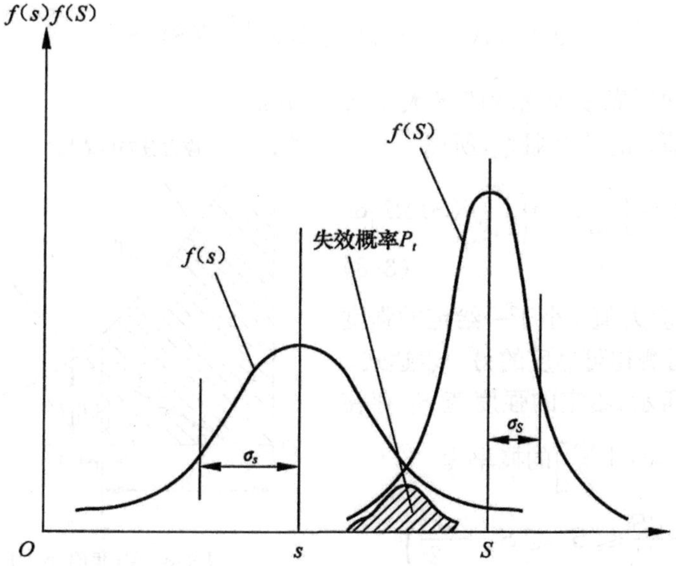

图 3-6　时间 t_1 时的应力-强度分布干涉模型

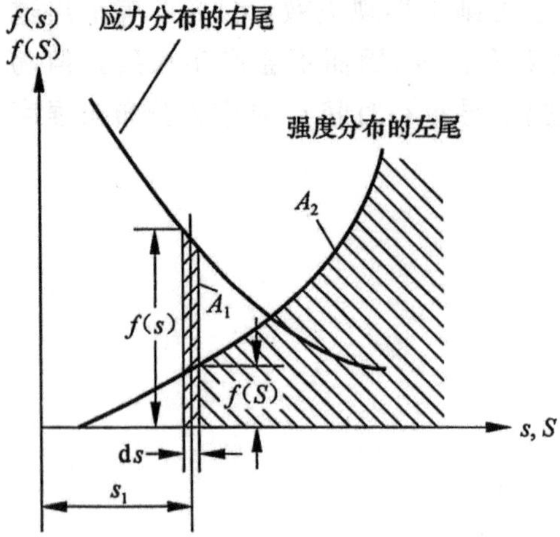

图 3-7　强度值大于应力值时，应力和强度的概率面积

状态，当两个分布发生干涉（尾部发生重叠）时，阴影部分表示零件的失效概率，即不可靠度。

两个分布的重叠面积不能用来作为失效概率的定量表示，因为即使两个分布曲线完全重叠时，失效概率也仅为 50%，即仍有 50%的可靠度。还应注意，两个分布的差仍为一种分布，所以应按图 3-6 所示，失效概率仍表示为呈分布状态。

为了计算零件的可靠度，把图 3-5 中的干涉部分放大表示为图 3-7。

在机械零件的危险断面上，当材料的强度 S 大于应力值 s 时，不会发生失效，反之，则将发生失效。由图 3-7 可知，应力值 s_1 存在于区间 $\left[s_1-\dfrac{ds}{2}, s_1+\dfrac{ds}{2}\right]$ 内的概率等于面积 A_1，即

$$P\left(s_1-\frac{ds}{2}\leqslant s_1\leqslant s_1+\frac{ds}{2}\right)=f(s_1)ds=A_1 \tag{3-6}$$

同时，强度值 S 超过应力值 s_1 的概率等于阴影面积 A_2，表示为

$$P(S>s)=\int_{s_1}^{\infty}f(S)dS=A_2 \tag{3-7}$$

式(3-6)和式(3-7)表示的是两个独立事件各自发生的概率。如果这两个事件同时发生，则可应用概率乘法定理来计算应力值为 s_1 时的不失效概率，即可靠度，得

$$dR=A_1A_2=f(s_1)ds\times\int_{s_1}^{\infty}f(S)dS$$

因为零件的可靠度为强度值 S 大于所有可能的应力值 s 的整个概率，所以

$$R(t)=\int_{-\infty}^{\infty}dR=\int_{-\infty}^{\infty}f(s)\left[\int_{s}^{\infty}f(S)dS\right]ds \tag{3-8}$$

同理，如从应力值 s 小于一给定的强度值 S_1 出发，则可测得可靠度的另一表达式。

如图 3-8 所示，给定的强度值 S_1 存在于区间 $\left[S_1-\dfrac{ds}{2}, S_1+\dfrac{ds}{2}\right]$ 的概率为

$$P\left(S_1-\frac{dS}{2}\leqslant S_1\leqslant S_1+\frac{dS}{2}\right)=f(S_1)dS=A_1' \tag{3-9}$$

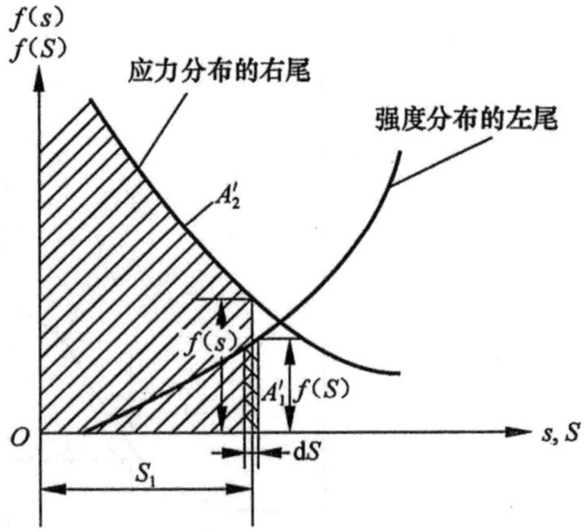

图 3-8　强度值小于应力值时，应力和强度的概率面积

同时，应力值 s 小于强度值 S_1 的概率为

$$P(s < S_1) = \int_{-\infty}^{S_1} f(s)\mathrm{d}s = A_2' \tag{3-10}$$

同理，强度值为 S_1 时的不失效概率为这两个概率的乘积，即

$$\mathrm{d}R = A_1'A_2' = f(S_1)\mathrm{d}S \times \int_{-\infty}^{S_1} f(s)\mathrm{d}s$$

零件的可靠度为所有可能的强度值 s 的整个概率，所以

$$R(t) = \int_{-\infty}^{\infty} \mathrm{d}R = \int_{-\infty}^{\infty} f(S)\left[\int_{-\infty}^{s} f(s)\mathrm{d}s\right]\mathrm{d}S \tag{3-11}$$

式(3-11)即为可靠度的一般表达式，并可表示为更一般的形式，即

$$R(t) = \int_{a}^{b} f(s)\left[\int_{s}^{c} f(S)\mathrm{d}S\right]\mathrm{d}s \tag{3-12}$$

式中，a 和 b 分别为应力在其概率密度函数中可以设想的最小值和最大值；c 为强度在其概率密度函数中可以设想的最大值。

对于对数正态分布、威布尔分布和伽马分布，a 为位置参数，b 和 c 为无穷大；对于 β 分布，α 为位置参数，b 和 c 可能是一个有限值。

显然，应力-强度分布干涉理论的概念可以进一步延伸。零件的工作循环次数 n 可以理解为应力，而零件的失效循环次数 N 可以理解为强度。与此相应，有

$$R(t) = P(N > n) = P(N - n > 0) = P\left(\frac{N}{n} > 1\right) \tag{3-13}$$

$$R(t) = \int_{-\infty}^{\infty} f(n)\left[\int_{n}^{\infty} f(N)\mathrm{d}N\right]\mathrm{d}n \tag{3-14}$$

式中，n 为工作循环次数；N 为失效循环次数。

3. 功能密度函数积分法求解可靠度

前面已经提到，强度 S 与应力 s 之差可用一个多元随机函数表示，即

$$Z = S - s = f(z_1, z_2, \cdots, z_n) \tag{3-15}$$

这又称为功能函数。

设随机变量 Z 的概率密度函数为 $f(Z)$，根据二维独立随机变量知识，我们可以通过强度 S 和应力 s 的概率密度函数 $f(S)$ 和 $f(s)$ 计算出干涉变量 $Z=S-s$ 的概率密度函数 $f(Z)$。因此，零件的可靠度可由下式求得：

$$R = P(Z > 0) = \int_{0}^{\infty} f(Z)\mathrm{d}Z \tag{3-16}$$

当应力和强度为更一般的分布时，可以用辛普森和高斯(Gauss)等数值积分方法，应用计算机求解。当精度要求不高时，也可用图解法求可靠度。当然，以上所述都是指应力和强度各是一个变量的情况。当随机变量较多，相应地性能函数也较复杂时，求解可靠度具有一定的难度。

4. 蒙特卡罗模拟法

蒙特卡罗(Monte Carlo)模拟法可以用来综合两种不同的分布,因此,可以用它来综合应力分布和强度分布,并计算出可靠度。这种方法的实质是,从一个分布中随机选取一样本,并将其与取自另一分布的样本相比较,然后对比较结果进行统计,并计算出统计概率。这一统计概率就是所求的可靠度。

用蒙特卡罗模拟法进行可靠度计算的流程图如图 3-9 所示。

确定可靠度的蒙特卡罗模拟法

1. 确定计算可靠度的公式 $R(t)=P[(S-s)>0]$

2. 得出应力和强度的概率密度函数

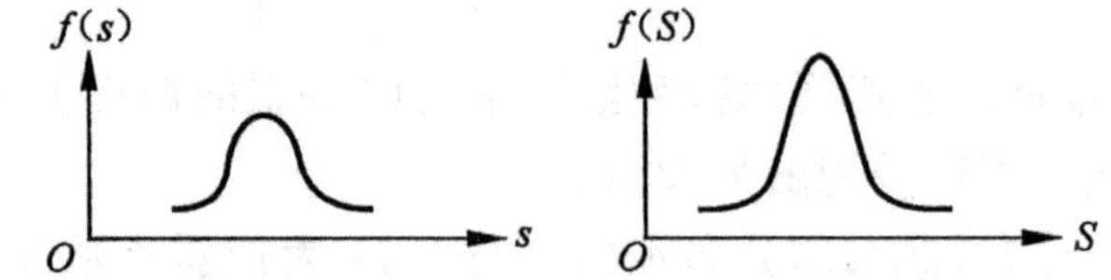

3. 得出应力和强度的累积分布函数

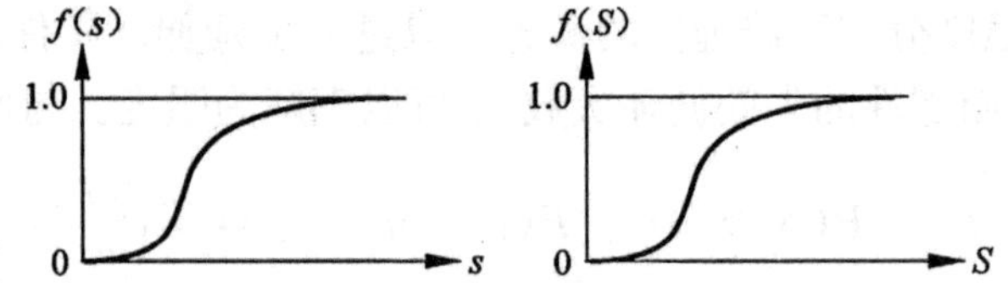

4. 生成应力和强度0与1之间的均匀分布的随机数,并算出s_i和S_i

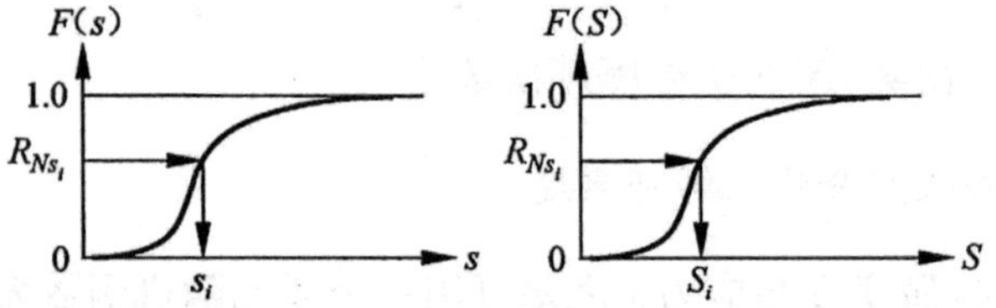

5. 得出s_1和S_1值,加以比较,并检验是否满足下列条件:$(S_1-s_1)>0$
如果满足上式,记为1,如不满足,记为0

6. 重复第4、第5两步,最好超过1000次
比较S_1和s_1,如$(S_1-s_1)>0$记为1,如$(S_1-s_1)<0$记为0
比较S_2和s_2,如$(S_2-s_2)>0$记为1,如$(S_2-s_2)<0$记为1
……

7. 得出否满足$(S-s)>0$的次数,记为$N[(S-s)>0]$
数出总的模拟次数N_T

8. 计算可靠度$R(t)=\dfrac{N(S-s>0)}{N_T}$

图 3-9 蒙特卡罗模拟法可靠度计算的流程图

由图中第 4 步可知

$$R_{Ns_i}=\int_{-\infty}^{s_i}f(s)\mathrm{d}s \tag{3-17}$$

$$R_{Ns_j}=\int_{-\infty}^{s_j}f(S)\mathrm{d}S \tag{3-18}$$

因此，可得出相应的 s_i 和 s_j。

如果把上述第 5 步的条件改为 $S_1>s_1$ 或 $\frac{S_1}{s_1}>1$，则可相应地得到

$$R(t)=\frac{N(S>s)}{N_\tau}$$

或

$$R(t)=\frac{N\left(\frac{S}{s}>1\right)}{N_T} \tag{3-19}$$

显然，模拟的次数越多，则所得可靠度的精度越高。

例 3-1 已知一零件的应力分布和强度分布都为正态分布，其数据为 $\bar{s}=$ 94.1MPa，$\sigma_s=$20.7MPa；$\bar{S}=$188.2MPa，$\sigma_S=$15.2MPa。试用蒙特卡罗模拟法计算其可靠度。

解 根据图 3-8 说明的原理和步骤，编制计算机程序，并得出下列打印结果：

模拟次数	可靠度
1000	0.9990
5000	0.9996
10000	0.9998
50000	0.99978

随着模拟次数的增加，模拟结果的精度也随之提高。

3.2 机械零件的可靠度计算

作为应力-强度干涉理论和可靠度计算的一般公式的应用，作为工程中近似概率分析方法的校核，这里首先讨论几种常用分布下可靠度的计算。

3.2.1 应力和强度分布都为正态分布时的可靠度计算

当应力和强度分布都为正态分布时，可靠度的计算大大简化。可以用连接方程求出连接系数 Z_R，然后利用标准正态分布表求出可靠度。

前已述及，呈正态分布的应力和强度概率密度函数分别为

$$f(s)=\frac{1}{\sigma_s\sqrt{2\pi}}\exp\left[-\frac{1}{2}\left(\frac{s-\bar{s}}{\sigma_s}\right)^2\right] \tag{3-20}$$

$$f(S)=\frac{1}{\sigma_s\sqrt{2\pi}}\exp\left[-\frac{1}{2}\left(\frac{S-\overline{S}}{\sigma_s}\right)^2\right] \tag{3-21}$$

又知可靠度是强度大于应力的概率，表示为

$$R(t)=P[(S-s)>0]$$

将 $f(\xi)$ 定义为随机变量 S 与 s 之差 ξ 的分布函数，由于 $f(s)$ 和 $f(S)$ 都为正态分布，所以根据概率统计理论，$f(\xi)$ 也为正态分布函数，表示为

$$f(\xi)=\frac{1}{\sigma_\xi\sqrt{2\pi}}\exp\left[-\frac{1}{2}\left(\frac{\xi-\bar{\xi}}{\sigma_\xi}\right)^2\right] \tag{3-22}$$

式中

$$\bar{\xi}=\overline{S}-\bar{s} \tag{3-23}$$

$$\sigma_\xi=(\sigma_S^2+\sigma_s^2)^{\frac{1}{2}} \tag{3-24}$$

可靠度是 ξ 为正值时的概率，可以表示为

$$R(t)=P(\xi>0)=\int_0^\infty f(\xi)\mathrm{d}\xi=\frac{1}{\sigma_\xi\sqrt{2\pi}}\int_0^\infty \exp\left[-\frac{1}{2}\left(\frac{\xi-\bar{\xi}}{\sigma_\xi}\right)^2\right]\mathrm{d}\xi \tag{3-25}$$

如将 $f(\xi)$ 化为标准正态分布 $\Phi(z)$，则有

$$R(t)=\int_0^\infty f(\xi)\mathrm{d}\xi=\int_Z^\infty \phi(Z)\mathrm{d}Z \tag{3-26}$$

式中

$$\phi(Z)=\frac{1}{\sigma_s^2\sqrt{2\pi}}\mathrm{e}^{-\frac{Z^2}{2}},\quad Z=\frac{\xi-\bar{\xi}}{\sigma_\xi} \tag{3-27}$$

由上面可得

$$\xi=\infty,\quad Z=\frac{\infty-\bar{\xi}}{\sigma_\xi}=\infty$$

$$\xi=0,\quad Z=\frac{0-\bar{\xi}}{\sigma_\xi}=-\frac{\bar{\xi}}{\sigma_\xi}=-\frac{\overline{S}-\bar{s}}{(\sigma_S^2+\sigma_s^2)^{\frac{1}{2}}} \tag{3-28}$$

由式(3-28)可知，当已知 Z 值时，可按标准正态分布面积表查出可靠度 $R(t)$ 值。因此，式(3-28)实际上是把应力分布参数、强度分布参数和可靠度三者联系起来，所以称为连接方程，这是一个非常重要的方程。Z 称为连接系数，也称为可靠性系数或安全指数，是零件或系统可靠性分析的安全指标。

进行可靠性设计时，往往先规定目标可靠度，这时，可由标准正态分布表查出连接系数 Z，再利用式(3-28)求出所需要的设计参数，如尺寸等。通过这些步骤，实现了“把可靠度直接设计到零件中去”。

例 3-2 已知某零件的应力分布和强度分布都为正态分布，其分布参数分别为 $\bar{s}=379\mathrm{MPa}$，$\sigma_s=41.4\mathrm{MPa}$，$\overline{S}=517\mathrm{MPa}$，$\sigma_S=24.1\mathrm{MPa}$，试计算其可靠度。

解 由式(3-28)得

$$Z = -\frac{\overline{S}-\bar{s}}{(\sigma_\xi^2+\sigma_s^2)^{\frac{1}{2}}} = -\frac{517-379}{(24.1^2+41.4^2)^{\frac{1}{2}}} = -2.68$$

由式(3-26)得

$$R(t) = \int_{-2.68}^{\infty} \phi(Z)\mathrm{d}Z$$

由标准正态分布面积表可知可靠度 $R(t)=0.99801$。由上例可见，一但知道应力和强度分布的均值及标准差，便可确定其可靠度。问题在于常常缺乏必要的数据和经验，这时，国外通常取 $\sigma_S=(0.04\sim0.08)\overline{S}_1$，甚至更高。考虑到目前我国的材质，建议 σ_S 不妨取得高些。至于应力分布的标准差 σ_s，则因使用条件和环境的差异，出入较大，应当考虑工作环境条件和参考以往的经验加以确定。

例 3-3 钢轴受弯矩作用，其最大应力呈正态分布，$\bar{s}=379\text{MPa}$，$\sigma_s=41.4\text{MPa}$，轴的强度也呈正态分布，其数据列于表 3-1。要求钢轴运转10^5 次，试计算此轴的可靠度。

表 3-1 钢轴试件的强度分布数据

工作寿命 lg$n$	均值/MPa	标准差/MPa
4.3	685	14.9
4.4	681	13.1
4.5	638	12.6
4.6	617	13.3
4.7	596	13
4.8	578	12.3
4.9	562	13
5	546	13.8
5.1	530	14.4
5.2	514	14.8
5.3	499	15

解 为了便于分析，作图 3-10，从中可以看出各个设计变量及参数之间的关系。

由表 3-1，当 $n_1=10^5$ 次，$\lg n_1=\lg 10^5=5$ 时，轴的强度分布参数为 $\bar{s}=546\text{MPa}$，$\sigma_S=13.8\text{MPa}$，于是由式(3-28)得

$$Z = -\frac{546-379}{(13.8^2+41.4^2)^{\frac{1}{2}}} = -3.83$$

由式(3-26)得

$$R(t) = \int_{-3.83}^{\infty} \phi(Z)\mathrm{d}Z = 0.999935$$

由本例可知，如果强度分布是时间(或工作循环次数)的函数，则可靠度也是时间(或工作循环次数)的函数。

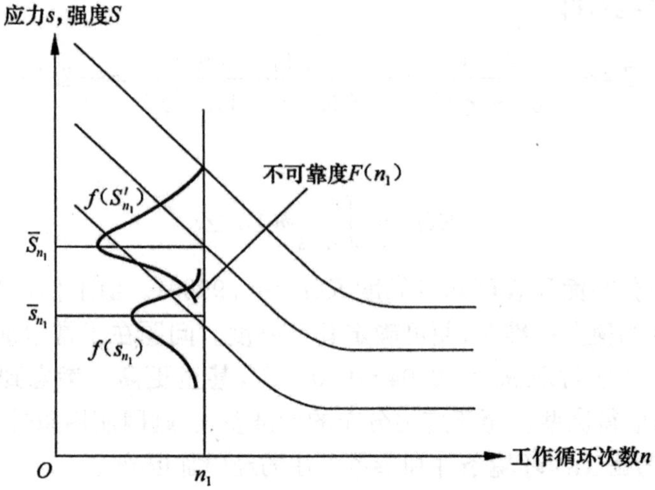

图 3-10 应力分布和强度分布为正态分布、工作寿命为 n_1 的可靠度

表 3-2 铝轴试件的失效循环次数分布数据(材料:7075—T6,表层涂凡士林)

应力水平/MPa	试件数	失效循环次数对数的均值 $\overline{N}'$	失效循环次数对数的标准差 $\sigma_{N'}$
138	8	6.435	0.124
172	14	5.827	0.124
207	20	5.423	0.089
241	17	5.069	0.048
276	20	4.748	0.043
310	17	4.531	0.033
344	72	4.273	0.026
414	20	3.827	0.04
482	20	3.494	0.018

3.2.2 应力和强度分布都为对数正态分布时的可靠度计算

由式(3-13)，$R(t)=P\left(\frac{S}{s}>1\right)$，意为可靠度是强度与应力的比值$\frac{S}{s}$大于 1 的概率，如图 3-11 所示。

如令$\frac{S}{s}=\xi$，因 $R(t)=P(\xi>1)$，由图 3-12 可知

$$R(t)=\int_1^{\infty} f\left(\frac{S}{s}\right)\mathrm{d}\left(\frac{S}{s}\right)=\int_1^{\infty} f(\xi)\mathrm{d}\xi \tag{3-29}$$

对 $\xi=\frac{S}{s}$的两边取对数，得 $\lg\xi=\lg S-\lg s$。

因 S 和 s 服从对数正态分布，所以 $\lg S$ 和 $\lg s$ 服从正态分布，其差值 $\lg\xi$ 也服从正态分布，其分布参数为

$$\lg\xi=\lg S-\lg s \tag{3-30}$$

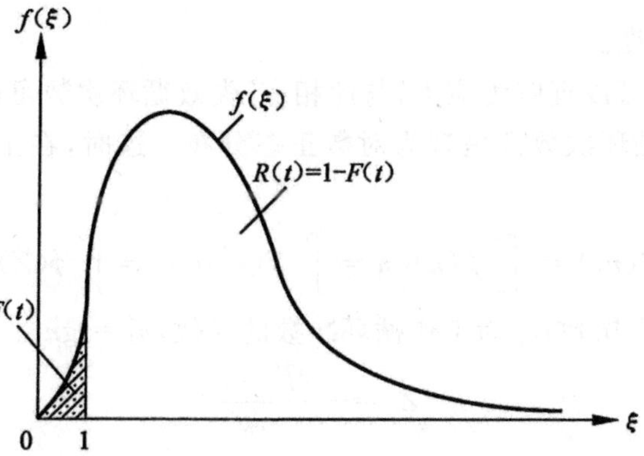

图 3-11　强度与应力比值 ξ 的概率密度函数

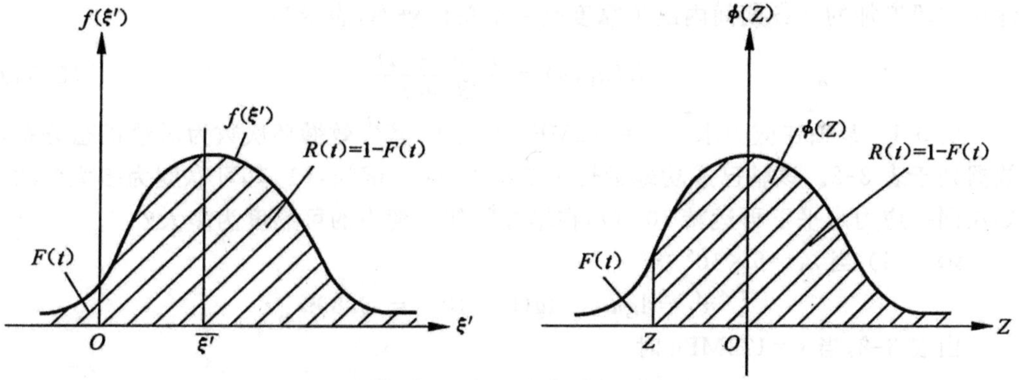

图 3-12　概率密度函数幅度 $f(s')$ 与标准正态分布函数 $\phi(Z)$

式中，$\sigma_{\lg S}$ 为 $\lg S$ 的标准差；$\sigma_{\lg s}$ 为 $\lg s$ 的标准差。

令 $\lg\xi=\xi'$，其分布曲线如图 3-12 所示。则

$$R(t)=\int_1^{\infty} f(\xi)\mathrm{d}\xi=\int_0^{\infty} f(\xi')\mathrm{d}\xi'=\int_Z^{\infty}\phi(Z)\mathrm{d}Z$$

因

$$Z=\frac{\lg\xi-\overline{\lg\xi}}{\sigma_{\lg\xi}} \tag{3-31}$$

由式(3-31)可知：

当 $\xi=1$，则

$$Z=\frac{\lg 1-\overline{\lg\xi}}{\sigma_{\lg\xi}}=-\frac{\overline{\lg\xi}}{\sigma_{\lg\xi}}=-\frac{\overline{\lg S}-\overline{\lg s}}{(\sigma_{\lg S}^2+\sigma_{\lg s}^2)^{\frac{1}{2}}} \tag{3-32}$$

当 $\xi=\infty$，则

$$Z=\frac{\lg\infty-\overline{\lg\xi}}{\sigma_{\lg\xi}}=\infty$$

由此可见，由于对数正态分布与正态分布之间的特殊关系，因此，当应力和强度分布都为对数正态分布时，可以用正态分布相同的方法，即利用连接方程和标准正态

分布表来计算可靠度。

工作循环次数可以理解为应力，与此相应，失效循环次数可以理解为强度。研究表明，零件的工作循环次数常呈现为对数正态分布。这时，在工作循环次数为 n_1 时的可靠度为

$$R(n_1)=\int_{n_t}^{\infty}f(n)\mathrm{d}n=\int_{n_1'}^{\infty}f(n')\mathrm{d}n'=\int_{z_1}^{\infty}\phi(Z)\mathrm{d}Z$$

式中，n_1 为工作循环次数；n_1'为工作循环次数的对数，$n_1'=\lg n_1$。

$$Z_t=-\frac{\overline{N}'-n_1'}{\sigma_N'} \tag{3-33}$$

式中，$\overline{N}'$为失效循环次数对数的均值；σ_N'为失效循环次数对数的标准差。

有时，在零件的工作循环次数达到 n_1 之后，希望能再运转 n 个工作循环次数，零件在这段增加的任务期间内的可靠度是一个条件概率，表示为

$$R(n_1,n)=\frac{R(n_1+n)}{R(n_1)} \tag{3-34}$$

例 3-4 某轴在应力水平 $s=172\text{MPa}$ 下工作，其失效循环次数为对数正态分布，数据列于表 3-2。该轴已成功地运转了 5×10^5 转。试问：(1)其可靠度为多大？(2)如在同一应力水平下再运转 10^5 转，在增加的任务期内的可靠度为多大？

解 (1) 当 $n_1=5\times10^5$ 次

$$n'_1=\lg n_1=\lg(5\times10^5)=5.699$$

由表 3-2，当 $s=172\text{MPa}$ 时

$$\overline{N}'=5.827\quad \sigma'_N=0.124$$

由式(3-33)得

$$Z_t=-\frac{\overline{N}'-n_1'}{\sigma_N'}=-\frac{5.827-5.699}{0.124}=-1.032$$

由式(3-33)和标准正态分布表，得可靠度为

$$R(n_1)=\int_{-1.032}^{\infty}\phi(Z)\mathrm{d}Z=0.8485$$

(2) 当再运转10^5 转时

$$n_1+n=(5\times10^5+10^5)=6\times10^5$$

$$(n_1+n)'=\lg(n_1+n)=\lg(6\times10^5)=5.778$$

$$Z_t=-\frac{5.827-5.778}{0.124}=-0.395$$

$$R(n_1+n)=\int_{-0.395}^{\infty}\phi(Z)\mathrm{d}Z=0.6535$$

由式(3-34)，在工作循环次数从 $n_1=5\times10^5$ 次到 $n_1+n=6\times10^5$ 次期间内的可靠度为

$$R(n_1,n)=\frac{R(n_1+n)}{R(n_1)}=\frac{0.6535}{0.8485}=0.7702$$

3.2.3 已知应力幅水平、失效循环次数的分布和规定的寿命要求时零件的可靠度计算

如图 3-13 所示，在不同的应力幅水平下，失效循环次数的分布呈对数正态分布；应力水平越低，则失效循环次数分布的离散程度越大。

如取对数坐标，并将图 3-13 简化，则可得图 3-14。由图可知，在规定的寿命 n_1 之下，如已知应力幅水平 s_1、s_2 和相应的失效循环次数分布 $f(\overline{N}')_{s_1}$、$f(\overline{N}')_{s_2}$，则其可靠度为图中阴影面积的大小，可按式(3-35)和式(3-36)求出。

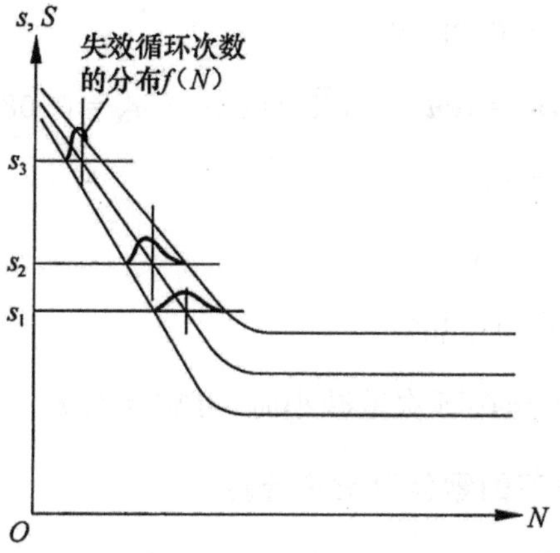

图 3-13 应力水平与失效循环次数分布的关系

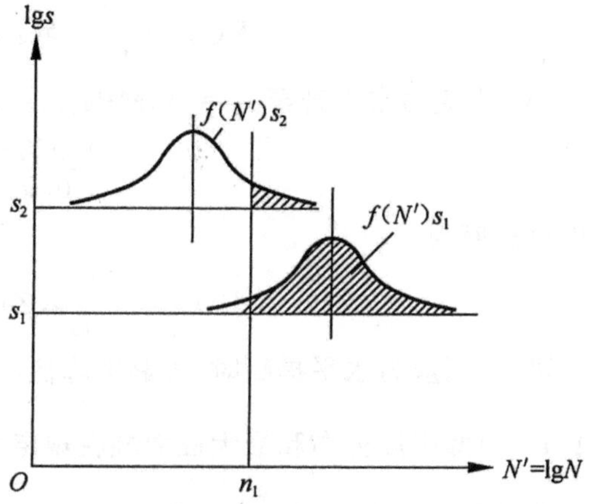

图 3-14 与预期的寿命 n_1 有关的不同应力水平下的可靠度

例 3-5 钢轴在应力幅水平为常数的情况下运转，已知 $s_1=524\text{MPa}$，其失效循环次数为对数正态分布，数据如表 3-3 所示。试计算下列三种情况下的可靠度：

(1) 当工作循环次数为 $n_1=10^5$ 次时；

(2) 当 $n_1=8\times10^4$ 次时；

(3) 当应力水平提高为 $s_2=559\text{MPa}$，$n_1=10^5$ 次时。

表 3-3 冷拉钢轴试件的失效循环次数分布数据

压力水平/MPa	试件数	失效循环次数的对数均值 $\overline{N}'=\overline{\lg N}$	置信度为 90% 时 N' 的置信限		失效循环次数对数的标准差 $\sigma_{N'}$	置信度为 90% 时 $\sigma_{N'}$ 的置信限	
			下限	上限		下限	上限
455	50	5.587	5.562	5.611	0.108	0.092	0.128
524	37	5.14	5.115	5.165	0.094	0.078	0.115
593	26	4.715	4.692	4.738	0.068	0.054	0.087
662	17	4.394	4.372	4.415	0.052	0.04	0.072
731	10	4.102	4.142	4.142	0.073	0.05	0.114

解 (1) 当 $n_1=10^5$ 次，$n_1'=\lg n_1=\lg 10^5=5$，由表 3-3，当 $s_1=524\text{MPa}$ 时，$\overline{N}'=5.140$，$\sigma_{N'}=0.094$。

由式(3-33)有

$$Z_t = -\frac{\overline{N}' - n'_1}{\sigma'_N} = -\frac{5.14 - 5}{0.094} = -1.49$$

由式(3-32)及准正态分布表,得可靠度

$$R(t) = \int_{-1.49}^{\infty} \phi(Z) \mathrm{d}Z = 0.932$$

(2) 当 $n_1 = 8 \times 10^4$ 次,$n_1' = \lg n_1 = \lg(8 \times 10^4) = 4.90$,可得

$$Z_1 = -\frac{5.14 - 4.90}{0.094} = -2.55$$

$$R(t) = \int_{-2.55}^{\infty} \phi(Z) \mathrm{d}Z = 0.9946$$

(3) 当应力水平升至 $s_2 = 559\text{MPa}$,$n_1 = 10^5$,$n_1' = \lg n_1 = 5$,$\overline{N}' = 4.928$,$\sigma_N' = 0.081$

$$Z_1 = -\frac{4.928 - 5}{0.081} = 0.89$$

所以可靠度为

$$R(t) = \int_{0.89}^{\infty} \phi(Z) \mathrm{d}Z = 0.1867$$

可见,当应力水平提高时,可靠度降低,当工作循环次数减小时,可靠度增大。

3.2.4 已知强度分布和最大应力幅在规定寿命下的零件可靠度计算

若已知规定寿命下的强度分布(图 3-15)和零件中最大应力幅 s_1,则零件的可靠度为图中阴影面积,可按下式计算:

$$R(t) = P(S > s_1) = \int_{s_1}^{\infty} f(S) \mathrm{d}S = \int_{Z}^{\infty} \phi(Z) \mathrm{d}Z \tag{3-35}$$

3.2.5 疲劳应力下零件的可靠度计算

当零件受应力幅 s_a 和平均应力 s_m 作用时,其应力分布和强度分布如图 3-16 所示。所以零件的可靠度计算仍根据应力-强度分布干涉理论进行计算。

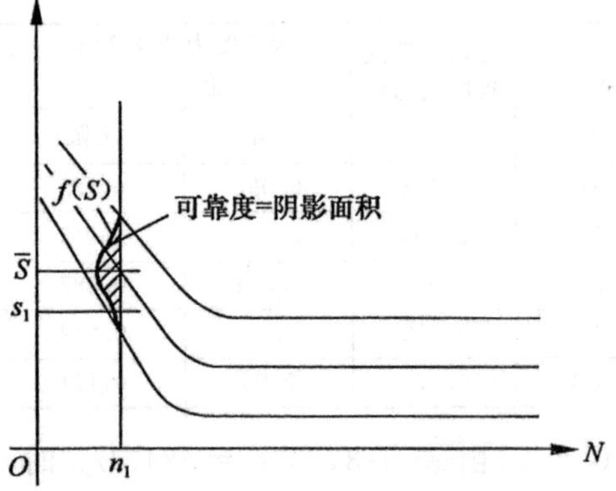

图 3-15　最大应力幅为常数、强度为正态分布时在规定寿命下的可靠度

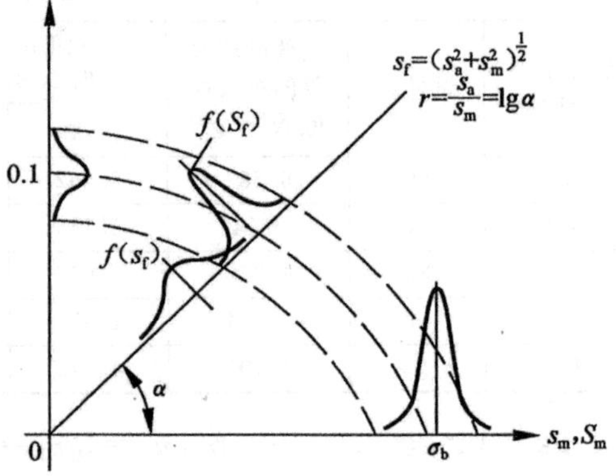

图 3-16　复合疲劳下的应力分布与强度分布

为简化计算，假设应力分布与强度分布都服从正态分布，这时，连接方程为

$$Z=-\frac{\overline{S}_f-\overline{s}_f}{(\sigma_{S_f}^2+\sigma_{s_f}^2)^{\frac{1}{2}}} \tag{3-36}$$

式中，$\overline{S}_f$ 为强度分布的均值；$\overline{s}_f$ 为应力分布的均值；σ_{S_f} 为强度分布的标准差；σ_{s_f} 为应力分布的标准差。

3.2.6 应力和强度分布都为指数分布时的可靠度计算

当应力 s 和强度 S 均为指数分布时，概率密度函数分别为

$$f(s)=\lambda_s e^{-\lambda_s s}$$

$$f(S)=\lambda_S e^{-\lambda_S S}$$

式中，λ_s、λ_S 为应力 s、强度 S 指数分布的分布参数。可得

$$\begin{aligned}R&=\int_0^\infty f(s)\left[\int_s^\infty f(S)\mathrm{d}S\right]\mathrm{d}s\\&=\int_0^\infty \lambda_s e^{-\lambda_s s}\left[e^{-\lambda_S S}\right]\mathrm{d}s\\&=\int_0^\infty \lambda_s e^{-(\lambda_s+\lambda_S)s}\mathrm{d}s\\&=\frac{\lambda_s}{\lambda_s+\lambda_S}\int_0^\infty(\lambda_s+\lambda_S)e^{-(\lambda_s+\lambda_S)s}\mathrm{d}s\\&=\frac{\lambda_s}{\lambda_s+\lambda_S}\end{aligned} \tag{3-37}$$

由指数分布的数字特性，得到应力 s 和强度 S 的均值和标准差分别为

$$\mu_s=\frac{1}{\lambda_s},\quad \sigma_s=\mu_s$$

$$\mu_S=\frac{1}{\lambda_S},\quad \sigma_S=\mu_S$$

因此，可靠度为

$$R=\frac{\mu_S}{\mu_S+\mu_s}\quad 或\ R=\frac{\sigma_S}{\sigma_S+\sigma_s} \tag{3-38}$$

综上所述，根据可靠度计算的一般方程，可导出应力和强度为其他分布时的可靠度计算公式。

3.3 安全系数设计法与可靠性设计方法

3.3.1 安全系数设计法

在传统的机械设计中，产品的设计主要从满足产品使用要求和保证机械性能要

求出发进行产品设计。在满足这两方面要求的同时,必须利用工程设计经验,使产品尽可能可靠,这种设计不能回答所设计产品的可靠程度或发生故障的概率是多少。当设计者不能确定设计变量和参数时,为了保证所设计的产品的结构安全可靠,一般情况下在设计中引入一个大于1的安全系数,试图以此来保证机械产品不会发生故障,所以传统机械设计方法一般也称为安全系数法。

安全系数法的基本思想是:机械结构在承受外在负荷后,计算得到的应力小于该结构材料的许用应力,即

$$\sigma_{计算} \leqslant \sigma_{许用}$$

$$\sigma_{计算} = \frac{\sigma_{极限}}{n}$$

式中,n 为安全系数;$\sigma_{极限}$ 为极限应力。

极限应力 $\sigma_{极限}$ 可从手册查到,$\sigma_{极限}$ 选取的一般原则为:计算塑性材料静强度时,$\sigma_{极限}$ 为屈服极限;计算脆性材料静强度时,$\sigma_{极限}$ 为强度极限;计算疲劳强度时,$\sigma_{极限}$ 为疲劳极限。

在传统设计中,只要安全系数大于某一根据实际使用经验规定的数值就认为是安全的。因此,安全系数法对问题的提法是:这个零件的安全系数是多少。但安全系数就实质而言,仍是一个未知的系数。安全系数的概念本身包含着一些无法定量表示的影响因素。在具体零部件设计时,安全系数究竟取多大,在很大程度上是由设计者经验决定的。不同的设计者由于经验的差异,其设计的结果有的可能偏于保守,有的可能偏于危险。一些没有经验可参照的新零部件的设计,更可能趋于“保守”或“危险”设计。众所周知,“保守”设计会导致结构尺寸过大、质量过重、费用增加,在使用空间和质量受到限制的地方,这种设计是难于接受的。而“危险”设计则可能使产品故障频繁,甚至出现“机毁人亡”的事故,这是绝对不容许的。因此,安全系数法在实质上也没有能回答所设计的零件究竟在多大程度上是安全的,同样也不能回答所设计的零件在使用中究竟发生故障的概率是多大。

3.3.2 可靠性意义下的安全系数

1. 可靠性意义下安全系数的概念

如将常规状态下的安全系数引入设计变量的随机性概念(如材料强度、工作应力的概率分布),便可得出可靠性意义下的安全系数。

当材料强度取 $R=50\%$ 时的值为 $\bar{\delta}$,工作应力取 $R=50\%$ 时的值为 $\bar{\sigma}$ 时,平均安全系数 $\overline{n_C}$ 为

$$\overline{n_C} = \frac{\bar{\delta}}{\bar{\sigma}} \tag{3-39}$$

如强度取 $R=95\%$ 的下限为 $\delta_{\min}$,工作应力取 $R=99\%$ 的上限为 $\sigma_{\max}$,其可靠性安全系数可表示为

$$n_{\left(\frac{95}{99}\right)} = \frac{\delta_{\min}}{\sigma_{\max}} = \frac{\delta_{(95)}}{\sigma_{(99)}} = \frac{(1-1.65C_\delta)\bar{\delta}}{(1+2.33C_\sigma)\bar{\sigma}} \tag{3-40}$$

前两式中的$\overline{n_C}$、$n_{\left(\frac{95}{99}\right)}$均表示不同可靠度意义下的安全系数。

任意可靠度下的安全系数 n_R 可表示为

$$n_R = \frac{\delta_{\min}}{\sigma_{\max}} = \frac{(1-Z_\delta C_\delta)\bar{\delta}}{(1+Z_\sigma C_\sigma)\bar{\sigma}} \tag{3-41}$$

式中，Z_δ、Z_σ 分别为强度、应力的标准正态偏量；C_δ、C_σ 为强度、应力的变差系数。

由可靠性定义的安全系数可得出如下结论：

当强度和应力的标准差不变时，提高平均安全系数就会提高可靠度。

当强度和应力的平均值不变时，缩小它们的离散性，即降低其标准差，也可提高可靠度。

如果要得到一个较好的可靠度估计值，则必须严格控制强度、应力的均值和标准差，这是因为可靠度对均值和标准差是很敏感的。因此，在作工程估计时必须注意这一点。

2. 安全系数的计算

1）应力、强度均为正态分布时的安全系数

正态分布连接方程的

$$Z_R = \frac{\mu_\delta - \mu_\sigma}{\sqrt{S_\delta^2 + S_\sigma^2}} = \frac{\frac{\mu_\delta}{\mu_\sigma} - 1}{\sqrt{\frac{S_\delta^2}{\mu_\delta^2} \cdot \frac{\mu_\delta^2}{\mu_\sigma^2} + \frac{S_\sigma^2}{\mu_\sigma^2}}} = \frac{n_C - 1}{\sqrt{C_\delta^2 n_C^2 + C_\sigma^2}} \tag{3-42}$$

式(3-42)表明了可靠度、均值安全系数及变异系数之间的关系。

2）应力、强度均为对数正态分布时的安全系数

由

$$Z_R = \frac{\mu_{L\delta} - \mu_{L\sigma}}{\sqrt{S_{L\delta}^2 + S_{L\sigma}^2}} \approx \frac{\ln\mu_\delta - \ln\mu_\sigma}{\sqrt{C_\delta^2 + C_\sigma^2}} \tag{3-43}$$

可得

$$\ln\mu_\delta - \ln\mu_\sigma = Z_R \sqrt{C_\delta^2 + C_\sigma^2}$$

于是，可靠性设计的均值安全系数为

$$n_C = \frac{\mu_\delta}{\mu_\sigma} = e^{Z_R \cdot \sqrt{C_\delta^2 + C_\sigma^2}} = \exp(Z_R \cdot \sqrt{C_\delta^2 + C_\sigma^2}) \tag{3-44}$$

对于给定的可靠度 R，可靠性指数 Z_R 为定值，由式(3-44)可知，应力及强度的变差系数 C_δ、C_σ 越大（即离散性越大），则所需的安全系数 n_C 也越大；反之，安全系数可小些。

3）当均值安全系数近似服从正态分布时的可靠度

由于其概率密度函数为

$$f(n_C)=\frac{1}{S_n\sqrt{2\pi}}\exp\left[-\frac{1}{2}\left(\frac{n_C-\overline{n_C}}{S_n}\right)^2\right] \tag{3-45}$$

故可靠度为

$$R_{(n_C)}=P_{(n_C\geqslant 1)}=\int_1^{\infty}\frac{1}{S_n\sqrt{2\pi}}\exp\left[-\frac{1}{2}\left(\frac{n_C-\overline{n_C}}{S_n}\right)^2\right]\mathrm{d}n_C$$

令 $Z_R=\dfrac{n_C-\overline{n_C}}{S_n}$，当 $n_C=\infty$ 时，$Z_R=\infty$；当 $n_C=1$ 时，$Z_R=\dfrac{1-\overline{n_C}}{S_n}$。于是得

$$R=P_{(nC\geqslant 1)}=\int_{Z_R}^{\infty}\frac{1}{\sqrt{2\pi}}\exp\left(-\frac{Z^2}{2}\right)\mathrm{d}Z \tag{3-46}$$

转化为标准正态分布可查正态表。

如设 $\bar{n}\approx\dfrac{\mu_\delta}{\mu_\sigma}=n_C$，则 $C_n=(C_\delta^2+C_\sigma^2)^{\frac{1}{2}}$，又 $S_n=C_n\bar{n}\approx C_n n_R$，则有

$$Z_R=\frac{1-\bar{n}}{S_n}=\frac{1-\bar{n}}{C_n\bar{n}} \tag{3-47}$$

一般 $\bar{n}\geqslant 1$，故 Z_R 为负值，由于正态分布的对称性，式(3-47)可写成

$$Z_R=\frac{\bar{n}-1}{C_n\bar{n}} \tag{3-48}$$

式中，Z_R 由所需的可靠度查正态表求得。

4) 当应力和强度分布类型不明确时的安全系数

当应力和强度分布不明确时，由于应力 σ、强度 δ 为随机变量，则 n 也为随机变量，可靠度为 $R=P(n\geqslant 1)$。因 n 的分布函数不明确，其分布函数可能非常复杂，要建立 n 与 R 的关系也很难，故只能用切比雪夫不等式来估计 n 与 R 的存在范围。为此，需先证明下列不等式成立：

$$P(|n-a|\leqslant\varepsilon)\geqslant 1-\frac{E[(n-a)^2]}{\varepsilon^2} \tag{3-49}$$

式中，a 和 ε 均为大于零的任意常数(证明略)。

如令 $a=k\bar{n}$，$a-\varepsilon=1$，代入式(3-49)，经推导得

$$P[1\leqslant n\leqslant(2k\bar{n}-1)]\geqslant 1-\frac{\bar{n}^2[C_n^2+(1-k)^2]}{(kn-1)^2} \tag{3-50}$$

于是

$$R\geqslant 1-\frac{\bar{n}^2[C_n^2+(1-k)^2]}{(k\bar{n}-1)^2} \tag{3-51}$$

该不等式右边代表 R 的下限。为了得到最高的下限，可求下式的极小值。令

$$w=\frac{\bar{n}^2[C_n^2+(1-k)^2]}{(k\bar{n}-1)^2}$$

则

$$\frac{\partial w}{\partial k}=\frac{-2\bar{n}^3[C_n^2+(1-k)^2]}{(k\bar{n}-1)^3}+\frac{-2\bar{n}(1-k)}{(k\bar{n}-1)^2}=0$$

解此方程得

$$k^*=\frac{\bar{n}(1+C_n^2)-1}{\bar{n}-1}$$

同样可求证 $\frac{\partial^2 w^2}{\partial k^2}>0$,故将 k^* 代入式(3-51)求得 R 的下限为

$$R_L=1-\frac{\bar{n}^2C_n^2}{\bar{n}^2C_n^2+(\bar{n}-1)^2} \tag{3-52}$$

同理,可求得均值安全系数的下限为

$$\bar{n}_L\geqslant\frac{1}{1-C_n\sqrt{\frac{R}{1-R}}} \tag{3-53}$$

3.3.3 可靠性设计方法与安全系数设计方法的区别

机械可靠性一般可分为结构可靠性和机构可靠性。结构可靠性主要考虑机械结构的强度以及由于载荷的影响使之疲劳、磨损、断裂等引起的失效;机构可靠性则主要考虑的不是强度问题引起的失效,而是考虑机构在动作过程由于运动学问题而引起的故障。

机械可靠性设计又可分为定性可靠性设计和定量可靠性设计。所谓定性可靠性设计就是在进行故障模式影响及危害性分析的基础上,有针对性应用成功的设计经验使所设计的产品达到可靠性的目的。所谓定量可靠性设计就是在充分掌握所涉及零件的强度分布和应力分布以及各种设计参数的随机性基础上,通过建立隐式极限状态函数或显式极限状态函数的关系设计出满足规定可靠性要求的产品。

机械可靠性定性方法是目前开展机械可靠性设计的一种最直接有效的常用方法,无论结构可靠性设计还是机构可靠性设计都是大量采用的常用方法。可靠性定量设计虽然可以按照可靠性指标设计出满足要求的零件,但由于材料的强度分布和载荷分布的具体数据目前还很缺乏,加上其中要考虑的因素很多,因而限制其推广应用,一般在设计关键或重要的零部件时采用。

可靠性设计方法与安全系数设计方法的区别如表 3-4 所示。

表 3-4 可靠性设计方法与安全系数设计方法的区别

不同点	传统的安全系数设计方法	可靠性设计方法
设计变量处理方法不同	应力、强度、安全系数、载荷、几何尺寸等均为单值变量	应力、强度、安全系数、载荷、几何尺寸等均为随机变量,且呈一定分布

续表

不同点	传统的安全系数设计方法	可靠性设计方法
设计变量运算方法不同	代数运算，单值变量，如 $s=F/A$	随机变量的组合运算，为多值变量，$S(\mu_s,\sigma_s)=F(\mu_F,\sigma_F)/A(\mu_A,\sigma_A)$
设计准则含义不同	安全准则：$\sigma<[\sigma]$；$n>[n]$	安全准则：$R(t)=P(r>s)\geqslant[R]$

习 题 3

3-1 什么是安全系数设计法，安全系数设计法的基本思想是什么？

3-2 简述机械可靠性设计的方法。

3-3 什么是可靠性意义下的安全系数？

3-4 已知某零件的应力 s 和强度 S 服从对数正态分布，其均值和标准差分别为 $\mu_s=60\text{MPa}$，$\sigma_s=20\text{MPa}$，$\mu_S=100\text{MPa}$，$\sigma_S=10\text{MPa}$，试计算零件的可靠度。

3-5 某钢丝绳受拉伸载荷，其承载能力及载荷均为正态分布，且承载能力的均值和标准差分别为 907.2kN 和 136kN；载荷的均值和标准差分别为 554.3kN 和 113.4kN，试确定钢丝绳的可靠度。而另一钢丝绳由于加强质量管理，其强度的一致性有所提高，承载能力的标准差降为 90.7kN，其可靠度为多少？

3-6 已知某发动机零件的应力为正态分布，其均值为 350MPa，标准差为 20MPa；材料的强度也为正态分布，其均值为 820MPa，标准差为 60MPa，计算零件的可靠度 R。

第 4 章　机械系统可靠性设计

4.1　概　　述

随着科学技术的发展，系统的复杂程度越来越高，而系统越复杂则其发生故障的可能性就越大，这迫使人们必须提高组成系统的零部件的可靠度。假如组成系统的零部件的可靠度都为 99.9%，那么，由 40 个零部件组成的串联系统其可靠度约为 96%，而 400 个零部件组成的串联系统其可靠度约为 67%。某些复杂系统包括成千上万个零部件（导弹和宇宙飞船等），为了保证系统的高可靠度，需要对零部件的可靠度提出更高的要求。如果对零部件可靠度提出过高的要求，一方面由于零部件的生产受到材料及工艺水平的限制，很可能无法达到过高的可靠度指标；另一方面也将导致系统本身价值十分昂贵，万一系统失效，将会在人力和物力上造成巨大损失，甚至会引起严重后果，可靠性问题显得特别突出，迫使人们必须研究系统可靠性问题。

可靠性建模、预计与分配是产品定量设计中的重要工作项目。建立可靠性模型是可靠性预计、分配的基础，可靠性预计是估计产品可靠性是否符合定量要求的方法，并为设计决策提供依据，发现设计中的薄弱环节，提出改进措施，为维修分析和保障性分析提供信息。可靠性分配是将研制任务书或技术合同中规定的产品可靠性整体指标，按一定的方法和程序分配到产品的规定层次，以此作为各有关层次的产品可靠性设计的目标。

4.1.1　机械系统可靠性的概念

系统是由某些相互协调工作的零部件、子系统组成，以完成某一特定功能的综合体。组成系统相对独立的机件称为单元。系统与单元的含义均为相对的概念，由研究对象而定。例如，将汽车作为一个系统时，则其发动机、离合器、变速箱、传动轴、车身、转向、制动等都是作为汽车这一系统的单元而存在的；当将驱动桥作为一个系统进行研究时，则主减速器、差速器、驱动车轮的传动装置及桥壳就是它的组成单元。因此，系统和单元是相对的，系统和单元可以是子系统、机器总成、部件或零件等。

系统的可靠性不仅与组成该系统各单元的可靠性有关，而且也与组成该系统各单元间的组合方式和相互匹配有关。

机械系统是指由若干个机械零部件相互有机地组合起来，完成某一特定功能的综合体。机械系统的可靠度取决于两个因素：一是机械零部件本身的可靠度，即组成系统的各个零部件完成所需功能的能力；二是机械零部件组合成系统的组合方式，即组成系统各个零件之间的联系形式，组合方式不同，则系统可靠性模型不同。

机械系统可靠性设计的目的是要使机械系统在满足规定的可靠性指标、完成预定功能的前提下，使该系统的技术性能、质量指标、制造成本及使用寿命等取得协调并达到最优化的结果，或者在性能、质量、成本、寿命和其他要求的约束下，设计出高可靠性机械系统。

4.1.2 基本可靠性模型和任务可靠性模型

可靠性模型是指为预计或估算产品的可靠性所建立的可靠性框图和数学模型。它包括基本可靠性模型和任务可靠性模型，建立系统可靠性模型的目的是用于定量分配、估算和评估产品的可靠性。

基本可靠性定义：产品在规定条件下无故障地持续工作时间的概率。基本可靠性模型用以估计产品及组成单元引起的维修及保障要求。系统中任一单元（包括储备单元）发生故障后，都需要维修或更换，故而可以把它看作度量使用费用的一种模型。基本可靠性模型是一个全串联模型，即使存在冗余单元，也都按串联处理。所以，储备单元越多，系统的基本可靠性越低。基本可靠性模型不能用来估计任务可靠性，只有在无冗余或替代工作模式时，基本可靠性模型和任务可靠性模型才一致。

任务可靠性的定义：产品在规定的任务范围内，完成规定功能的能力。任务可靠性模型是用以估计产品在执行任务过程中完成规定功能的概率，描述完成任务过程中产品各单元的预定作用，用以度量工作有效性的一种模型。系统中的储备单元越多，则其任务可靠性越高。在建立基本可靠性模型和任务可靠性模型时，需要在人力、物力、费用和任务之间权衡。例如，在某设计方案中，为了提高其任务可靠性而大量采用储备单元，则其基本可靠性必然降低，即需要许多人力、设备、备件等来维修这些储备单元。在另一设计方案中，为减少维修及保障要求而采用全串联模型，则其任务可靠性必然较低。设计者的责任就是要在不同的设计方案中利用基本可靠性及任务可靠性模型进行权衡，在一定的条件下得到最合理的设计方案。

4.1.3 系统的结构框图与可靠性框图

系统可靠性分析方法是根据系统的结构组成和功能绘出可靠性逻辑图，建立系统可靠性数学模型，把系统的可靠性特征量表示为零部件可靠性特征量的函数，然后通过已知零件的可靠性特征量计算出系统可靠性特征量。

系统的结构框图及可靠性框图是两个不同的概念，但往往被人们所混淆。系统的结构框图是表示组成系统的单元之间的物理关系和工作关系；而系统的可靠性框图是描述系统的功能和组成系统的单元之间的可靠性功能关系。系统的结构框图是绘制可靠性框图的依据之一。可靠性框图则表示了系统为完成规定功能的各单元之间的逻辑关系。可靠性框图反映了单元之间的可靠性功能关系，为计算系统的可靠度提供了数学模型。

由两个阀门及一根导管所组成的简单系统，如图 4-1 所示，从结构上看系统由一根导管和两个阀门串联组成。阀门单元的失效为两态:关不上和打不开,再加上正常工作状态,共为三态。三态以上的系统称为多态系统。对于具有多态的系统,其可靠性逻辑框图的确定,应首先考虑确定系统的功能,对于不同的功能要求,其系统的可靠性框图是不一样的。

当阀门 A 与阀门 B 处于开启状态时,功能是液体流通,系统失效是液体不能流通,如果要求该系统能可靠地流通,则阀门 A、B 打不开是失效状态,而开启状态属于正常工作状态。阀门 A、B 必须同时处于正常工作状态才能使系统正常工作,其系统的可靠性框图为串联关系,如图 4-2 所示。

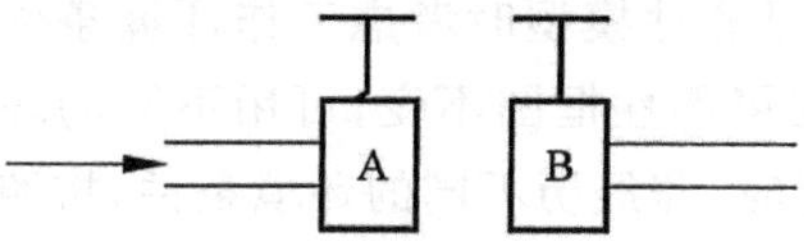

图 4-1　管子阀门系统结构框图

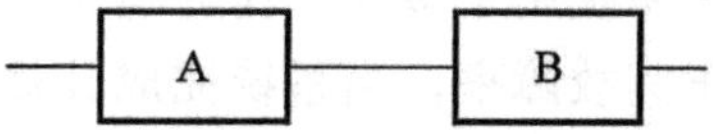

图 4-2　系统流通时的可靠性框图

如果要求系统能可靠地截流,则阀门 A、B 关不上是失效状态,而截流状态是正常工作状态,阀门 A、B 只要有一个能截流就能使系统正常工作。其可靠性逻辑框图是并联关系,如图 4-3 所示。

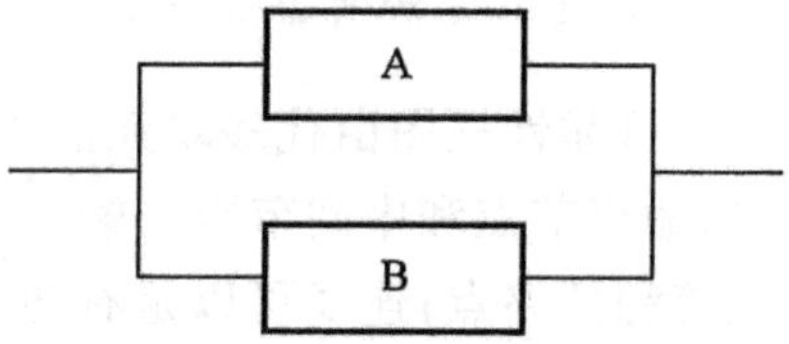

图 4-3　系统截流时的可靠性框图

例如,汽车可分为下列五大子系统:发动机、变速箱、制动、转向及轮胎。为了保证一辆汽车能正常工作,五大系统缺一不可。图 4-4 中所示的可靠性框图并不代表这些子系统在汽车中的实际联系方式,它只代表每个子系统都要正常工作,才能确保汽车的正常工作。

图 4-4　汽车系统的可靠性框图

由于系统可靠性框图只表明各单元功能与系统功能的逻辑关系,而不表明各单元之间结构上的关系,输入和输出单元的位置,常常相应地排列在系统可靠性框图的首和尾,而中间各单元的次序可以任意排列。

系统的结构关系、功能关系及可靠性逻辑关系,各有不同的概念。在对系统进行可靠性分析、建立可靠性模型时,一定要弄清系统的结构关系、功能关系及可靠性逻辑关系,然后才能画出可靠性框图。

4.1.4　可靠性模型建立的步骤

对于机械系统,建立其可靠性模型主要有以下步骤。

1. *确定系统的功能*

一个复杂的机械系统,往往具有完成多种功能的能力,而针对完成功能的不同,其可靠性模型也相应变更。例如,双阀门简单系统。根据系统流通和截流这两种不同功能，分别建立两种不同功能的可靠性模型。

2. 确定系统的故障判据

故障判据指确定系统完成规定功能的判定值。为了建立系统的故障判据，规定系统性能参数及允许极限。

3. 确定系统的工作环境条件

一个系统往往可以在不同的工作环境下使用，但不同的使用环境条件又对系统完成功能的程度产生较大的影响，在建立系统可靠性模型时考虑工作环境条件的影响。同一系统用于多种工作环境条件下系统的可靠性框图不变，可用不同的环境因子去修正其故障率。当系统完成其规定的功能时，需经历不同的环境条件，按照每个工作阶段建立可靠性模型。

4. 建立系统可靠性框图

可靠性框图由代表单元的方框、逻辑关系、连线和节点组成。节点可分为输入节点、输出节点和中间节点。输入节点表示系统功能流程的起点，输出节点表示系统功能流程的终点；连线可以是有向的，也可以是无向的，它反映了信息传递的方向，无向的连线意味着是双向的。产品的工作原理图及功能框图、功能流程图是建立其可靠性框图的基础。原理框图表示各单元之间的物理关系，而功能框图则表示各单元之间的功能关系。可靠性框图用来简明扼要、直观地描述系统为完成规定任务的各种组合，是系统与单元功能间的逻辑关系图。因此，在建立可靠性框图时，不能从结构上而应从产品功能关系和功能流程上着手。

5. 建立相应的数学模型

对已建好的系统可靠性框图，建立系统与单元之间的可靠性逻辑关系和数量关系，即建立相应的数学模型。数学模型用数学表达式描述系统可靠性与单元可靠性之间的函数关系，用于预测系统可靠性或进行系统可靠性设计。

4.1.5 系统可靠性模型的应用

在产品设计初期就建立产品可靠性模型，以有助于设计评审，并为产品的可靠性分配、预计和拟定纠正措施的优先顺序提供依据。当产品设计、环境要求、应力数据、故障率数据或寿命剖面发生重大变化时，应及时修改产品的可靠性模型。系统可靠性模型在可靠性工程及可靠性管理中具有重要作用。

1. 复杂系统可靠性分析与预测

可靠性是产品最重要的特性之一，确保系统的可靠性是工程设计中最重要的课题之一。对于复杂系统，以一个整体去分析和预测其可靠性几乎是不可能的。而系统可靠性模型是将子系统及其单元的可靠性有机地结合起来，形成对系统可靠性的描述。因此先对相对简单的子系统或单元进行可靠性分析，进而采用其系统可靠性模型对系统进行可靠性分析和预测则较容易做到。

2. 系统的可靠性设计

当一个系统的可靠性达不到要求时，则必须采取措施加以改进。通过对系统进行可靠性分析能够提供改进提高系统可靠性的方向。

3. 维修决策

系统随着使用时间的推移而功能衰退并最终失效，很多机械系统（或产品）可以通过维修来延缓系统的失效。维修过程中要投入较大费用，延缓失效又可以获取收益，系统可靠性模型能在进行维修活动中提供帮助。

4. 质量保证策略

在当今市场经济条件下，产品的质量是企业生存的根本保证，也是消费者的基本要求。产品的可靠性是衡量产品质量的重要指标之一，其指标的数量化借助于产品的可靠性模型分析获得。例如，小天鹅洗衣机的可靠性指标——平均无故障工作时间达到5000次。

5. 风险分析

对复杂及昂贵的系统，在可靠性分析中要涉及出现失效时引起负面后果的概率。可靠性模型可应用于风险分析。

4.2 系统可靠性模型

可靠性模型是对系统及其组成单元之间的可靠性逻辑关系的描述，可靠性模型包括可靠性框图及其相应的数学模型。可靠性框图是由代表产品或功能的方框和连线组成表示各组成部分的故障或者它们的组合如何导致产品故障的逻辑图。数学模型用于表达可靠性框图中各方框的可靠性与系统可靠性之间的函数关系。建立产品可靠性框图的基础是产品的原理图。原理图与可靠性框图并不相同，原理图反映了产品各组成单元之间的物理上的连接与组合关系以及功能原理等，而可靠性框图则是反映产品各组成单元之间的故障逻辑关系。系统的可靠性模型主要包括串联模型、并联模型、混联模型、储备模型、复杂系统模型等可靠性模型，以下将针对具体模型进行分析。

4.2.1 串联模型

组成系统的所有单元中任一单元的失效都会导致整个系统失效的模型叫做串联模型。或者说，只有当所有单元都正常工作时，系统才能正常工作的模型叫做串联模型。串联模型是最常用和最简单的可靠性模型之一，可用于基本可靠性建模和任务

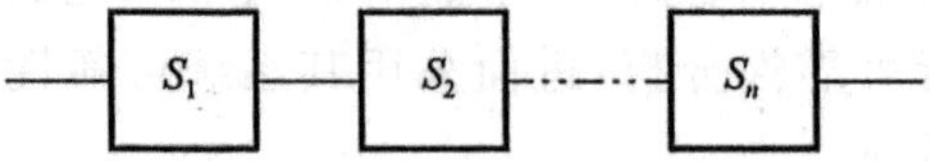

图 4-5　串联模型可靠性框图

可靠性建模。串联模型的可靠性框图如图 4-5 所示。

设 U 表示系统正常工作的事件，U_i 表示第 i 个分系统正常工作的事件。由于串联系统是只有当所有分系统都正常工作时才能正常工作的系统，因而有 U 事件发生等于 $U_1, U_2, \cdots, U_n$ 事件同时发生，即

$$U = U_1 \cdot U_2 \cdot \cdots \cdot U_n$$

根据概率计算的基本法则，可得到系统可靠度表达式

$$R_S = P(U) = P(U_1 \cdot U_2 \cdot \cdots \cdot U_n) \tag{4-1}$$

式中，R_S 为系统 S 的可靠度；$P(U)$为系统 S 正常工作的概率。

假如系统中各分系统是相互独立的，则

$$P(U) = \prod_{i=1}^{n} P(U_i) \tag{4-2}$$

即有

$$R = \prod_{i=1}^{n} R_i \tag{4-3}$$

式(4-3)是常用的可靠性乘积法则：串联模型的可靠度等于各独立分系统的可靠度的乘积。

由式(4-3)可知，串联系统中系统的可靠度小于任何单元的可靠度；组成系统的单元数越多，系统的可靠度越低；要想提高串联系统的可靠度，应减少单元数，同时重视改善最薄弱环节的可靠度。

在机械系统中，各分系统大多数是独立的，从可靠性逻辑关系来讲，各分系统的失效概率是互不影响的。因此，在计算系统可靠度时多是采用可靠性乘积法则来处理。

某些串联系统常常有这样的情况，虽然各分系统不是相互独立的，但可以把所有分系统分成若干组，每组中包含一个或几个分系统。如果把每个组看成一个较大的分系统，那么，就可以认为各组关系是相互独立的。于是就可以对这些组用“乘积法则”来进行计算。

如果单元的寿命分布为指数分布，即

$$R_i = \mathrm{e}^{-\lambda_i t}$$

于是，系统的可靠度为

$$R_S = \prod_{i=1}^{n} \mathrm{e}^{-\lambda_i t} = \mathrm{e}^{-\sum_{i=1}^{n} \lambda_i t} = \mathrm{e}^{-\lambda_S t} \tag{4-4}$$

式中，$\lambda_S = \sum_{i=1}^{n} \lambda_i$，$\lambda_S$ 为系统的失效率，系统的失效率等于各分系统失效率的代数和。

系统的平均无故障工作时间 θ_S 为

$$\theta_S = \frac{1}{\lambda_S} = \frac{1}{\sum_{i=1}^{n} \lambda_i} \tag{4-5}$$

系统的不可靠度 F_S 为

$$F_S = 1 - R_S = 1 - e^{-\lambda_S t}$$

当 $\lambda_S t < 0.1$ 时，$e^{-\lambda_S t} \approx 1 - \lambda_S t$（误差 < 0.005），所以

$$F_S = \lambda_S t = \sum_{i=1}^{n} \lambda_i t = \sum_{i=1}^{n} F_i \tag{4-6}$$

式(4-6)表示串联系统的不可靠度在指数分布时近似地等于各单元的不可靠度之和。

例 4-1 某带式输送机输送带共有 54 个接头，已知各接头的强度服从指数分布，其失效率如表 4-1 所示，试计算该输送带的平均寿命和工作到 1000h 的可靠度。

表 4-1 接头失效率

接头数	3	5	8	10	12	16
$\lambda/10^{-4}$h	0.2	0.15	0.38	0.21	0.18	0.1

解 (1) 输送带接头的可靠性模型为典型的串联模型

$$\begin{aligned}\lambda_S &= \sum_{i=1}^{n} \lambda_i \\ &= (3 \times 0.2 + 5 \times 0.15 + 8 \times 0.35 \\ &\quad + 10 \times 0.21 + 12 \times 0.18 + 16 \times 0.1) \times 10^{-4} \\ &= 1.001 \times 10^{-3} (\mathrm{h}^{-1})\end{aligned}$$

$$\theta_S = 1/\lambda_S = 1\Big/\sum_{i=1}^{n} \lambda_i = 999\mathrm{h}$$

(2) 工作到 1000h 的可靠度

$$R_S(1000) = e^{-\lambda_S t} = e - 1.001 \times 10^{-3} \times 1000 = 0.3675$$

在机械系统中，各单元的失效概率一般都比较低，尤其是安全性失效概率，一般不应大于 10^{-6}，作用可靠性失效概率一般为 $10^{-2} \sim 10^{-3}$。因此，在机械系统可靠性分析中，失效概率的计算一般都采用分系统失效概率的代数和来近似地代替系统的失效概率。

4.2.2 并联模型

组成系统的所有单元都失效时才会导致系统失效的模型叫做并联模型。或者说，只要有一个单元正常工作时，系统就能正常工作的模型叫做并联模型。并联模型

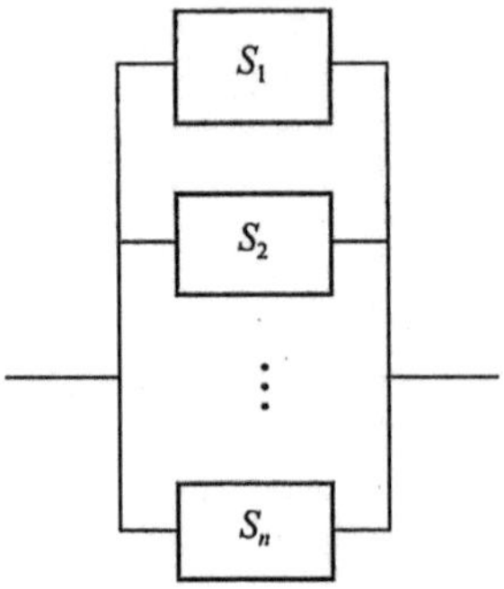

图 4-6　并联模型可靠性框图

的可靠性框图如图 4-6 所示。

对串联系统来说，单元数目越多系统可靠性就越低，因此在设计上要求结构越简单越好。然而，对于任何一个高性能的复杂系统，即使是简洁的设计，也需要为数众多的零部件。为了提高系统的可靠度，一个办法是提高零部件的可靠度，但又需要很高的成本，有时甚至高到不可能负担的地步。另一个办法就是储备，增加系统中部分或全部零部件作为储备，一旦某一零部件发生故障，作为储备的系统仍在工作。这样，即使某一零部件故障也不致使系统发生故障，只有在系统中储备零部件全部发生故障的情况下，系统才发生故障。那么这样的系统就称为“工作储备模型”，并联模型是属于工作储备模型的一种情况。

对并联模型而言，如果各个分系统相互独立，根据并联模型的定义和各子系统的独立性有

$$P(F) = P(F_1) \cdot P(F_2) \cdot \cdots \cdot P(F_n)$$

式中，F 为系统 S 发生故障的事件；F_n 为第 n 个分系统发生故障的事件；$P(F)$为系统 S 发生故障的概率。

由于 $P(F)=1-R$，$P(F_i)=1-R_i$，故

$$R = 1 - \prod_{i=1}^{n}(1-R_i) \tag{4-7}$$

如果各分系统的可靠度相同，则有

$$R = 1-(1-R_1)^n \tag{4-8}$$

由于可靠度是一个小于 1 的正数，从上述结果不难看出，并联系统的可靠度大于每个分系统的可靠度。而且，并联的分系统个数越多，系统的可靠度越高。这种情况与串联系统恰好相反，正是这个基本事实，使人们想到用并联的方法来提高系统的可靠度。

当各单元寿命分布为指数分布且可靠度相同时，系统的可靠度

$$R_S = 1-(1-e^{-\lambda t})^n \tag{4-9}$$

可得

$$\begin{aligned} R_S(t) &= [e^{-\lambda t} + (1-e^{-\lambda t})]^n - (1-e^{-\lambda t})^n \\ &= \sum_{K=0}^{n} C_n^K e^{-K\lambda t}(1-e^{-\lambda t})^{n-K} - (1-e^{-\lambda t})^n \\ &= \sum_{K=0}^{n} C_n^K e^{-K\lambda t}(1-e^{-\lambda t})^{n-K} \end{aligned}$$

可导出系统的平均寿命

$$\theta_S = \int_0^{\infty} R_S(t)\,\mathrm{d}t$$
$$= \sum_{K=1}^{n} \int_0^{\infty} C_n^K \mathrm{e}^{-K\lambda t}(1 - 2^{-\lambda t})^{n-K}\,\mathrm{d}t$$

可以证明

$$\int_0^{\infty} C_n^K \mathrm{e}^{-K\lambda t}(1 - \mathrm{e}^{-\lambda t})^{n-K}\,\mathrm{d}t = \frac{1}{K\lambda}$$

所以

$$\theta_S = \frac{1}{\lambda}\left(1 + \frac{1}{2} + \cdots + \frac{1}{n}\right) \tag{4-10}$$

当 n 较大时，有近似公式

$$\theta_S = \frac{1}{\lambda}\left(1 + \frac{1}{2} + \cdots + \frac{1}{n}\right) \approx \frac{1}{\lambda}\ln n$$

4.2.3 混联模型

把若干个串联模型或并联模型重复地再加以串联或并联，就能得到更复杂的可靠性结构模型，称为混联模型。计算混联模型可靠度与平均无故障时间，要对其混联系统中的串联和并联模型的可靠度和平均无故障时间进行合并计算，最后就可计算出系统的可靠度和平均无故障工作时间。混联模型的可靠度通常采用等效系统进行。图 4-7 为一常见的并串联系统。

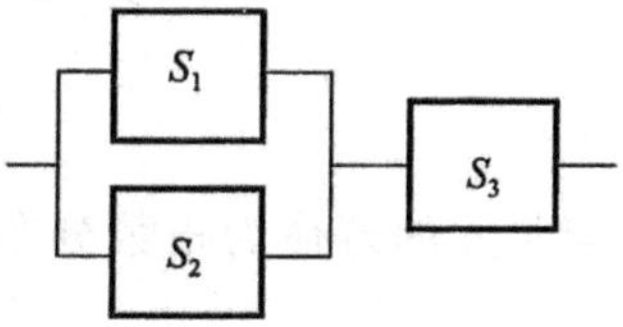

图 4-7 混联模型可靠性框图

图 4-7 中单元 S_1 和 S_2 先并联再与单元 S_3 串联，系统可靠度为

$$R_S = R_3[1 - (1 - R_1)(1 - R_2)]$$

如果各单元的寿命分布为指数分布，且可靠度相同，则

$$R = \mathrm{e}^{-\lambda t}$$

则系统可靠度

$$R_S = 2R^2 - R^3 \tag{4-11}$$

则系统的平均寿命

$$\theta_S = \frac{1}{\lambda_S} = \frac{1}{\frac{3}{2}\lambda + \lambda} = \frac{1}{\frac{5}{2}\lambda} = \frac{2}{5\lambda} \tag{4-12}$$

4.2.4 储备模型

当采用串联模型的设计不能满足设计指标要求时，可采用储备系统的设计方式来提高可靠性水平。所谓储备系统就是把几个单元当成一个单元来用，也就是备用

或冗余问题。储备系统可以分为工作储备系统和非工作储备系统两种情况。

1. 工作储备模型

组成系统的 n 个单元中，不失效的单元个数不少于 k（k 介于 1 和 n 之间），系统就不会失效，叫做工作储备系统，又称 k/n 表决系统。

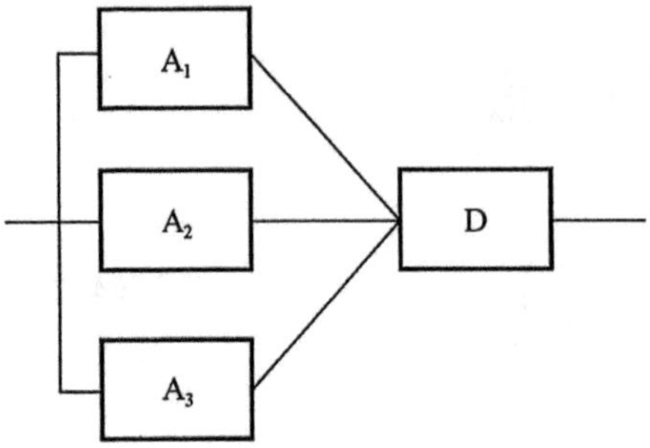

图 4-8　表决系统可靠性框图

并联模型也属于工作储备模型。当 $k=1$ 时，$1/n$ 表决系统就是并联模型。

工作储备模型是一种特殊的并联模型，它是将三个以上并联单元的输出进行比较，把一定数目以上的单元出现的相同输出作为系统的输出，其可靠性框图如图 4-8 所示。

1) 2/3 表决系统

2/3 表决模型是一个三单元并联只需要两个单元正常工作的系统。系统的可靠度计算式可用布尔代数真值表法求得

$$\begin{aligned} R_S &= R_1R_2R_3 + F_1R_2R_3 + R_1F_2R_3 + R_1R_2F_3 \\ &= R_1R_2R_3\left(1 + \frac{F_1}{R_1} + \frac{F_2}{R_2} + \frac{F_3}{R_3}\right) \end{aligned} \tag{4-13}$$

当单元的寿命为指数分布时，系统可靠度按下式计算：

$$R_S = e^{-(\lambda_1+\lambda_2+\lambda_3)t}(e^{\lambda_1 t} + e^{\lambda_2 t} + e^{\lambda_3 t} - 2) \tag{4-14}$$

平均寿命为

$$\begin{aligned} \theta_S &= \int_0^\infty R_S(t)\mathrm{d}t \\ &= \int[e^{-(\lambda_1+\lambda_2+\lambda_3)t} + (1 - e^{-\lambda_1 t})e^{-(\lambda_2+\lambda_3)t} \\ &\quad + (1 - e^{-\lambda_2 t})e^{-(\lambda_1+\lambda_3)t} + (1 - e^{-\lambda_3 t})e^{-(\lambda_1+\lambda_2)t}]\mathrm{d}t \\ &= \frac{1}{\lambda_1+\lambda_2} + \frac{1}{\lambda_2+\lambda_3} + \frac{1}{\lambda_1+\lambda_3} - \frac{2}{\lambda_1+\lambda_2+\lambda_3} \end{aligned} \tag{4-15}$$

当三单元的可靠度相同，且为指数分布时

$$R_S = R^3 + 3R^2(1-R) = 3R^2 - 2R^3 = 3e^{-2\lambda t} - 2e^{-3\lambda t} \tag{4-16}$$

$$\theta_S = \frac{3}{2\lambda} - \frac{2}{3\lambda} = \frac{5}{6\lambda} \tag{4-17}$$

2) $(n-1)/n$ 表决系统

$(n-1)/n$ 表决系统是 n 个单元并联只允许一个单元故障的系统。当各单元可靠度相同时，其可靠度计算式为

$$R_S = R^n + nR^{n-1}(1-R) = nR^{n+1} - (n-1)R^n \tag{4-18}$$

当 $R=e^{-\lambda t}$ 时

$$R_S = n\mathrm{e}^{-(n-1)\lambda t} - (n-1)\mathrm{e}^{-n\lambda t} \tag{4-19}$$

$$\theta_S = \frac{n}{(n-1)\lambda} - \frac{n-1}{n\lambda} \tag{4-20}$$

3) $(n-r)/n$ 表决模型

$(n-r)/n$ 表决模型是 n 个单元并联只允许 r 个单元故障的系统。当各单元可靠度相同时，其可靠度计算式可用二项展开式求得

$$R_S = R^n + nR^{n-1}F + C_n^2R^{n-2}F^2 + \cdots + C_n^rR^{n-r}F^r \tag{4-21}$$

$$\theta_S = \frac{1}{n\lambda} + \frac{1}{(n-1)\lambda} + \frac{1}{(n-2)\lambda} + \cdots + \frac{1}{(n-r)\lambda} \tag{4-22}$$

由上面公式可以看出：

当 $r=1$ 时

$$R_S = R^n + nR^{n-1}F = R^n + nR^{n-1}(1-R) = nR^{n-1} - (n-1)R^n$$

$$\theta_S = \frac{1}{n\lambda} + \frac{1}{(n-1)\lambda} = \frac{2n-1}{n(n-1)\lambda} = \frac{n}{(n-1)\lambda} - \frac{n-1}{n\lambda}$$

其结果与 $(n-1)/n$ 表决系统相同。

当 $r=n-1$ 时

$$R_S = R^n + nR^{n-1}F + \cdots + C_n^{n-1}RF^{n-1}$$

$$\theta_S = \frac{1}{n\lambda} + \frac{1}{(n-1)\lambda} + \cdots + \frac{1}{\lambda}$$

$$= \frac{1}{\lambda}\left(1 + \frac{1}{2} + \cdots + \frac{1}{n}\right)$$

其结果与并联系统相同。

例 4-2 设每个单元的可靠度 $R=\mathrm{e}^{-\lambda t}$，$\lambda=0.001\mathrm{h}^{-1}$，$t=100\mathrm{h}$，求三单元并联系统和 2/3 表决系统的可靠度 R_S 及平均寿命 θ_S。

解 已知 $t=100\mathrm{h}$，则每个单元的可靠度为

$$R(100) = \mathrm{e}^{-0.001\times100} = 0.905$$

三单元并联模型，$n=3$

$$R_S = 1-(1-R)^3 = 0.999$$

$$\theta_S = \frac{1}{\lambda} + \frac{1}{2\lambda} + \frac{1}{3\lambda} = 1833\mathrm{h}$$

2/3 表决模型

$$R_S = 3R^2 - 2R^3 = 0.975$$

$$\theta_S = \frac{3}{2\lambda} - \frac{2}{3\lambda} = 834\mathrm{h}$$

2. 非工作储备模型

组成系统的 n 个单元中只有一个单元工作，当工作单元故障时通过故障监测装

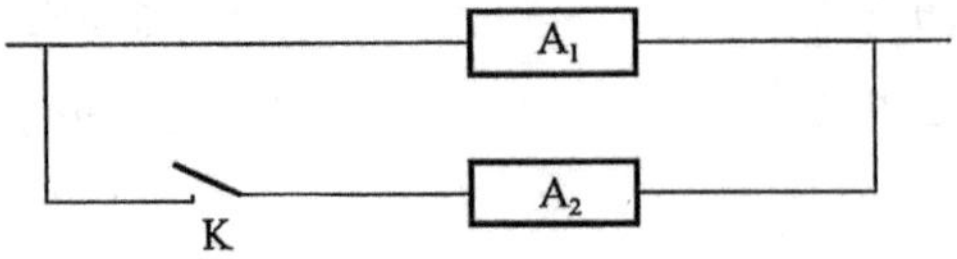

图 4-9　非工作储备模型可靠性框图

置及转换装置接到另一个单元进行工作的模型叫做非工作储备模型。其可靠性框图如图 4-9 所示。

图中 K 代表故障检测器和转换开关。在非工作储备模型中计算可靠性指标时，为了简化计算一般假定故障检测器和转换开关是百分之百的可靠。也就是说，不考虑 K 的故障情况。

非工作储备模型又可分为冷储备和热储备两种情况。冷储备的特点是当工作单元工作时，备用或待机单元完全不工作，一般认为备用单元在储备期间故障率为零，储备期长短对以后的使用寿命无影响。热储备的特点是当工作单元工作时，备用或待机单元不是完全地处于停滞状态(如电机已经启动但不承担负载；电子管灯丝已经预热但未加电压)。因此，备用单元在储备期间也有可能发生故障。事实上不管是冷储备还是热储备，它们的备用单元在储备期间的失效故障率都不等于零，只是冷储备的故障率极低，一般可以认为它在储备期间的故障率为零。而热储备则不然，它在备用期间的故障率要比冷储备高，因此，热储备的备用单元故障率必须考虑。

1) 冷储备系统

(1) 两个单元(一个单元备用)的系统。

设每个单元的可靠度相同 $R=\mathrm{e}^{-\lambda t}$，则

$$R_S = \mathrm{e}^{-\lambda t}(1+\lambda t) \tag{4-23}$$

$$\theta_S = \int_0^{-\infty} \mathrm{e}^{-\lambda t}(1+\lambda t)\mathrm{d}t = \frac{2}{\lambda} \tag{4-24}$$

(2) n 个单元($n-1$ 个单元备用)的系统

$$R_S = \mathrm{e}^{-\lambda t}\left[1+\lambda t+\frac{(\lambda t)^2}{2!}+\frac{(\lambda t)^3}{3!}+\cdots+\frac{(\lambda t)^{n-1}}{(n-1)!}\right] \tag{4-25}$$

$$\theta_S = \frac{n}{\lambda} \tag{4-26}$$

实际上，如果一个单元的平均寿命为 θ，另一个单元的平均寿命也为 θ，第一个单元故障前第二个单元不工作，而且假定备用单元不工作就不会有故障，那么我们可以推断，有一个备用单元的非工作冷储备系统的平均寿命必然等于 2θ，即为 $2/\lambda$，n 单元的非工作冷储备系统的平均寿命必然等于 n/λ。

(3) 多个单元工作的系统。若一个系统需要 L 个单元同时工作，而另外的 n 个单元是备用的，且每个单元的可靠度为 $R_i=\mathrm{e}^{-\lambda t}$，那么 L 个单元的可靠度为 $R=\mathrm{e}^{-L\lambda t}$。

假定所有单元都有相同的故障率，而且都在故障率为常数的这一阶段工作(即筛选后、耗损之前)，所以未出故障的单元的故障率总是一个常数，于是可以把这种情况考虑成故障率为 $L\lambda$ 的系统，故

$$R_S = e^{-L\lambda t}\left[1 + L\lambda t + \frac{(L\lambda t)^2}{2!} + \cdots + \frac{(L\lambda t)^n}{n!}\right] \tag{4-27}$$

$$\theta_S = \frac{n+1}{L\lambda} \tag{4-28}$$

(4) 考虑检测器和开关可靠性的系统。

故障检测器和开关也有错误动作或不动作和接触不良等问题，所以不可能百分之百的可靠。如用 R_a 表示可靠度，同时认为在系统设计中，故障检测器和开关只与备用单元有关而不影响工作单元的性能。这样，两个相同单元的非工作冷储备系统的可靠度为

$$R_S = e^{-\lambda t}(1 + R_a\lambda t) \tag{4-29}$$

两个不同单元的非工作冷储备系统的可靠度为

$$R_S = e^{-\lambda_1 t} + R_a \frac{\lambda_1}{\lambda_2 - \lambda_1}(e^{-\lambda_2 t} - e^{-\lambda_1 t}) \tag{4-30}$$

平均寿命 θ_S 仍可用公式 $\theta_S = \int_0^\infty R(t)\,dt$ 求出。

2) 热储备系统

热储备系统与冷储备系统的不同在于热储备系统中备用单元的故障率不能忽略。备用单元的故障率与工作单元的故障率是不同的，一般来说备用单元的故障率低于工作单元的故障率。

热储备系统在工程实际中应用比较多。例如，飞机上的备用发动机，在飞机正常飞行时备用发动机已经启动但处于空载。一旦工作发动机产生故障时，备用发动机马上可以投入工作而不需要经过启动阶段。这是飞机空中飞行时的工作需要，必须采用热储备而不能采用冷储备。

热储备系统的可靠度计算要比冷储备系统更加复杂一些，在这里我们只讨论最简单的情况。

(1) 两单元(一个单元备用)系统。

由于考虑到备用单元在储备期间也有故障的情况存在，假设 λ_1 为工作单元的故障率；λ_2 为备用单元的故障率；λ_3 为备用单元在储备期间的故障率，则

$$\begin{aligned} R_S &= e^{-\lambda_1 t} + \lambda_1 e^{-\lambda_2 t}\int_0^t e^{-\lambda_3 t} \cdot e^{-(\lambda_1-\lambda_2)t}\,dt \\ &= e^{-\lambda_1 t} + \frac{\lambda_1}{\lambda_1 + \lambda_3 - \lambda_2}\left[e^{-\lambda_2 t} - e^{-(\lambda_1+\lambda_2)t}\right] \end{aligned} \tag{4-31}$$

$$\theta_S = \frac{1}{\lambda_1} + \frac{\lambda_1}{\lambda_2(\lambda_1 + \lambda_3)} \tag{4-32}$$

两个特殊情况：

当 $\lambda_3 = 0$ 时，即为两单元冷储备系统；

当 $\lambda_3 = \lambda_2$ 时，即为两单元并联系统。

(2) 考虑检测器和开关可靠性的系统。

设故障检测器和开关的可靠度为 R_a，则

$$R_S = e^{-\lambda_1 t} + R_a \frac{\lambda_1}{\lambda_1 + \lambda_3 - \lambda_2}\left[e^{-\lambda_2 t} - e^{-(\lambda_1+\lambda_3)t}\right] \tag{4-33}$$

$$\theta_S = \frac{1}{\lambda_1} + R_a \frac{\lambda_1}{\lambda_2(\lambda_1 + \lambda_3)} \tag{4-34}$$

串联系统、并联系统及储备系统在生产实际中经常用到，这也是计算系统可靠度的基础，因为可以把复杂的可靠性模型分解成简单的串、并联形式或储备系统模型，然后按照上述的计算方法去计算系统的可靠度。典型可靠性逻辑框图及其可靠度表达式如表 4-2 所示，其中假定各方框的可靠度相等，并服从指数分布。

表 4-2　几种典型可靠性逻辑框图的系统可靠度表达式

系统可靠度 R_S 的表达式	可靠性框图
$R_S = \prod_{i=1}^{n} R_i = R_i^n = e^{-n\lambda t}$	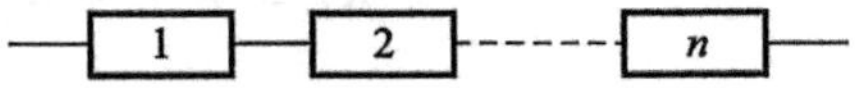
$R_S = R + R^2 - R^3$	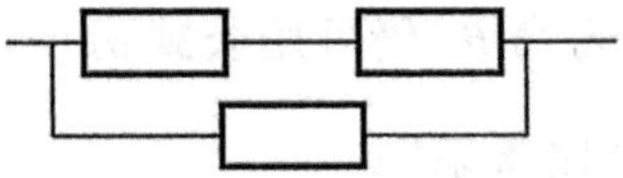
$R_S = 2R^2 - R^3$	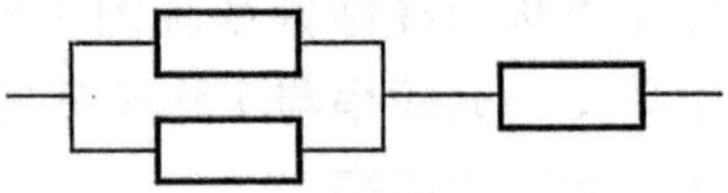
$R_S = 1 - \prod_{i=1}^{n}(1 - R_i) = 1 - (1 - R_i)^n$	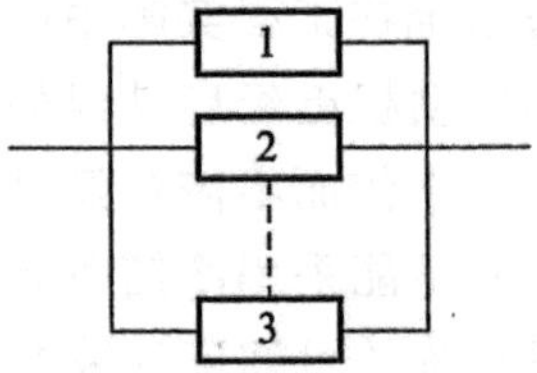
$R_S = 2R - R^2$	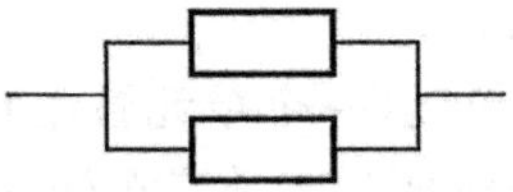
$R_S = 2R - 3R^3 + R^4$	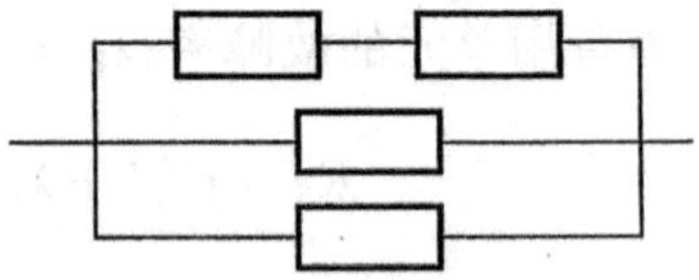
$R_S = 2R^2 - R^4$	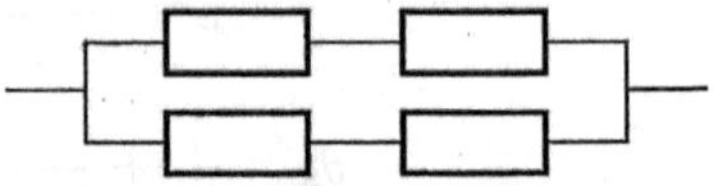
$R_S = R + 2R^2 - 3R^3 + R^4$	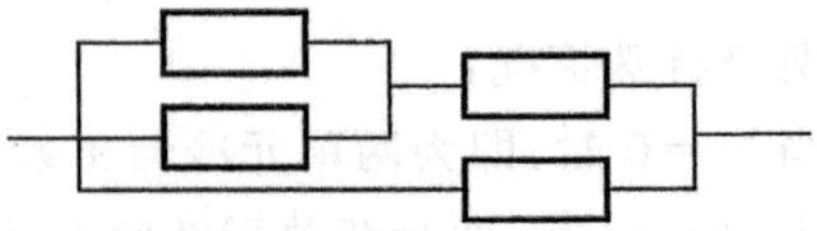

续表

系统可靠度 R_S 的表达式	可靠性框图
$R_S=1-(1-R^n)^m$	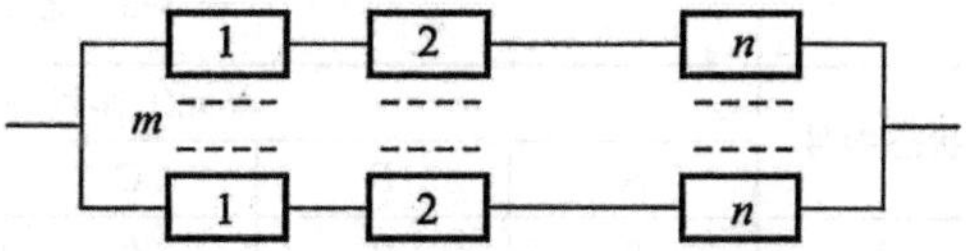
$R_S=[1-(1-R^m)]^n$	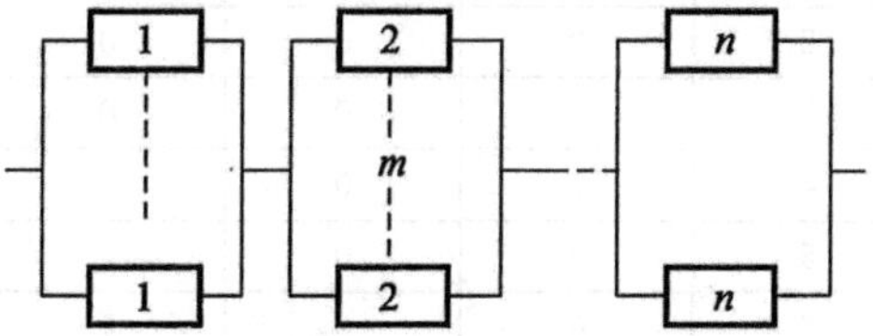
$R_S=e^{-\lambda t}(1+\lambda t)$ $R_S=e^{-\lambda t}(1+R_a\lambda t)$	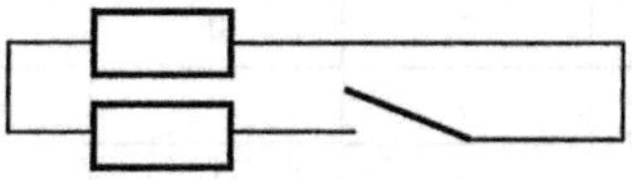
$R_S=3R^2-2R^3$	2/3 表决系统
$R_S=e^{-\lambda t}\left[1+\lambda t+\frac{1}{2}(\lambda t)^2\right]$	三单元中必有一单元正常工作的系统
$R_S=6R^2-8R^3+3R^4$	四单元中必有两单元正常工作的系统
$R_S=10R^3-15R^4+6R^5$	五单元中必有三单元正常工作的系统

4.2.5 复杂系统

在工程实际中，有些系统并不是由简单的串、并联系统组合而成的，如桥式逻辑框图。下面将讨论任意可靠性结构的系统可靠度计算方法。

1. *真值表法(状态枚举法)*

真值表法又称布尔真值表法，其原理是将系统中各个单元的“故障”和“能工作”的所有可能搭配的情况一一排列出来。排出来的每一种情况称为一种状态，把每一种状态都一一排列出来，因此又叫状态枚举法。每一种状态都对应着系统的“故障”和“能工作”两种情况，最后把所有系统故障的状态和能工作的状态分开，然后对系统进行可靠度计算。

若系统中有 n 个单元，每个单元都有两个状态(即故障和能工作)。那么，n 个单元所构成的系统共有 2^n 个状态，且每个状态都是互不相容的。

现以桥式系统为例，说明真值表法计算系统可靠度的步骤及方法。桥式逻辑框图如图4-10所示。

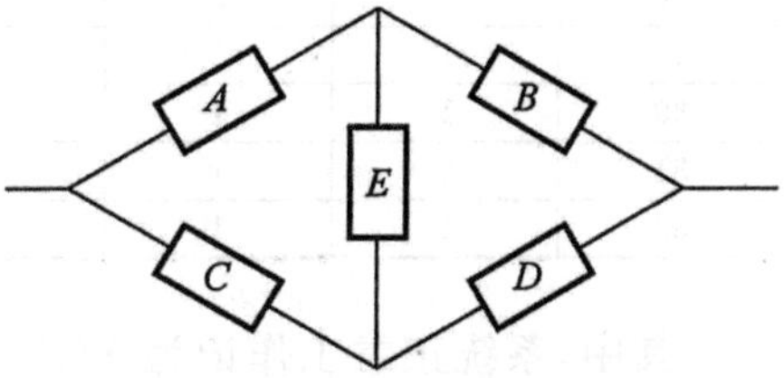

图 4-10　桥式系统可靠性框图

设系统共有五个单元，每个单元故障状态用“0”表示，工作状态用“1”表示，系统

总共有 $2^5=32$ 种状态，把这 32 种状态以表格的形式列出，如表 4-3 所示。

表 4-3　状态枚举计算表

状态编号	单元工作状态					系统状态	概率
	A	B	C	D	E		
1	0	0	0	0	0	$F(5)$	
2	0	0	0	0	1	$F(4)$	
3	0	0	0	1	0	$F(4)$	
4	0	0	0	1	1	$F(3)$	
5	0	0	1	0	0	$F(4)$	
6	0	0	1	0	1	$F(3)$	
7	0	0	1	1	0	$S(2)$	0.00336
8	0	0	1	1	1	$S(3)$	0.03024
9	0	1	0	0	0	$F(4)$	
10	0	1	0	0	1	$F(3)$	
11	0	1	0	1	0	$F(3)$	
12	0	1	0	1	1	$F(2)$	
13	0	1	1	0	0	$F(3)$	
14	0	1	1	0	1	$S(3)$	0.03024
15	0	1	1	1	0	$S(3)$	0.00784
16	0	1	1	1	1	$S(4)$	0.07056
17	1	0	0	0	0	$F(4)$	
18	1	0	0	0	1	$F(3)$	
19	1	0	0	1	0	$F(3)$	
20	1	0	0	1	1	$S(3)$	0.03024
21	1	0	1	0	0	$F(3)$	
22	1	0	1	0	1	$F(3)$	
23	1	0	1	1	0	$S(3)$	0.01344
24	1	0	1	1	1	$S(4)$	0.12096
25	1	1	0	0	0	$S(2)$	0.00336
26	1	1	0	0	1	$S(3)$	0.03024
27	1	1	0	1	0	$S(3)$	0.00784
28	1	1	0	1	1	$S(4)$	0.07056
29	1	1	1	0	0	$S(3)$	0.01344
30	1	1	1	0	1	$S(4)$	0.12096
31	1	1	1	1	0	$S(4)$	0.03136
32	1	1	1	1	1	$S(5)$	0.28224

其中，系统正常工作记为 $S(i)$，i 表示保证系统正常工作的单元个数。系统故障记为 $F(j)$，j 表示引起系统故障的单元个数。

设单元 A、B、C、D、E 的可靠度分别为：$R_A=0.8$，$R_B=0.7$，$R_C=0.8$，$R_D=0.7$，$R_E=0.9$。计算每一种状态发生的概率，然后填入表内。单元为 0 状态时，以(1－

R_i)代入。单元为 1 状态时，以 R_i 代入。

例如，表内 7 号状态发生的概率为

$$P(\overline{A}\overline{B}CD\overline{E}) = 0.2 \times 0.3 \times 0.8 \times 0.7 \times 0.1 = 0.00336$$

将表中“系统状态”栏内所有 $S(i)$项的概率值相加即可得到系统的可靠度

$$R_S = 0.00336 + 0.03024 + \cdots + 0.28224 = 0.86688$$

如果表中“系统状态”栏内 $F(j)$状态的个数少于 $S(i)$状态的个数，则可以先计算系统的不可靠度 F_S，然后由 $R_S = 1 - F_S$ 计算系统的可靠度。

真值表法计算系统的可靠度原理简单、容易掌握，但是当 n 较大时，计算量过大，此时要借助于电子计算机进行计算。另外，真值表法只能求出系统在某时刻的可靠度，而不能求解作为时间函数的可靠度函数。

2. 全概率公式法

全概率公式法(分解法)的原理是首先选出系统中的主要单元，然后把这个单元分成正常工作与故障两种状态，再用全概率公式计算系统的可靠度。

设被选出的单元为 x，其可靠度为 R_x，其不可靠度 $F_x = 1 - R_x$。

系统可靠度按下式计算：

$$R_S = R_x \cdot R(S \mid R_x) + R(S \mid F_x) \cdot F_x \tag{4-35}$$

式中，$R(S|R_x)$表示在单元 x 可靠的条件下，系统能正常工作的概率；$R(S|F_x)$表示在单元 x 不可靠的条件下，系统能正常工作的概率。

这个方法的关键一环在于选择和确定 x 单元，如果能做到巧妙地选择 x 单元，这个方法比布尔真值表法更为简单有效。我们仍以桥式系统为例说明这个方法，桥式系统可靠性框图见图 4-11。

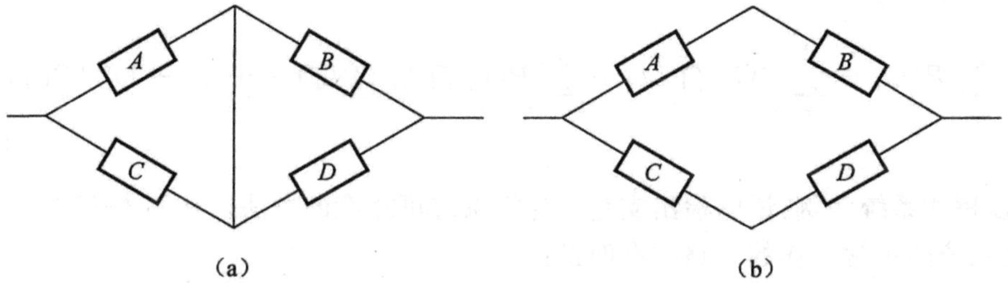

图 4-11　桥式系统等效可靠性框图

在桥式系统中，我们选择单元 E 作为 x，那么 $R_x = R_E = 0.9$，$F_x = F_E = 0.1$。E 正常工作时与 E 失效时的可靠性框图如图 4-11 所示。

图 4-11(a)为 E 正常工作状态时的系统等效可靠性框图；图 4-11(b)为 E 故障状态时的系统等效可靠性框图。等效可靠性框图把桥式系统变成了简单的串、并联模型，简化了计算。$R(S|R_x)$为 x 可靠条件下系统的正常工作概率，由图 4-11(a)可

以看出，这是由单元 A、C 并联，B、D 并联，然后再串联起来的系统。故

$$R(S \mid R_x) = (1 - F_A \cdot F_C)(1 - F_B \cdot F_D) \tag{4-36}$$

$R(S|F_x)$为 x 故障条件下系统的正常工作概率；由图 4-11(b)可以看出，这是由单元 A、B 串联，C、D 串联，然后再并联起来的系统，故

$$R(S \mid F_x) = R_A \cdot R_B + R_C \cdot R_D - R_A \cdot R_B \cdot R_C \cdot R_D \tag{4-37}$$

把上述结果代入式(4-35)，得

$$R_S = R_E(1 - F_A \cdot F_C)(1 - F_B \cdot F_D + F_E(R_A \cdot R_B + R_C \cdot R_D - R_A \cdot R_B \cdot R_C \cdot R_D))$$

$$F_A = 0.2,\quad F_B = 0.3,\quad F_C = 0.2,\quad F_D = 0.3$$

$$R_S = 0.9 \times 0.96 \times 0.91 + 0.1 \times (0.56 + 0.56 - 0.3136) = 0.86688$$

全概率公式法求出的结果与布尔真值表法求出来的结果是一致的。全概率公式法看起来很简单，但有两点需要注意。首先 x 单元要选择适当，它必须是系统中最主要的并且是与其他单元联系最多的单元，只有这样才能简化计算。其次对于很复杂的混联系统，这个方法也不方便，因为除了被选择的单元外，剩下的系统仍然是很复杂的，仍不能简单地计算出它的可靠度。这样，使用全概率公式法就比较困难了。

3. 检出支路法(路径枚举法)

检出支路法又称路径枚举法，类似于状态枚举法，其思想是根据系统的可靠性逻辑框图，将所有能使系统正常工作的路径(支路)一一列举出来，再利用概率加法定理和乘法定理来计算系统的可靠度。

若系统能正常工作的支路有 n 条，并用 L_i表示第 i 条支路能正常工作这一事件，其中 $i=1,2,3,\cdots,n$，则系统的可靠度按如下公式计算：

$$\begin{aligned} R_S &= P\Big(\bigcup_{i=1}^{n} L_i\Big) \\ &= \sum_{i=1}^{n} P(L_i) - \sum_{i \neq j}^{n} P(L_i \cap L_j) + \sum_{i \neq j \neq k}^{n} P(L_i \cap L_j \cap L_k) + \cdots + (-1)^{n-1} P\Big(\bigcap_{i=1}^{n} L_i\Big) \end{aligned} \tag{4-38}$$

以桥式系统为例，说明检出支路法计算系统可靠度的方法。从图 4-10 中可以看出，使系统能正常工作的支路共有四条：

$$L_1 = A \cdot B$$
$$L_2 = A \cdot E \cdot D$$
$$L_3 = C \cdot D$$
$$L_4 = C \cdot E \cdot B$$

为了便于计算，特别是为了便于上机计算，规定：当某单元在某支路上时用“1”表示，不在支路上时用“0”表示。这样，每条支路都可用“1”、“0”表示出来。而为了计算 $P(L_i \cap L_j)$等，还需要考虑事件 $L_i \cap L_j$ 等由哪些单元组成。用上面同样方法，当某

单元在 $L_i \cap L_j$ 上时用"1"表示、不在时用"0"表示。将上述各支路列成表格并在表上列出各支路发生的概率，如表 4-4 所示。

表 4-4 支路计算表

支路	A	B	C	D	E	符号	概率
	0.8	0.7	0.8	0.7	0.9		
L_1	1	1	0	0	0	+	0.56
L_2	1	0	0	1	1	+	0.504
L_3	0	0	1	1	0	+	0.56
L_4	0	1	1	0	1	+	0.504
$L_1 \cap L_2$	1	1	0	1	1	−	0.3528
$L_1 \cap L_3$	1	1	1	1	0	−	0.3136
$L_1 \cap L_4$	1	1	1	0	1	−	0.4032
$L_2 \cap L_3$	1	0	1	1	1	−	0.4032
$L_2 \cap L_4$	1	1	1	1	1	−	0.28224
$L_3 \cap L_4$	0	1	1	1	1	−	0.3528
$L_1 \cap L_2 \cap L_3$	1	1	1	1	1	+	0.28224
$L_1 \cap L_2 \cap L_4$	1	1	1	1	1	+	0.28224
$L_1 \cap L_3 \cap L_4$	1	1	1	1	1	+	0.28224
$L_2 \cap L_3 \cap L_4$	1	1	1	1	1	+	0.28224
$L_1 \cap L_2 \cap L_3 \cap L_4$	1	1	1	1	1	−	0.28224

根据式(4-38)将支路计算表所得概率值代入公式，即可求得桥式系统可靠度 $R_S = 0.86688$。

4.3 系统可靠性预计

4.3.1 可靠性预计的目的

可靠性预计是指产品的设计与研制阶段，根据产品的功能结构、工作环境以及组成产品单元的相互关系和可靠性数据，推测产品可能达到的可靠性指标。可靠性预计是一个由局部到整体、由小到大、由下到上的过程，是一种综合的过程。

对机械类产品而言，可靠性预计具有一些不同于电子类产品的特点：许多机械产品是为特定用途单独设计的，通用性不强，标准化程度不高；机械产品的故障率通常不是常值，其设备的故障往往是由耗损、疲劳和其他与应力有关的故障机理造成的；机械产品的可靠性与电子产品的可靠性相比对载荷、使用方式和利用率更加敏感。

基于上述特点，对看起来很相似的机械部件，其故障率往往是非常分散的。因此，用数据库中已有的统计数据进行预测，其精度是无法保证的。目前预计机械产品可靠性尚没有相当于电子产品那样通用、可接受的方法。近年来，美国、英国、加拿大、澳大利亚等国家积极地开展此项工作研究，并取得了一定的成果，出版了一些手册和数据集。例如,《机械设备可靠性预计程序手册》(草案)、《非电子零部件可靠性数据》(NPRD-3)等,对现阶段机械产品可靠性预计工作具有很大参考价值。

可靠性预计的目的在于发现薄弱环节、提出改进措施、进行方案比较,以选择最佳方案。可靠性预计的数据也可用来作为可靠性分配的依据,具体目的有以下几方面:

(1) 了解方案设计是否与技术要求的可靠性指标相符合,这种相符合的可能性有多大。

(2) 所设计的产品在进行试验和实际运行的数据中,如发现可靠度达不到原预计的可靠度或可靠度下降时,便可根据故障率异常的情况来查找产品中的某一特定部位是否发生了故障。

(3) 在设计的最初阶段,找出薄弱环节,并采取改进措施。

(4) 可靠性预计是可靠性分配的依据,在制定可靠性指标时,有助于找到可能实现的合理值。

(5) 有助于零部件的正确选择。

(6) 有助于可靠性指标和性能参数综合考虑。

(7) 对于某些无法进行整机可靠性试验的产品,可采用把各部件的试验数据综合起来以计算整机可靠度的办法,这就是根据零部件的可靠度来预计全系统的可靠度。

(8) 为可靠性增长试验、验证试验及费用核算等方面的研究提供依据。

4.3.2 可靠性预计的程序

对研制产品进行可靠性预计,一般按如下步骤进行。

1. 对被预计的系统做出明确定义

即明确规定系统的功能和功能容许极限,当系统已被明确定义,则其工作条件、工作性能和容许偏差都为已知,那么系统的故障也就有了定义,当系统的一项或几项性能超出了容许偏差,就算是系统出了故障。

2. 确定分系统

把系统分解成若干分系统,各分系统应能明确区分而不应有重复,同时要考虑它的储备结构和工作的独立性。

3. 找出影响系统可靠度的主要零件

在各分系统中,总有某些零件对系统的可靠度几乎不产生影响,这样的零件在总体可靠性预计中可以忽略不计。另外也有某些零件在系统中使用数量多、故障率高、对系统可靠度影响大,找出这些零件并加以控制以便于提高系统可靠度。

4. 确定各分系统中所用的零部件的故障率

对零件分类进行分析，根据零部件名称可以查零部件故障数据手册，从而得到基本故障率数据。然后再根据使用环境条件等计算出零部件的故障率。

5. 计算分系统的故障率

根据零部件的故障率，计算出各分系统的故障率。

6. 定出用以修正各分系统故障率基本数值的修正系数

如果同一分系统内的零件都承受相同的应力，在计算零件故障率时又没有考虑这些应力，则为了修正分系统的故障率，可确定一个单一的修正系数。在对整个分系统施加应力时，实际上大多不是对每个零件乘以修正系数，而是将分系统的故障率乘上一个修正系数。

7. 计算系统故障率的基本数值

根据每一个分系统的故障率，就可以计算整个系统的故障率，其中包括储备系统的故障率计算。

8. 定出用以对系统故障率的基本数值进行修正的修正系数

有些特殊的应力，在计算零件和分系统时并不加以考虑，但会对系统起作用，这种应力将会使系统故障率发生变化，因此必须加以修正。

9. 计算系统的故障率

将系统故障率的基本数值，乘以适合于系统的修正系数，从而求出系统的故障率。

10. 预计系统的可靠度

当系统的可靠度函数为指数分布时，可根据 $R(t)=e^{-\lambda t}$ 求出系统的可靠度。

4.3.3 单元可靠性预计

系统是由许多单元组成的，因此系统可靠性预计是以单元的可靠度为基础。在可靠性预计中首先会遇到单元的可靠性预计问题。

预计单元的可靠度，首先要确定单元的基本故障率 λ_G，它们是在一定的环境条件(包括一定的实验条件、使用条件)下得到的，设计时可从手册、资料中查得。世界各发达国家均设有可靠性数据收集部门，专门收集、整理、提供各种可靠性数据。在有条件的情况下，也应进行有关试验，得到某些零部件的故障率。表 4-5 给出了一些机械零部件的基本故障率 λ_G 值。

表 4-5　一些机械零部件的基本故障率 λ_G 值

零部件	$\lambda_G/10^5$h	零部件	$\lambda_G/10^5$h
向心球轴承：		密封元件：	
低速轻载	0.003～0.17	O形密封圈	0.002～0.006
高速轻载	0.05～0.35	酚醛塑料	0.005～0.25
高速中载	0.2～2	橡胶密封圈	0.002～0.10
高速重载	1～8	联轴器：	
滚子轴承	0.2～2.5	挠性	0.1～1
齿轮：		刚性	10～60
轻载	0.01～0.1	齿轮箱体：	
普通载荷	0.01～0.3	仪表用	0.0005～0.004
重载	0.1～0.5	普通用	0.0025～0.02
普通轴	0.01～0.05	齿轮：	
轮毂销钉或键	0.0005～0.05	轻载	0.0002～0.1
螺钉、螺栓	0.0005～0.012	有载推动	1～2
拉簧、压簧	0.5～7		

单元的基本故障率 λ_G 确定以后，就应根据其使用条件确定其应用故障率，即单元在现场使用中的故障率，它可以直接使用现场实测的故障率数据，也可以根据不同的使用环境选取相应的修正系数 K_F 值，并按下式计算求出该环境下的故障率：

$$\lambda = K_F \lambda_G$$

表 4-6 给出的故障率修正系数 K_F 只是一些选择范围，具体环境条件下的具体数据，应查有关的专门资料。

表 4-6　故障率修正系数 K_F 值

环境条件					
实验室设备	固定地面设备	活动地面设备	船载设备	飞机设备	导弹设备
1～2	5～20	10～30	15～40	25～100	200～1000

由于单元多为零部件，而在机械产品中的零部件都是经过磨合阶段才正常工作的，因此其故障率基本保持一定，处于偶然故障期，其可靠度函数服从指数分布，即

$$R(t) = e^{-\lambda t} = \exp(-K_F \lambda_G t) \tag{4-39}$$

在完成了组成系统的单元（零部件）的可靠性预计后，即可进行系统的可靠性预计。

4.3.4　系统可靠性预计的一般方法

系统可靠性是各组成单元可靠性概率综合，常用的可靠性预计方法有相似设备法、评分预计法、界限法、蒙特卡罗法、修正系统法等。

1. 相似设备法

相似设备法是利用成熟的相似设备所得到的经验数据来估计新设备的可靠性，成熟设备的可靠性数据来自现场使用评价和试验室的试验结果。在试验初期广泛应用，在研制的任何阶段也都适用，尤其是非电产品，查不到故障数据，全靠自身数据的积累，成熟产品的详细故障数据记录越全，比较的基础越好，预计的准确度也越高，当然也取决于产品的相似程度。

相似设备法是一种比较快速粗略的预测方法，但它的优点是一开始设计，就把提高系统可靠性的技术措施贯彻到工程设计中去，以免事后被迫更改设计。相似设备法一般预计程序包括如下几部分。

1）确定相似产品

考虑产品的相似因素，选择确定与新产品最为相似，且有可靠性数据的产品。

2）分析相似因素对可靠性的影响

分析所考虑的各因素对产品可靠性的影响程度，分析新产品与老产品的设计差异及这些差异对可靠性的影响。

3）新产品可靠性预计

根据 2)中的分析，确定新产品与老产品的可靠度比值，然后，由有经验的专家对这些比值进行评定，最后，根据比值预计出新产品的可靠度。

例 4-3 某型号导弹射程为 3500km，已知飞行可靠性指标为 $R=0.8857$，各分系统可靠度为

战斗部	0.99
安全自毁系统	0.98
弹体结构	0.99
控制系统	0.98
发动机	0.9409

为了将该型号导弹射程提高到 5000km，对发动机采取了三项改进措施：

(1) 采用能量更高的装药；

(2) 发动机长度增加 1m；

(3) 发动机壳体壁厚由 5mm 减为 4.5mm。

试预计改进后的导弹飞行可靠性。

解 新的导弹与原来的导弹十分相似，其区别就在发动机。根据经验，新型装药是成熟工艺，加长后的药柱质量有保证，都不会对发动机的可靠性带来大的影响，只有壁厚减薄会使壳体强度下降，会使燃烧室的可靠性下降，因而影响发动机的可靠性。因此，可粗略地认为发动机的可靠性是与壳体强度成正比的。经计算，原发动机壳体的结构强度为 9.806×10^6Pa，现在发动机壳体的结构强度为 9.412×10^6Pa，则发动机的可靠度为

$$R=0.9409\times(9.412\times10^6/9.806\times10^6)=0.9033$$

相似设备法对于具有继承性的产品或其他相似的产品是比较适用的，但对于全新的产品或功能、结构改变比较大的产品就不太适用，因相似产品法的前提是相似产品具有可靠性数据。

2. 评分预计法

组成系统的各单元可靠性由于产品的复杂程度、技术水平、工作时间和环境条件等主要影响可靠性的因素不同而有所差异。评分预计法是在可靠性数据非常缺乏的情况下（可以得到个别产品可靠性数据），通过有经验的设计人员或专家对影响可靠性的几种因素进行评分，对评分结果进行综合分析以获得各单元产品之间的可靠性相对比值，再以某一个已知可靠性数据的产品为基准，预计其产品的可靠性。

1）评分因素

评分预计法通常考虑的因素有：复杂程度、技术水平、工作时间和环境条件。在工程实际中可以根据产品的特点而增加或减少评分因素。

2）评分原则

以产品故障率为预计参数来说明评分原则，评分原则如下。

各因素评分值范围为 1～10，评分越高说明可靠性越差。

(1) 复杂程度：根据组成单元的零部件数量以及组装的难易程度来评定。最简单的评 1 分，最复杂的评 10 分。

(2) 技术水平：根据单元目前的技术水平的成熟度来评定。水平最低的评 10 分，水平最高的评 1 分。

(3) 工作时间：根据单元工作的时间来评定（前提是以系统的工作时间为时间基准）。系统工作时，单元也一直工作的评 10 分，工作时间最短的评 1 分。如果系统中所有单元的故障率是以系统工作时间为基准，即所有单元故障率统计是以系统工作时间为同级时间计算的，那么各单元的工作时间虽不相同，但统计时间却相等（实际工作中，外场统计很多是以系统工作时间统计的），因此必须考虑此因素，如果系统中所有单元的故障率是以单元自身工作时间为基准，即所有单元故障率统计是以单元自身工作时间为统计时间计算的，则各单元的工作时间不相同时，故障率统计时间也不同，可不考虑此因素。

(4) 环境条件：根据单元所处的环境来评定。单元工作过程中会经受极其恶劣和严酷的环境条件评分 10 分，环境条件最好的评 1 分。

3）评分法可靠性预计

已知某单元的故障率为 λ^*，则其他单元故障率 λ_i 为

$$\lambda_i = \lambda^* \times C_i \tag{4-40}$$

式中，C_i 为第 i 个单元的评分系数，$i=1,2,\cdots,n$；n 为单元数。

$$C_i = \omega_i / \omega^* \tag{4-41}$$

式中，ω_i 为第 i 个单元评分数；ω^* 为故障率为 λ^* 的单元的评分数。

$$\omega_i = \prod_{j=1}^{4} r_{ij} \tag{4-42}$$

式中，r_{ij} 为第 i 个单元、第 j 个因素的评分数；$j=1$ 为复杂度；$j=2$ 为技术水平；$j=3$ 为工作时间；$j=4$ 为环境条件。

例 4-4 某飞行器由动力装置、武器、制导装置、飞行控制装置、机体、辅助动力装置等六个分系统组成，故障率计算如表 4-7 所示。已知制导装置故障率为 $284.5\times10^{-6}\text{h}^{-1}$，即 $\lambda^*=284.5\times10^{-6}\text{h}^{-1}$，试用评分法求其他分系统的故障率。

表 4-7 某飞行器的故障率计算

序号	单元名称	复杂程度 r_{i1}	技术水平 r_{i2}	工作时间 r_{i3}	环境条件 r_{i4}	各单元评分数 ω_i	各单元评分系数 $C_i=\omega_i/\omega^*$	单元的故障率 $\times10^{-6}\text{h}^{-1}$，$\lambda_i=\lambda^*\cdot C_i$
1	动力装置	5	6	5	5	750	0.3	85.4
2	武器	7	6	10	2	840	0.335	95.6
3	制导装置	10	10	5	5	(ω^*)2500	1.0	(λ^*)284.5
4	飞行控制装置	8	8	5	7	2240	0.896	254.9
5	机体	4	2	10	8	640	0.256	72.8
6	辅助动力装置	6	5	5	5	750	0.3	85.4

评分预计法主要适用于产品的初步设计与详细设计阶段，可用于各类产品的可靠性预计。是在产品可靠性数据十分缺乏的情况下进行可靠性预计的有效手段，但其预计的结果受人为影响较大。因此，在应用时尽可能多请几位专家评分，以保证评分的客观性，提高预计的准确性。

3. 界限法

界限法又称为上、下限法，其基本思想是将一个不能用数学模型法求解的复杂系统，先简单地看成是某些单元的串联系统，求该串联系统的可靠度预计值的上限值和下限值，然后再逐步考虑系统的复杂情况，并逐次求出可靠度越来越精确的上限值和下限值，当达到一定精度要求后，再将上限值和下限值作数学处理，合成一个单一的可靠度预计值，它应是满足实际精确度要求的可靠度值。

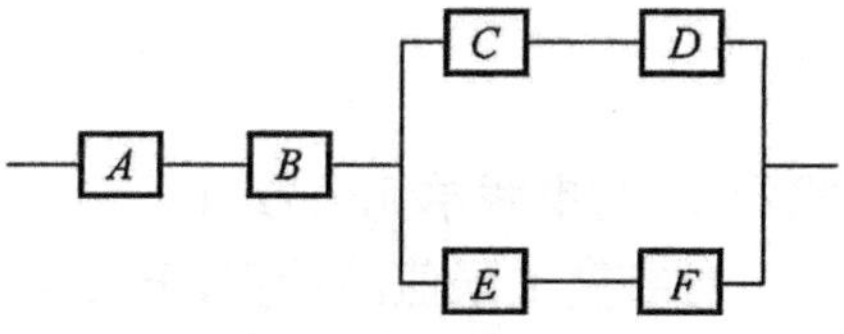

图 4-12 六单元串、并联系统可靠性框图

如图 4-12 所示为一个具有六个单元的串、并联系统。如用数学模型的方法来计算时，可立即得出

$$R_S = R_A \cdot R_B(R_C R_D + R_E R_F - R_C R_D R_E R_F)$$

如用不可靠度 F 来表示时 $F=1-R$，则上式可化成下列两种形式：

$$R_S = R_A \cdot R_B \cdot R_C \cdot R_D \cdot R_E \cdot R_F\left(1+\frac{F_C}{R_C}+\frac{F_D}{R_D}+\frac{F_E}{R_E}+\frac{F_F}{R_F}+\frac{F_C F_D}{R_C R_D}+\frac{F_E F_F}{R_E R_F}\right)$$

或

$$R_S = R_A \cdot R_B(1 - F_C F_E - F_E F_D - F_C F_F - F_D F_F + F_C F_D F_F + F_C F_E F_F + F_C F_D F_E + F_D F_E F_F - F_C F_D F_E F_F)$$

界限法是一个经验法则，没有严格的数学推导，但实质上是一种简化了的数学模型计算法。由于只是略去了高阶项，这样虽然在精度上受了些影响，但还是保证有一定的精确度，而且大大简化了计算，节省了大量时间。在系统太复杂，无法建立精确的数学模型时，它的优点特别突出。因此，这种方法都用在比较复杂的系统上，而对于串联系统和简单的储备系统则可用数学模型法来计算。由于界限法需要预先知道各个单元的可靠度，因此，一般用于详细设计阶段。

界限法的原理是根据 $R=1-F$，把 1 减去系统的失效概率作为可靠度预计的上限值 R_U，而把系统的成功概率相加作为可靠度的下限值 R_L。在计算上限的过程中，略去了某些失效概率，这时所得出的可靠度就比实际的要高，所以定为上限。同样，在下限计算中，略去了某些成功的概率，这时所预计出来的可靠度就比实际的要低。由对应的可靠度上、下限预计值可得

$$R_S = 1 - \sqrt{(1-R_U)(1-R_L)} \tag{4-43}$$

如果略去的情况越少，这两个限就越接近。现根据六单元串、并联的例子进行上、下限计算法分析。

1) 上限值计算

可靠度上限值的计算，第一步：

$$R_{U_1} = 1 - F_1$$

F_1 为只考虑串联单元发生故障时的故障概率，即忽略了并联单元的故障概率

$$\begin{aligned} F_1 &= F_A R_B + F_B R_A + F_A F_B \\ &= (1-R_A)R_B + (1-R_B)R_A + (1-R_A)(1-R_B) \\ &= 1 - R_A R_B \\ R_{U_1} &= 1 - F_1 = R_A R_B \end{aligned}$$

其一般式为

$$R_{U_1} = \prod_{i=1}^{m} R_i \tag{4-44}$$

式中，m 为串联单元的数目。

可靠度上限值的计算，第二步：

设 R_{U_2} 为考虑串联单元正常时，并联单元中有两个(一对)元件发生故障的可靠度。F_2 为并联单元中有两个(一对)元件故障的故障概率，则

$$\begin{aligned} F_2 &= R_A R_B (F_C F_E + F_C F_F + F_D F_E + F_D F_F) \\ R_{U_2} &= 1 - F_1 - F_2 \\ &= R_A R_B [1 - (F_C F_E + F_C F_F + F_D F_E + F_D F_F)] \end{aligned}$$

若与例中的数学模型法式(4-44)比较,可见略去了故障概率中的高阶项,即

$$F_CF_DF_F、F_CF_EF_F、F_CF_DF_E、F_DF_EF_F、F_CF_DF_EF_F$$

其一般式为

$$R_{U_1}=\prod_{i=1}^{m}R_i\left[1-\sum_{k,k'=1}^{x}(F_k\cdot F_{k'})\right] \tag{4-45}$$

式中,x 为并联单元中两个元件故障引起系统故障的状态数。

2) 下限值计算

如以 R_L 表示下限值,下限值为成功概率之和。R_{L_0} 表示下限值的第一步计算,即没有元件故障时,系统正常工作的概率

$$R_{L_0}=R_A\cdot R_B\cdot R_C\cdot R_D\cdot R_E\cdot R_F \tag{4-46}$$

一般式为

$$R_{L_0}=\prod_{i=1}^{n}R_i \tag{4-47}$$

式中,n 为系统中的单元数。

如以 R_{L_p} 表示下限值的单元计算,即表示并联单元中只有一个故障时,系统正常工作的概率

$$\begin{aligned}R_{L_p}&=R_AR_BF_CR_DR_ER_F+R_AR_BR_CF_DR_ER_F+R_AR_BR_CR_DF_ER_F+R_AR_BR_CR_DR_EF_F\\&=R_AR_BR_CR_DR_ER_F\left(\frac{F_C}{R_C}+\frac{F_D}{R_D}+\frac{F_E}{R_E}+\frac{F_F}{R_F}\right)\end{aligned}$$

一般式为

$$R_{L_p}=\prod_{i=1}^{n}R_i\left(\sum_{j=1}^{q}\frac{F_j}{R_j}\right) \tag{4-48}$$

式中,n 为系统单元数;q 为并联单元中一个单元故障后,系统能正常工作的状态数。

$$R_{L_1}=R_{L_0}+R_{L_p}$$

一般式为

$$R_{L_1}=\prod_{i=1}^{n}R_i\left(1+\sum_{j=1}^{q}\frac{F_j}{R_j}\right) \tag{4-49}$$

R_{L_1} 为系统中没有单元故障和有一个并联单元故障,系统正常工作的概率。

如以 R_{L_t} 表示下限值的第三步计算。R_{L_t} 为并联单元中有两个单元故障时系统正常工作的概率

$$\begin{aligned}R_{L_t}&=R_AR_BF_CF_DR_ER_F+R_AR_BR_CR_DF_EF_F\\&=R_AR_BR_CR_DR_ER_F\left(\frac{F_C}{R_C}\cdot\frac{F_D}{R_D}+\frac{F_EF_F}{R_ER_F}\right)\end{aligned}$$

一般式为

$$R_{L_i} = \prod_{i=1}^{n} R_i\left(\sum_{K,L=1}^{p} \frac{F_K}{R_K} \cdot \frac{F_L}{R_L}\right) \tag{4-50}$$

式中，p 为并联单元中有两个单元故障，系统能正常工作的状态数。

$$R_{L_2} = R_{L_1} + R_{L_i}$$

R_{L_2} 为系统中没有单元故障和有一个并联单元故障以及有两个并联单元故障，系统正常工作的概率。一般式为

$$R_{L_2} = \prod_{i=1}^{n} R_i\left(1 + \sum_{j=1}^{q} \frac{F_j}{R_j} + \sum_{K,L=1}^{q} \frac{F_K}{P_K} \cdot \frac{F_L}{R_L}\right) \tag{4-51}$$

如图 4-13 所示为上、下限值的图形表示。

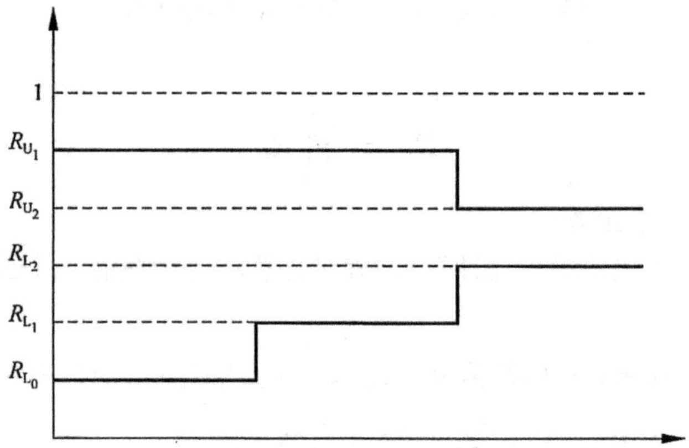

图 4-13　界限法的图解表

3）上、下限综合计算

有了上、下限可靠度的预计值，即可求出整个系统可靠度 R_S 的综合值，根据经验，用几何平均值所求出的系统可靠度，比较接近于真正值。做法是用 1 减去上、下限不可靠度乘积的平方根

$$R_S = 1 - \sqrt{(1 - R_{U_m})(1 - R_{L_m})} \tag{4-52}$$

式中，m 是角标值，上、下限的角标必须相同，如上限只考虑一个单元故障的情况，则下限也必须考虑没有单元故障和有一个单元故障的情况。如上限考虑两个单元同时发生故障的情况，则下限也必须考虑两个单元同时发生故障的情况，否则系统可靠度的计算就不精确。应取哪一个值，即到底是取几个单元发生故障的情况，根据经验公式 $1 - R_{U_m} = R_{U_m} - R_{L_m}$，就可以计算系统的可靠度。

4. 蒙特卡罗法

蒙特卡罗（Monte-Carlo）法是一种数学模拟法，它是以概率和数理统计为基础，用概率模型作近似计算的一种方法。它是 21 世纪 40 年代由冯·纽曼（Von·Newman）等提出和命名的。蒙特卡罗是欧洲摩纳哥的一个闻名于世的赌城，用蒙特卡罗

来命名是对这一方法的优雅象征。

蒙特卡罗法以随机抽样法为手段，根据系统的可靠性方框图进行可靠性预计。当各个单元的可靠性特征量已知，但系统的可靠性模型过于复杂，难以推导出一个可以求解的通用式时，蒙特卡罗法可根据单元完成任务的概率及可靠性方框图，近似算出系统的可靠度。由于大量的反复试验工作过于烦琐，它总是用计算机来完成的。蒙特卡罗法的理论基础是概率论的大数定律。根据大数定理，频率的稳定值可作为随机事件的概率。

蒙特卡罗法不仅能根据单元可靠度的预计值来预计系统的可靠度，而且还可以确定系统特性分布及用单元和组件或设备的实测数据估计系统的可靠度，解决与系统评价有关的其他问题。

蒙特卡罗法规定，每个单元的预测可靠度在可靠性框图中可以用一组随机数来表示。例如，当一个单元可靠度为 0.8 时，便可用从 0～0.7999 的所有随机数表示单元成功，用从 0.8000～0.9999 的所有随机数表示单元的失效。这样，就能根据单元的可靠度及系统的可靠性框图来预计系统的可靠度。

由于模拟过程是在计算机进行的，因此有可能在比较短的时间里多次模拟。时间的长短取决于系统的复杂程度、单元的数量、单元的失效分布情况，以及单元可靠度高低。如果单元可靠度高，许多试验只需要试第一个可能回路就模拟成功；反之，则每个试验都需要试许多回路或所有可能的回路才能模拟系统的成功与失效。如果系统正中的单元失效是服从指数发布的，则抽样值只需作简单转换就可；若故障服从正态分布，每次抽样需由 12 个随机数来决定。

5. 修正系数法

修正系数法预计的基本思路是，虽然机械产品的“个性”较强，难以建立产品级的可靠性预计模型，但若将它们分解到零件级，则有许多基础零件是通用的。例如，密封件既可用于阀门，也可用于作动器或汽缸等。通常将机械零件分成密封件、弹簧、电磁铁、阀门、轴承、齿轮和花键、作动器、泵、过滤器、制动器和离合器等多类。这样，对诸多零件进行故障模式及影响分析，找出其主要故障模式及影响这些模式的主要设计、使用参数，再通过数据收集、处理及回归分析，就可以建立各零件故障率与上述参数的数学函数关系（即故障率模型或可靠性预计模型）。实践结果表明，具有耗损特征的机械产品，在其耗损期到来之前的一定使用期限内，某些机械产品寿命近似服从指数分布。例如，《机械设备可靠性预计程序手册》中介绍的齿轮故障率模型表达式为

$$\lambda_{GE} = \lambda_{GE\cdot B} \times C_{GS} \times C_{GP} \times C_{GA} \times C_{GL} \times C_{GN} \times C_{GT} \times C_{GV} \tag{4-53}$$

式中，λ_{GE}为在特定使用情况下齿轮故障率（故障数/$10^6\gamma$）；$\lambda_{GE\cdot B}$为制造商确定的基本故障率（故障数/$10^6\gamma$）；C_{GS}为计及速度偏差的修正系数；C_{GP}为计及扭矩偏差（相当于设计）的修正系数；C_{GA}为计及不同轴性的修正系数；C_{GL}为计及润滑偏差（相对于设计）的修正系数；C_{GN}为计及污染环境的修正系数；C_{GT}为计及温度的修正系数；C_{GV}为

计及振动和冲击的修正系数。

4.3.5 可靠性预计注意事项

(1) 应尽早地进行可靠性预计，以便当任何层次上的可靠性预计值未达到可靠性分配值时，能及早地在技术上和管理上予以注意，采取必要的措施。

(2) 在产品研制的各个阶段，可靠性预计应反复迭代进行。在方案论证和初步设计阶段，由于缺乏较准确的信息，所作的可靠性预计只能提供大致的估计值，为设计者和管理人员提供关于达到可靠性要求的有效反馈信息。随着设计工作的进展，产品定义进一步确定和可靠性模型的细化，可靠性预计工作也应反复进行。

(3) 可靠性预计结果的相对意义比绝对值更为重要。一般地预计值与实际值的误差在一、二倍之内可认为是正常的。通过可靠性预计可以找到系统易出故障的薄弱环节，加以改进；在对不同的设计方案进行优选时，可靠性预计结果是方案优选、调整的重要依据。

(4) 可靠性预计值应大于成熟期的规定值。

4.4 系统可靠性分配

4.4.1 可靠性分配的原则

在机械产品的设计阶段，首先必须确定整个机械系统的可靠性指标，这一指标一般由订购方提出并在研制合同中规定。为了保证这一指标的实现，必须把系统的指标分配给各个分系统，然后再把各个分系统的可靠性指标分配给下一级的单元，一直分配到零件级。这种把系统的可靠性指标按一定的原则合理地分配给分系统和零部件的方法称为可靠性分配。

可靠性分配是指将工程设计规定的系统可靠度指标合理地分配到系统的各个组成单元，明确各组成单元的可靠度定量要求，从而使整个系统的可靠度指标得到保证。

可靠性分配的目的是将系统可靠性的定量要求分配到规定的产品层次，通过分配使整体和部分的可靠性定量要求协调一致。它是一个由整体到局部、由上到下的分解过程。通过分配把责任落实到相应层次产品的设计人员身上，并用这种定量分配的可靠性要求估计所需人力、时间和资源。

在进行可靠性分配时应该注意几点，首先要掌握系统和零部件的可靠性预计数据，如果预计的数据不十分精确时，相对的预计值也是有很大用处的。其次必须考虑当前的技术水平，要按现有的技术水平在费用、生产、功能、研制时间等的限制条件下，考虑所能达到的可靠性水平，单纯地提高分系统或元器件的可靠度是不现实的也是没有意义的。

如果说可靠性预计是按零部件→分系统→系统自下而上进行的话，那么可靠性分配则是按系统→分系统→零部件自上而下地落实可靠性指标的过程。预计是分配的基础，所以一般总是先进行可靠性预计，再进行可靠性分配。在分配过程中，若发现了薄弱环节，就要改进设计或调换零部件和分系统。这样一来又得重新预计，重新分配。所以，两者结合起来就形成了一个自下而上、又自上而下的反复过程，直到主观要求与客观现实达到统一为止。

可靠性分配的方法很多，但要做到根据实际情况又在当前技术水平允许的条件下，既快又好地分配可靠性指标也不是一件容易的事情。一个产品的设计，往往采用了以前成功产品的部件，如果这些部件的可靠性数据已经收集得比较完整，可靠性分配就容易得多。

可靠性分配的方法都是按一定的原则进行的，但实际上不论哪一种方法都不可能完全反映产品的实际情况。对于不同的机械产品其工程上的问题各式各样，在做具体可靠性分配时，可留有一定的可靠性指标余量作为机动使用，也可以按某一原则先计算出各级可靠性指标，然后根据以下的几点原则做一定程度的修正：

(1) 对于改进潜力大的分系统或部件，分配的指标可以高一些。

(2) 由于系统中关键件发生故障将会导致整个系统的功能受到严重影响，因此关键件的可靠性指标应分配得高一些。

(3) 在恶劣环境条件下工作的分系统或部件，可靠性指标要分配得低一些。

(4) 新研制的产品，采用新工艺、新材料的产品，可靠性指标也应分配得低一些。

(5) 易于维修的分系统或部件，可靠性指标可以分配得低一些。

(6) 复杂的分系统或部件，可靠性指标可以分配得低一些。

4.4.2 可靠性分配的方法

可靠度指标的分配应考虑产品的技术水平、重要程度、复杂程度及经济性等方面的因素。分配的总原则是，以最少的经济代价满足系统的可靠性要求。可靠性分配方法有很多，如平均分配法、比例组合法、评分分配法、动态规划分配法等。下面介绍几种常用的分配方法。

1. 比例组合法

如果一个新设计的系统与老的系统非常相似，也就是组成系统的各分系统类型相同，对于这个新系统只是根据新情况提出新的可靠性要求。考虑到一般情况下设计都具有继承性，即根据新的设计要求在原来老产品的基础上进行改进。这样新老产品的基本组成部分非常相似，此时若有老产品的故障统计数据(如某个分系统的故障数占系统的故障数的比例)，那么就可应用比例组合法由老系统中各分系统的失效率，按新系统的可靠性要求，给新系统各分系统分配失效率。其数字表达式为

$$\lambda_{i新} = \lambda_{i老} \times \lambda_{s新} / \lambda_{s老} \tag{4-54}$$

式中，$\lambda_{i新}$ 为分配给第 i 个新的分系统的失效率；$\lambda_{s新}$ 为规定的新系统失效率；$\lambda_{i老}$ 为老系统中第 i 个分系统的失效率；$\lambda_{s老}$ 为老系统的失效率。

如果我们有老系统中各分系统故障占系统故障数百分比 K_i 的统计资料，而且新老系统又极相似，那么可以按式(4-55)进行分配

$$\lambda_{i新} = \lambda_{s新} \times K_i \tag{4-55}$$

式中，K_i 为第 i 个分系统故障数占系统故障数的百分比。

这种做法的基本出发点是，考虑到原有系统基本上反映了一定时间内产品能实现任务的可靠性，如果在技术方面没有什么重大的突破，那么按照现实水平把新的可靠性指标按原有能力成比例地进行调整是完全合理的。

比例组合法只是用于新、老系统结构相似，而且有老系统统计数据或是在已有各组成单元预计数据基础上进行分配的情况。

例 4-5 有一个液压系统，其故障率 $\lambda_{s老} = 256.0 \times 10^{-6}\,\text{h}^{-1}$，各分系统故障率如表 4-8 所列。现要设计一个新的液压动力系统，其组成部分与老系统完全一样，只是要求提高新系统的可靠性，即 $\lambda^*_{s新} = 200.0 \times 10^{-6}\,\text{h}^{-1}$，试把这个指标分配给各分系统。

解 (1) 已知

$$\lambda^*_{s新} = 200.0 \times 10^{-6}\text{h}^{-1}, \quad \lambda_{s老} = 256.0 \times 10^{-6}\text{h}^{-1}$$

(2) 计算

$$\lambda^*_{s新}/\lambda_{s老} = 200.0 \times 10^{-6}/256.0 \times 10^{-6} = 0.78125$$

(3) 利用式(4-55)计算分配给各分系统的故障率(表 4-8 第 4 列)

$$\lambda^*_{油箱} = 3.0 \times 10^{-6} \times 0.78125 \approx 2.3 \times 10^{-6}\text{h}^{-1}$$

$$\lambda^*_{拉紧装置} = 1.0 \times 10^{-6} \times 0.78125 \approx 078 \times 10^{-6}\text{h}^{-1}$$

……

$$\lambda^*_{启动器} = 67.0 \times 10^{-6} \times 0.78125 \approx 52.0 \times 10^{-6}\text{h}^{-1}$$

(4) 验算

$$\lambda_{s新} = \sum_{i=1}^{10} \lambda^*_{i新} = 199.26 \times 10^{-6}\text{h}^{-1} < \lambda^*_{s新}$$

表 4-8 某液压系统各分系统的故障率

序 号	分系统名称	$\lambda_{i老}/10^{-6}\text{h}^{-1}$	$\lambda^*_{i新}/10^{-6}\text{h}^{-1}$
1	油箱	3.0	2.3
2	拉紧装置	1.0	0.78
3	油泵	75.0	59.0
4	电动机	46.0	36.0
5	止回阀	30.0	23.0
6	安全阀	26.0	20.0
7	油滤	4.0	3.1

续表

序　号	分系统名称	$\lambda_{i老}/10^{-6}h^{-1}$	$\lambda_{i新}^{*}/10^{-6}h^{-1}$
8	联轴节	1.0	0.78
9	导管	3.0	2.3
10	启动器	67.0	52.0
总计(系统)		256.0	199.26

2. 考虑系统各组成部分重要度和复杂度的分配法

一般情况下系统是由各分系统串联组成，而分系统则由各机构以串联、并联等方式组成。一个分系统发生故障，系统就会发生故障，而分系统中某一冗余机构发生故障，系统不一定会发生故障。可见分系统或机构对系统的影响程度不一样，通常用重要度来表示，即

$$\omega_{i(j)} = \frac{N_{i(j)}}{r_{i(j)}} \tag{4-56}$$

式中，$\omega_{i(j)}$为第 i 个分系统(第 j 个机构)的重要度；$N_{i(j)}$为由于第 i 个分系统(第 j 个机构)的故障引起系统故障的次数；$r_{i(j)}$为第 i 个分系统(第 j 个机构)的故障次数。

$0 \leqslant \omega_{i(j)} \leqslant 1$，其数值根据实际经验或统计数据来确定。

复杂度是表示分系统的基本构成的部件数占系统基本构成的部件总数的比例，即

$$C_i = n_i/N = n_i\Big/\sum_{i=1}^{n} n_i \tag{4-57}$$

式中，C_i 为第 i 个分系统的复杂度；n_i 为第 i 个分系统的基本构成部件数；N 为系统的基本构成部件总数；N 为分系统数。

在分系统中 C_i 越大就越复杂。

综合考虑分系统重要度和复杂度时，系统可靠性的分配公式为

$$\theta_{i(j)} = \frac{N \cdot \omega_{i(j)} \cdot t_{i(j)}}{n_i(-\ln R_S)} \tag{4-58}$$

式中，$\theta_{i(j)}$为第 i 个分系统(第 j 个机构)的平均故障间隔时间；N 为系统的基本构成部件总数；$\omega_{i(j)}$为第 i 个分系统(第 j 个机构)的重要度；$t_{i(j)}$为第 i 个分系统(第 j 个机构)的工作时间；n_i 为第 i 个分系统的基本构成部件数；R_S 为规定的系统可靠度指标。

3. 评分分配法

评分分配法的特点是根据人们的经验按照几种因素进行评分，根据评分的情况给每个分系统分配可靠性指标。根据产品的实际情况，主要考虑以下四种因素，即复杂度、技术发展水平、环境条件及重要度。每种因素的分数在 1 至 10 之间。

复杂度——根据组成分系统的零部件数量以及它们组装的难易程度来评分，最简单的评 1 分，最复杂的评 10 分。

技术发展水平——根据分系统目前的技术水平和成熟程度来评分，水平最低的评 10 分，水平最高的评 1 分。

环境条件——根据分系统所处的环境条件来评分，分系统经受极其恶劣而严酷的环境条件的评 10 分，环境条件最好的评 1 分。

功能要求——根据分系统功能要求和任务时间评分，功能要求多、任务时间长的评 10 分，单一功能短时工作的评 1 分。

分配给每个分系统的失效率 λ_i 为

$$\lambda_i = C_i \times \lambda_S \tag{4-59}$$

式中，C_i 为第 i 个分系统的评分系数；λ_S 为规定的系统失效率指标。

$$C_i = \omega_i / \omega \tag{4-60}$$

式中，ω_i 为第 i 个分系统的评分系数；ω 为系统的评分数。

$$\omega_i = \prod_{i=1}^{4} r_{ij} \tag{4-61}$$

式中，r_{ij} 为第 i 个分系统第 j 个因素的评分数，$j=1$ 代表复杂度，$j=2$ 代表技术发展水平，$j=3$ 代表环境条件，$j=4$ 代表功能要求。

$$\omega = \sum_{i=1}^{n} \omega_i \tag{4-62}$$

式中，i 为分系统数。

4. 动态规划分配法

前面介绍的几种可靠性分配方法都是以所设计的系统能满足规定的可靠性指标为目标的，除了可靠性指标外，没有其他的约束条件。动态规划是运筹学的一个分支，它是解决多阶段决策过程最优化的一种方法。它不同于求函数极值的微分法和求泛函极值的变分法，而是用另一种思想方法来处理最优解问题。由于这种方法算法简单，而且仅为算术运算，因而是做带有约束条件的冗余系统可靠度分配的一种很有用的方法。

多阶段决策问题是指这样一类活动的过程，由于它的特殊性，可将过程划分为若干个互相联系的阶段。在它的每一个阶段都需要做出决策，并且一个阶段的决策确定以后，常影响下阶段的决策，从而影响整个过程的活动路线，不同的路线其效果也不同。多阶段决策问题就是在允许选择的那些路线中选择最优的，使在预定的目标下达最好的效果。在这类问题中，阶段往往用时间(或空间)来分，不同的决策随阶段而变，这就有“动态”的含意。它在一定的条件下也可以解决与时间无关的静态规划中的优化问题，只要人为地引入“阶段”因素即可。

动态规划的一个重要特点是它的状态"无后效性"。所谓状态是指在所研究的那个阶段上，系统可取的各种可能状况。状态的无后效性指的是，如给定了某一段的状态，则这段以后过程的发展不受这段以前各段状态的影响。这样当各状态都确定时，整个过程也就随之确定了。这就意味着，在过程的运行中，只能通过当前的状态去影响它未来的发展，即当前状态就是未来过程的初始状态，有了它就可以做出下一步最优决策而不用去考虑过去历史的变化过程。

利用动态规划的最优化原理及状态无后效性性质，就可以把多阶段决策求解过程看成是一系列的有序的连续的递推过程。下面通过一个例子来说明用动态规划法进行有约束冗余系统的可靠性分配的过程。

例 4-6 某系统由三个分系统串联而成，每个分系统的质量和可靠度如表 4-9 所示，整个系统的可靠度不能满足规定的要求。为增加可靠度，允许再增加 4kg 质量，问如何分配这 4kg 使系统可靠度最大。每个分系统最多增加两个冗余设备(即一个分系统最多由三个设备组成)。

表 4-9 例题的有关数据

分系统 i	单台质量 G_I/kg	单台可靠度 R
1	2	0.95
2	1	0.9
3	3	0.97

根据题意画出系统可靠性框图如图 4-14 所示。这就是在系统质量增加 $\Delta C_{\max}=$ 4kg 的约束条件下，使可靠度这个目标函数最大的问题，我们可以用动态规划方法来解这一问题。由于每个分系统都可以增加 0～2 个冗余设备，因此对每个分系统都需要做决策以确定其冗余度，把每个分系统看成一个阶段，所以这是一个三阶段决策过程。

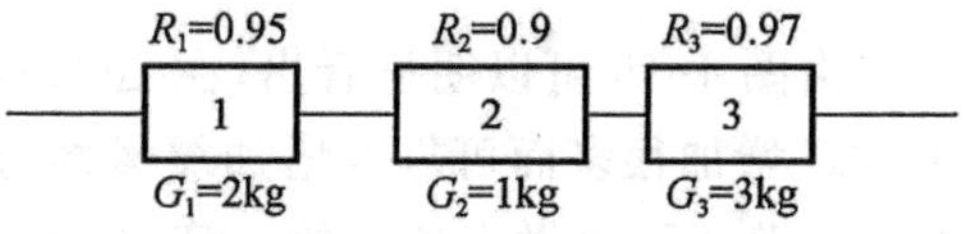

图 4-14 某系统可靠性框图

第一步，确定各分系统可能增加的冗余设备数。由于有 $\Delta C_{\max}=4$kg，以及每个分系统最大冗余度为 2 的约束条件，所以第一分系统可能增加的冗余度为 0、1、2 三种情况；第二分系统可能增加的冗余度为 0、1、2 三种情况，第 3 分系统可能增加的冗余度为 0、1 两种情况。

第二步，把第 1、2 分系统可能增加的冗余度情况组合起来，共有 9 种情况，把每种情况进行可靠度计算及增加的质量 ΔG 计算，并把计算结果列于表 4-10。

从表 4-10 中可以看出：

当 $n=0$ 时，$R_1=0.95$，$R_2=0.9$；

当 $n=1$ 时，$R_1=1-(1-0.95)^2=0.9975$，$R_2=1-(1-0.9)^2=0.99$；

当 $n=2$ 时，$R_1=1-(1-0.95)^3=0.99987$，$R_2=1-(1-0.9)^3=0.999$。

表 4-10　第 1、2 分系统组合冗余度、可靠度、重要度变化

冗余度 n		分系统 1		
		0	1	2
分系统 2	0	R=0.855 ΔG=0	0.89775 2	0.89989 4
	1	0.9405 1	0.98753 3	0.98988 5
	2	0.94905 2	0.9965 4	0.99888 6

以可靠度 R 为横坐标，以增加的质量 ΔG 为纵坐标，将组合起来的各种情况标在坐标内，如图 4-15 所示。

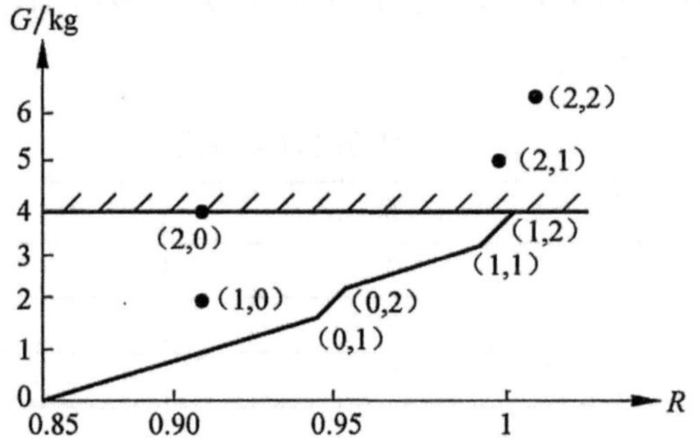

图 4-15　可靠度与质量增加关系曲线 1

由图 4-15 可以明显看出，在 $\Delta G>4$kg 的组合方案(2,2)、(2,1)肯定不符合要求，ΔG 增加很多而可靠度增加缓慢的方案(2,0)、(1,0)肯定不是最优方案。因此，在这一阶段可以做出这样的决策，舍去上述四种组合方案，将剩下来的五种方案再与分系统 3 进行组合计算，其计算结果列于表 4-11。

表 4-11　第 1、2、3 分系统组合冗余度、可靠度、重要的变化情况

冗余度		分系统 1				
		0,0	0,1	1,1	0,2	1,2
分系统 3	0	R=0.82953 ΔG=0	0.91229 1	0.9579 3	0.92058 2	0.96661 4
	1	0.85423 3	0.93965 4	0.98884 6	0.9482 5	0.99561 7

将表 4-11 中的计算结果绘于坐标图内，如图 4-16 所示。

由图 4-16 可以明显看出，当 $\Delta G\leqslant 4$kg 时，可靠度最大的方案就是最优方案，也就是(1,2,0)方案，按这种方案，$\Delta G=4$kg，$R_s=0.96661$，其可靠性框图如图 4-17 所示。

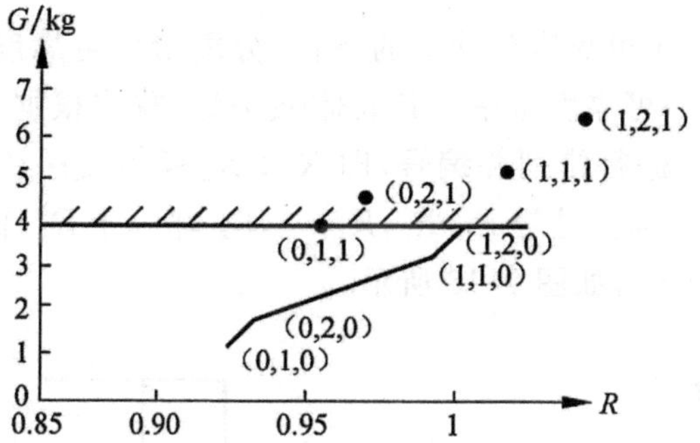

图 4-16 可靠度与质量增加关系曲线 2

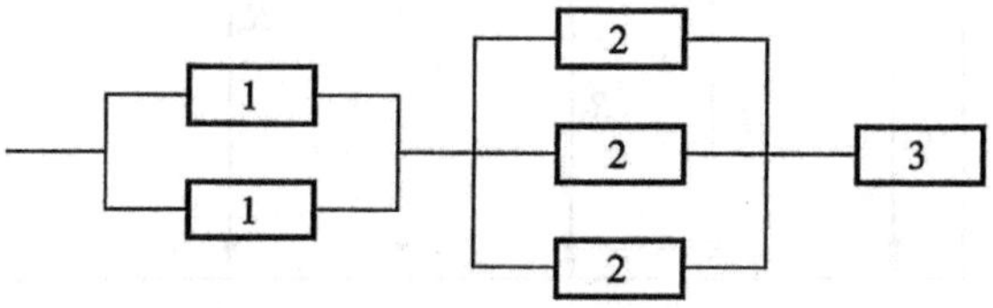

图 4-17 某系统最优方案的可靠性框图

通过上面的例子,可以总结出动态规划法的优点:

(1) 可以大大减少计算量,这是由于用了最优化原理,在各阶段做出决策,舍去一些不合理的解。

(2) 得到一个最优解的步数是有限的。

(3) 计算可靠度用的函数式或质量、成本估计公式,在形式上没有任何限制,可以是线性或非线性函数表达式。

(4) 最后得到的是严格的最优整数解,但动态规划法一般只适用于约束条件数目小于 3 的情况。

通过上面的介绍,说明在进行可靠性设计时树立综合权衡的指导思想是非常必要的。在设计时不仅要考虑系统的可靠性,同时也要考虑成本、质量等限制条件,虽然此种设计比单纯地考虑可靠性的设计要复杂得多,但在系统可靠性设计中必须予以充分重视。

5. 最少工作量算法

最少工作量算法的基本思路是在提高整个系统的可靠度时,可靠度越低的分系统,其可靠度改善起来就越容易,而可靠度高的分系统,再要进一步地提高可靠度,可能困难就更大一些,这种方法可使在满足系统可靠性指标时,所花费的总工作量或费用减到最少程度。

当串联系统的可靠性指标大于系统可靠性预计值时,必须提高系统可靠度以满足所给的指标。但是,采取平均提高各分系统可靠度指标的办法,对每一个分系统都要做改善可靠性的工作,这是不现实也是不合理的。一般来说,改善低可靠度系统比较容易，因此我们把大于可靠度预计值的指标，分配给低可靠度的单元，使低可靠度的那些单元提高到某一可靠度水平。其具体做法是，首先根据各分系统可靠度预计值大小，由低到高依次进行排列并编号，即 $\hat{R}_1 \leqslant \hat{R}_2 \leqslant \hat{R}_3 \leqslant \cdots \leqslant \hat{R}_n$，然后将可靠度较低的系统都提高到 R_0，也就是使 $R_1, R_2, R_3, \cdots, R_k$ 都等于 R_0，而 $R_{k+1}, \cdots, R_n$ 仍然不变，其中 $k=1,2,\cdots,n-1$，如图 4-18 所示。

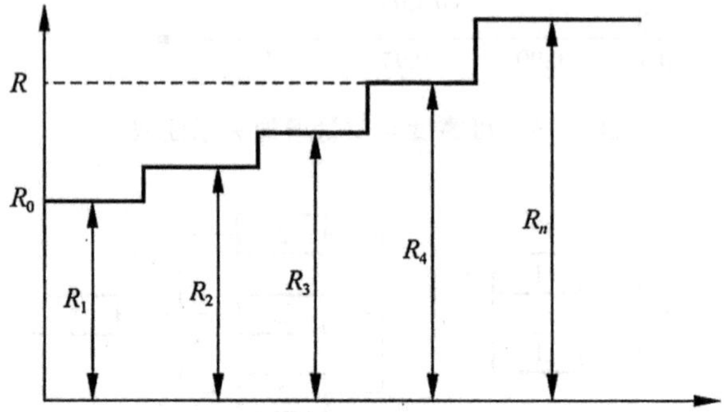

图 4-18　各分系统按可靠度大小依次排列图

系统可靠性预计值为

$$\hat{R}_S = \hat{R}_1 \cdot \hat{R}_2 \cdot \cdots \cdot \hat{R}_n$$

当可靠度指标 $R_S > \hat{R}_S$ 时，我们令 $\hat{R}_1 = \hat{R}_2 = \cdots = \hat{R}_k = R_0$，则

$$R_S = R_0^k \cdot \hat{R}_{k+1} \cdot \cdots \cdot \hat{R}_n = R_0^k \cdot \prod_{j=k+1}^{n} \hat{R}_j$$

$$R_0 = \left(\frac{R_S}{\prod_{j=k+1}^{n} \hat{R}_j} \right)^{\frac{1}{k}} \tag{4-63}$$

此时各分系统的可靠度为 $R_1' = R_2' = \cdots = R_k' = R_0$，而大于 R_0 的 $\hat{R}_{k+1}, \hat{R}_{k+2}, \cdots, \hat{R}_n$ 仍然不变。为了求得 k 值，我们根据式(4-67)依次计算：

$k=1$ 时，$R_0 = R_1'$；

$k=2$ 时，$R_0 = R_1' = R_2'$；

$k=3$ 时，$R_0 = R_1' = R_2' = R_3'$；

……

$k=n-1$ 时，$R_0 = R_1' = R_2' = \cdots = R_{n-1}'$。

最少工作量算法分配方法多用于串联系统，并联系统也可以用，但求 k 值比较复杂。这种方法比平均提高分系统可靠度分配方法有了很大改进，但它是以低可靠度的分系统，具有较高改进潜力为基础的。如果情况不像我们预想的那样，如有的分系统虽然可靠度较低，但在当前的技术水平条件下要提高它的可靠度是很有困难的，还不如提高其他可靠度较高的分系统要省力得多，这时在分配可靠度时，就要把这些特殊的分系统抽掉，把它们与高可靠度的分系统放在一起，然后再按上述方法提高那些可靠度相对来讲比较低的分系统，以满足系统的可靠性指标。有时也可根据改进可能性的大小把分系统（或元件）分成三类，第一类为可立即改进的单元；第二类为改进可能性比较小的单元；第三类为不改进的单元。可靠度的提高，主要由第一单元来完成。

6. AGREE 分配法

AGREE 分配方法既考虑分系统的复杂性，也考虑其重要性。假设一个由 k 个分系统串联而成的系统，每个分系统具有指数故障分布。分配的可靠性指标以 MTBF 表示。然后按下式求出第 i 分系统的最低可接受平均寿命：

$$\theta_i = \frac{NW_i t_i}{n_i[-\ln R^*(t)]} \tag{4-64}$$

而且相应的第 i 个分系统可靠度要求成为

$$R_i^*(t) = \exp\left(\frac{-t_i}{\theta_i}\right) \tag{4-65}$$

式中，t 为规定的系统任务时间；t_i 为规定的第 i 个分系统任务时间；W_i 为以第 i 个分系统发生故障将会导致系统发生故障的概率表示的重要因子；n_i 为第 i 个分系统中组装件数目；$R^*(t)$为在系统任务时间内要求的系统可靠度；$R_i^*(t_i)$为分配给第 i 个分系统在其任务时间内的可靠度；θ_i 为分配给第 i 个分系统的故障前平均工作时间；$N=\sum_{i=1}^{k} n_i$ 为系统中组装件的总数。

7. 容许故障概率分配法

在进行容许故障概率法分配之前必须对系统作如下假设：

(1) 系统为串联接构或归并为串联接构；

(2) 每个单元的容许故障率为 $F=\lambda t(\leqslant 0.01)$，其可靠度同 $1-\lambda t$ 近似；

(3) 容许的故障率包括不工作时的故障率（储存故障率），对于与储存时间有关的单元需考虑这一点；

(4) 单元的寿命服从指数分布。

在分配时，分配给单元的容许故障概率正比于单元的预测故障概率。也就是说，如果单元 1 的预测故障率比单元 2 的高一倍，那么，分配给单元 1 的容许故障概率也比单元 2 高 1 倍，各单元的容许故障率之和应接近等于系统容许故障概率。用这种方法要求考虑三个重要方面，即单元的重要性、单元的工艺状况、改进单元的潜力维修对功能的影响。

(1) 重要性因子 M_1。单元在系统中的重要程度用重要性因子表示。根据单元的重要性，将单元分为次要单元（单元损坏仅使任务受到损失）、主要单元（单元故障影响系统任务完成）和关键单元（单元故障将人员伤亡或设备损坏），取次要单元的 $M_1=1$，主要单元的 $M_1=5$，关键单元的 $M_1=10$。重要性因子的值越高，分配给该单元的可靠性指标也越高。

(2) 改进因子 M_2。大型复杂系统从研制到生产定型往往需要很长的时间，在这段时间工作的可改进程度用改进因子 M_2 来表示。对于立即可改进的单元，立即改进可能性小的单元及不太可能改进的单元 M_2 分别按 3∶2∶1 的比例进行分配。因为容易改进(M_2 较大)的单元通过工艺改进提高可靠性的潜力较大，分配可靠性指标时可以高些。

(3) 维修因子 M_3。对允许维修的单元，分配的可靠性指标可以低些，冗余单元要求更低，维修因子表示允许维修程度。当不允许维修时，$M_3=1$，其他情况的 $M_3<1$。在分配给单元 i 故障概率时，用下式计算：

$$F_{i分} = F_{i预} \times \frac{1}{M_1} \times \frac{1}{M_2} \times M_3 \tag{4-66}$$

式中，$F_{i分}$ 为单元第一次分配到的故障概率；$F_{i预}$ 为单元故障概率的预测值。

当 $\sum F_{i分}$ 与系统容许故障概率相差较大时，应进行修正，用下式求修正系数 η：

$$\eta = \frac{系统容许故障概率}{各单元分配到的故障概率之和} = \frac{F_{s分}}{\sum_{i=1}^{n} F_{i分}} \tag{4-67}$$

可能要进行不止一次的修正，直至修正到单元故障概率之和与系统容许概率接近但不超过为止。

8. 等分配法

当缺少确定的系统信息，而且是 n 个分系统，又是串联使用时，对每个分系统均等分配可靠性似乎合理。在这种情况下，系统可靠性要求的第 n 个根值必须分配给 n 个分系统的每个分系统。

等分配法是一种最简单的分配方法，它是将系统的各部分等同看待，而不考虑复杂程度、成本等方面的差异。设系统由 n 个分系统串联组成，若给定系统的可靠度指标为 R_S^*，则按等分配法各分系统的可靠度指标为

$$R_i^* = \sqrt[n]{R_S^*} \tag{4-68}$$

4.5 可靠性设计方法

可靠性设计是使产品的可靠性要求在设计中得以落实的技术。可靠性设计决定了产品的固有可靠性。“产品的可靠性是设计出来的，生产出来的，管理出来的”。根据有关文献统计，产品因设计原因而引发的故障约占产品总故障数的 40%～50%，足以说明可靠性设计的重要性。

系统可靠性设计是指在遵循系统工程规范的基础上，在系统设计过程中，采用一些专门技术，将可靠性“设计”到系统中去，以满足系统可靠性要求。它是根据产品的

需要和可能，在考虑产品可靠性诸因素基础上的一种事先设计方法。系统可靠性设计技术是指那些适用于系统设计阶段，以保证和提高系统可靠性为主要目标的设计技术和措施，它是提高系统可靠性行之有效的方法。

4.5.1 结构可靠性设计

在结构设计中，或在对结构进行力学分析中，人们一直习惯于把设计或分析中使用的各个量作为确定量，从而得出确定性的结果或结论。虽然有时也承认有不确定性因素存在，但在处理上，仅用一个确定性的系数来代替，如安全系数。因此，由使用的分析和计算方法精确所取得的效益，终将被粗略的经验性安全指标所淹没。因此，充分考虑实际结构的各种不确定因素，对其进行随机力学分析十分必要。

从数学角度分类，结构中的不确定因素可分为三类：随机性、模糊性及未确知性。前两类不确定性早已为人们所认识，未确知性是指由于信息、数据的不完全、不完整而导致的不确定性。目前工程中应用较多、研究相对比较成熟的是随机性问题。不确定性即指随机性，随机性又分为随机变量、随机过程和随机场，随机场是随机量的空间变化。

从工程结构的角度分类，不确定性分为物理不确定性、统计不确定性。结构可靠性是在充分考虑各种不确定性因素基础上建立起来的一门工程学科。结构可靠性定义为：结构在规定的条件下和规定的时间内，完成规定功能的能力。可靠性的概率度量称为可靠度。定义中的结构一词，指能够承受和传递可能发生的各种载荷作用的工程构件，如导弹的弹体、工程机械的机体、矿山机械的金属结构件等。结构可以是一个零件，也可以是由多个零件构成的部件或系统。结构可靠性明显地与时间有关。因为所研究的任何结构都有使用寿命，有的是几年、几十年或者更长，有的是在几分钟或者几秒钟之内。例如，对于工业和民用建筑，规定的使用时间是 50 年，桥梁结构为 30 年，舰船结构为 50 年，而导弹推助剂的任务时间只有几秒钟。超出了规定的时间，结构可靠性会降低到规定的标准以下，不宜继续使用。例如，弹体结构定义中的时间是一种广义时间概念，也包括公里数、周期数。与结构可靠性有关的另一个问题是环境条件，诸如外力、温度、冲击、振动、周围介质情况等。相同的结构，在不同的环境条件下，其可靠性可能全然不同。

可靠性和故障是在一个统一体内存在着的事物的两个方面，在分析和评估结构可靠性时，必须对结构故障有充分的了解。结构故障定义为，结构或结构的一部分不能或将不能完成预定功能的事件或状态。对于不可修复结构，结构故障称为失效。如导弹在储存和运输期间出现的弹体结构损坏，可以通过维修，对损坏部分进行修复或更换，使弹体结构能够恢复到原来的功能，这种损坏称为故障。导弹在发射和飞行过程中，弹体或弹体的某一部分发生了毁损，在这种情况下不可能对损坏部分进行修复或更换，弹体丧失了其规定的功能，故称之为失效。失效的概率度量称为失效概率或不可靠度。故障与失效的主要区别在于结构毁损后是否能够进行维修。

结构可靠性设计是一种概率设计方法。结构真实的外载荷（应力）和真实的承载能力(强度或抗力)都是概率意义上的量,即为随机变量、随机场或随机过程,它们服从一定的统计分布规律。以此为出发点进行结构设计,能够与客观实际更好地符合。用这种方法进行结构设计,带来的明显好处是质量的减小、成本的降低及性能的提高。

事实上,即使采用相当大的安全系数进行结构设计,结构的绝对安全可靠也是不可能达到的,这种目标对包括结构在内的工程结构是不合需要的,因为绝对安全可靠只有调用无限多的资源才能达到,因而只是设计者的一种理想,可望而不可即。结构的可靠性设计认为,必须承认结构性能存在不能完成其预定功能的某种风险。结构可靠性设计的主要目标是保证每一结构在设计使用期间内,将完成规定功能出现的风险控制在可以接受的范围之内。

结构可靠性设计能够解决两方面的问题,根据设计计算确定结构的可靠度或可靠指标;根据结构设计任务提出的结构可靠性目标值确定能够实现该目标值的各构件参数。

在结构可靠性的分析计算中,是以分析结构失效的物理原因为出发点的。施于结构上的载荷超出了结构的承受能力,则结构发生失效。基于这种思想所进行的结构可靠性分析方法称为可靠性分析的物理原因法。将施于结构上的载荷称为应力,将结构承受载荷的能力称为强度(抗力)。

在可靠性理论中,赋予了应力和强度比力学中更广的含义。应力定义为对结构功能有影响的各种外界因素;强度定义为结构承受应力的能力。在结构可靠性问题中,定义中的应力对结构功能的影响一般应理解为倾向于使结构趋于破坏的那些影响;而在很多论著中,又将结构承受应力的能力称为抗力。根据应力和强度的不同情况,结构可靠性归结为三种基本模型:

(1) 随机变量模型。应力和强度二者均为服从一定分布的随机变量。

(2) 半随机过程模型。其中应力和强度二者之一为随机过程,另一为随机变量。

(3) 全随机过程模型。其中应力和强度二者均为随机过程。

结构可靠性基本原理:结构的负荷能力、适用性能、耐久性能等统称为结构功能。结构功能通常以极限状态为标志,结构到达它不能完成预定功能之前的一种特殊状态,即一种临界状态,称为结构的极限状态。结构极限状态可用其功能函数予以精确表达。

设 $X_i(i=1,2,\cdots,n)$为描述结构状态的基本变量,则结构功能可用如下功能函数表达:

$$Z = g(X_1, X_2, \cdots, X_n)$$

功能函数的取值严格地把结构区分为三种不同的状态,即可靠状态、极限状态和失效状态:

若 $Z=g(X_1,X_2,\cdots,X_n)>0$,则结构处于可靠状态。

若 $Z=g(X_1,X_2,\cdots,X_n)=0$,则结构处于极限状态。

若 $Z=g(X_1,X_2,\cdots,X_n)<0$，则结构处于失效状态。这样，结构可靠度通常描述结构的基本变量可表述为结构处于可靠状态的概率，简称为可靠概率，其表达式为

$$P_r = P[Z = g(X_1,X_2,\cdots,X_n) > 0]$$

式中，P_r 为结构可靠性；$P(\cdot)$为括号内事件发生的概率。

同理有 $P_f=P[Z=g(X_1,X_2,\cdots,X_n)<0]$，称为结构的失效概率，或称为结构的不可靠度。也有 $P_l=P[Z=g(X_1,X_2,\cdots,X_n)=0]$，称为结构处于极限状态的概率。

在绝大多数情况下，描述结构功能状态的基本变量均为连续型随机变量，因而，描述结构功能的函数也为一连续型随机变量。根据概率论中连续型随机变量取某一确定值的概率为零的已知结论，可知

$$P_l = P[Z = g(X_1,X_2,\cdots,X_n) = 0] = 0$$

故有

$$P_r + P_f = 1$$

因此，虽然将结构功能分成了三种不同的状态，但是在进行结构可靠性的分析计算时，只需考虑结构的可靠和失效两种状态即可，这样，便与基本假设中的二态模型相一致。

由上式可知，结构的失效概率 P_f 同样可以作为度量结构可靠性的数量指标。在结构可靠性问题中，一般均有 $P_r \gg P_f$。为了表达方便，许多实际结构可靠性问题，多用结构的失效概率 P_f 表示。

4.5.2 冗余设计

为提高系统功能而附加一个或一套以上的零件、部件和设备，达到使其中之一发生失效但整个系统并不发生失效的结果，这种系统称为冗余系统，这种设计方法称为冗余设计。

冗余设计是系统或设备获得高可靠性、高安全性和高生存能力的设计方法之一。特别是当零部件质量与可靠性水平比较低、采用一般设计已无法满足设备的可靠性要求时，冗余设计就具有重要的应用价值。

冗余设计可以采用相同单元冗余，也可以采用不同单元的冗余。例如，用 3 个铆钉固定一块平面板，如果有一个铆钉失效，这块板固定就不可靠，为了提高固定的可靠性，采用 6 个铆钉来固定这块板，即使有任何 2 个铆钉失效，这块板的固定仍旧牢靠。这是一个 6 中取 2 的表决冗余，即 4/6(G)系统，这里的铆钉就是冗余单元。另外汽车发动机启动装置可以自动，也可以手动。车上备有摇把，这就是不同单元的冗余。冗余虽能提高系统任务可靠性，但降低了系统基本可靠性。例如，一个系统由 3 个相同单元构成并联系统，设每一个单元可靠性为 0.9，则并联系统的任务可靠性为

$$R(\text{任务}) = 1 - (1 - 0.9)^3 = 0.999$$

而系统基本可靠性按全串联模型，则为

$$R(\text{基本}) = 0.9^3 = 0.729$$

任务可靠性从 0.9 提高到 0.999，但基本可靠性从 0.9 降到 0.729。任务可靠性虽然提高了，但单元从 1 个变为 3 个，成本大大增加了；而基本可靠性降低意味着维修工作量加大了，从而维修费用也增加了。由此可见，是否要采用冗余，采用什么样的冗余，要看获得效益与付出的代价相比是否值得来确定。冗余技术实际上是一种优化技术，它是指在资源条件限制下，如何配置冗余单元使系统可靠性达到最大，或者在一定的系统可靠性指标要求的条件下使耗用的资源最少。

“冗余”就是指系统或设备具有一套以上能完成给定功能的单元，只有当规定的几套单元都发生故障时系统或设备才会丧失功能，这就使系统或设备的任务可靠性得到提高。冗余设计虽然可有效提高设备的可靠性，但是冗余使系统的复杂性、质量和体积增加，使系统的基本可靠性降低。一般工程经验认为只有在采用更好的零部件和采用简化设计、降额设计等都无法满足系统的可靠性要求时，或因改进元器件所需费用比系统或设备采用冗余技术费用更高时，冗余技术才成为可供采用的方法。但是，在决策是否采用冗余技术的基础零部件的速度赶不上系统的发展速度时，采用零部件的冗余设计构成高或超高的可靠性系统，使系统的故障率降低数个量级，也可以获得良好的使用效果。总之，系统是否采用冗余技术，需从可靠性安全性指标要求的高低；基础零部件和系统的可靠性水平；非冗余和方案的技术可行性；研制周期和费用；使用、维护和保障条件；质量、体积和功耗的限制等方面进行权衡分析后确定。

为提高系统的可靠性而采用冗余技术时，需与其他传统工程设计相结合，因为不是各种冗余技术在各类系统上都可以实现，因此应根据需要与可能来确定，可以全面地采用，也可以局部地采用，不过一般在系统中的较低层次单元中采用冗余技术和针对系统中的可靠性关键环节采用冗余技术时对减少系统的复杂性更有效。冗余技术通常分为以下两类。

主动冗余：当结构中的元件、部件或设备发生失效时不需外部元件、部件和设备来完成检测、判断和转换功能。

备用冗余：需要外部元件、部件和设备进行检测、判断并转换到另一个元件、部件和设备上工作，以取代发生失效的元件、部件和设备。

4.5.3 耐环境设计

1. 环境因素

在实际使用中，机械系统在不同环境的影响下，其可靠性是不同的，恶劣的环境使其可靠性明显下降。耐环境设计的主要任务是：研究环境对系统的影响，研究防止或减少环境对系统可靠性影响的各种方法。其一般程序为：①预测机械系统所处的使用环境；②找到影响机械系统的主要环境因素；③根据预测的主要环境因素，研究机械系统的失效机理、模式等；④确定各种设计目标；⑤机械系统的环境试验；⑥试验数据反馈，改善环境设计。

由于设备服务于各行各业，所遇到的环境很多，需要研究的环境包括：

(1) 气候环境。温度、太阳辐射、大气压力、降雨量、湿度、臭氧、盐雾、风、沙尘、霜冻、雾等。

(2) 地形环境。标高、地面等高形、土壤、天然地基、地下水、饱和水、植物、野兽和昆虫、微生物等。

(3) 感应环境。冲击波、振动、加速度、核辐射、电磁辐射、空气污染物质、噪声、热能、变化了的生态等。

环境影响往往不是单一加在一种机械系统上，一个机械系统要遇到多种环境因素。例如，坦克必须在北极和热带使用。设计时不仅应采取防冻措施，还应采取保证在热带进行正常操作的防护措施，单一环境因素影响和各环境因素对设备的影响如表 4-12 和表 4-13 所示。

表 4-12　环境影响

<table>
<tr><th>环境因素</th><th>主要影响</th><th>典型故障(失效)</th></tr>
<tr><td rowspan="7">高温</td><td>热老化</td><td>绝缘失效</td></tr>
<tr><td>氧化</td><td rowspan="3">性能变化</td></tr>
<tr><td>结构变化</td></tr>
<tr><td>化学反应</td></tr>
<tr><td>软化、熔化和升华</td><td>结构损坏</td></tr>
<tr><td>黏性降临、蒸发</td><td>润滑性能降低</td></tr>
<tr><td>物体膨胀</td><td>结构损坏，机械应力增加，运动零件磨损加剧</td></tr>
<tr><td rowspan="4">低温</td><td>黏度增大、固化</td><td>润滑性能减低</td></tr>
<tr><td>结冰</td><td>电气性能或机械性能发生变化</td></tr>
<tr><td>脆化</td><td>机械强度降低，破裂，断裂</td></tr>
<tr><td>物体收缩</td><td>结构损坏，运动零件磨损加剧</td></tr>
<tr><td rowspan="4">相对湿度高</td><td>受潮</td><td>膨胀，包装器材破坏，物体破裂，电气强度降低</td></tr>
<tr><td>化学反应</td><td>机械强度降低</td></tr>
<tr><td>腐蚀</td><td rowspan="2">功能受影响，电气性能下降，绝缘体导电性增大</td></tr>
<tr><td>电蚀</td></tr>
<tr><td rowspan="3">相对湿度低</td><td>干燥</td><td>机械强度降低</td></tr>
<tr><td>脆化</td><td>结构破裂</td></tr>
<tr><td>形成粒状表面</td><td>电气性能变化，容易沾染灰尘</td></tr>
<tr><td rowspan="3">高压</td><td rowspan="3">压缩</td><td>结构破裂</td></tr>
<tr><td>密封破坏</td></tr>
<tr><td>功能受影响</td></tr>
<tr><td rowspan="3">低压</td><td>膨胀</td><td>包装器材破裂，产生爆炸性膨胀</td></tr>
<tr><td>放出气体</td><td>电气性能变化，机械强度降低</td></tr>
<tr><td>空气介电强度降低</td><td>绝缘击穿，形成逆弧，出现电晕或臭氧</td></tr>
<tr><td>太阳辐射</td><td>光化反应和物理化学反应；脆化</td><td>表面变质，电气性能变化
材料褪色，出现臭氧</td></tr>
</table>

续表

环境因素	主要影响	典型故障(失效)
沙和尘	擦伤	磨损加剧
	堵塞	功能受影响,电气性能变化
盐雾	化学反应	磨损加剧,机械强度降低
	腐蚀	电气性能变化,功能受影响
	电蚀	表面变质,结构强度降低,导电性提高
风	受到力的作用	结构破裂,功能受影响,机械强度降低
	材料沉淀	机械影响,堵塞,磨损加剧
	热损失(低速风)	加速低温效应
	热增加(高速风)	加速高温效应
雨	物理应力	结构破坏
	吸水和浸水	质量增加,热耗增加,发生电气故障,结构强度降低
	冲蚀	保护层损坏,结构强度降低,表面变质
	腐蚀	化学反应加剧
风雪	擦伤	磨损加剧
	堵塞	功能受影响
温度骤变	机械应力	结构破坏或强度降低,密封破坏
高速粒子(核辐射)	加热	热老化,氧化
	蜕变和电离	化学性能、物理性能和电气性能发生变化和次级离子
失重	机械应力	与重力有关的功能遭到破坏
	失去对流冷却效应	高温效应加剧
臭氧	化学反应	迅速氧化
	龟裂,破坏	电气性能或机械性能发生变化
	脆化	机械强度降低
	形成粒状表面	功能受影响
	空气介电强度降低	绝缘击穿,形成逆弧
爆炸减压	巨大的机械应力	产生断裂,结构破坏
离解气体	沾染	物理性能和电气性能发生变化
	介电强度降低	绝缘击穿,形成逆弧
加速度	机械应力	结构破坏
振动	机械应力	机械强度降低,功能受影响,磨损加剧
	疲劳	结构破坏
磁场	产生磁化	功能受影响,电气性能变化,感应加热

表 4-13　各种成对的环境影响

高温与湿度 高温会增大潮气的渗透率,会增大潮气的一般影响,使产品变质	**高温与低压** 这两个环境因素是相互依赖的。例如,当压力降低时,材料成分的放气速率加快;而当温度升高时,材料成分的放气速率也加快。因此,每一个因素将增大另一个因素的影响	**高温与盐雾** 高温会增大盐雾对产品腐蚀的速率

续表

高温与太阳辐射 这是一个客观的环境因素组合，会增大对有机材料的影响	**高温与霉菌** 霉菌和微生物的生长，需要比较高的温度，但是，在71℃(160F)以上的温度下，霉菌和微生物就不能生长了	**高温与沙尘** 高温会加快沙粒对产品的磨蚀速度，但是高温能降低沙粒和灰尘的穿透性
高温与冲击和振动 这些环境因素都影响材料的共同性能，所以它们的影响将相互加强，加强的程度决定于构成这个环境组合的每一个因素的量，如果不是在极高的温度下，塑料和聚合物比金属更容易遭受这个环境组合的影响	**高温与加速度** 这个环境组合的影响，同高温与冲击和振动的组合相同	**高温与爆炸气体** 温度对引爆爆炸性气体的影响非常小，然而温度会影响空气与蒸汽之比，而这个比值对引爆爆炸性气体则是一个重要因素
低温与湿度 湿度随着温度的降低而降低。但是，低温会引起潮气凝结；当温度足够低时，潮气就变成霜或冰	**高温与臭氧** 从约150℃(300F)的温度开始，在高温下，将产生臭氧；在温度超过270℃(520F)左右以后，在正常压力下，臭氧就不可能存在	
低温与太阳辐射 低温能减小太阳辐射的影响，太阳辐射也能减小低温的影响	**低温与低压** 这个环境组合能加速通过密封口等漏气或漏液	**低温与盐雾** 低温能降低盐雾的腐蚀速度
	低温与沙尘 低温会增大灰尘侵入的可能性	**低温与霉菌** 低温影响霉菌的生长，在零度以下，霉菌保持在假死状态
低温与冲击和振动 低温会增大冲击与振动的影响，但是这个问题只有在非常低的温度下才有必要予以考虑	**低温与加速度** 低温与加速度这个组合所产生的影响，同低温与冲击和振动的组合相同	**低温与爆炸气体** 温度对引爆爆炸性气体的影响非常小，但温度会影响空气与蒸汽之比，而这个比值对于引爆爆炸性气体则是一个重要因素
低温与臭氧 在较低的温度下，臭氧的影响减小，但其浓度则增大	**湿度与低压** 湿度会加强低压的影响，这种影响与电子设备或电气设备的关系特别密切，但是这个组合的实际影响在很大程度上决定于温度	**湿度与盐雾** 高湿度会减小盐雾的浓度，但这同盐的腐蚀作用无关
湿度与霉菌 湿度有助于霉菌和微生物的生长，但不会增大它们的影响	**湿度与沙尘** 沙尘对水有天然亲和性，湿度与沙尘相结合使产品加速变质	**湿度与太阳辐射** 湿度会增大太阳辐射对有机材料的影响，使材料变质
湿度与振动 湿度与振动相结合，会增大电工材料被击穿的可能性	**湿度与冲击和加速度** 冲击和加速度的周期很短，它们不会受到湿度的影响	**湿度与爆炸气体** 湿度对爆炸气体的引爆没有影响，但高湿度会降低爆炸压力
湿度与臭氧 臭氧与潮气发生反应，形成过氧化氢。过氧化氢会使塑料和弹性材料变质，这种影响大于潮气和臭氧的单独影响之和	**低压与盐雾** 这个组合预计不会出现	**低压与太阳辐射** 这两个因素的组合不会增大二者本身的影响
	低压与霉菌 这两个因素的组合不会增大二者本身的影响	

续表

低压与沙尘 在极大的风暴中，细小的尘粒被卷到高空中这种条件下，才可能出现低压与沙尘的组合	**低压与振动** 这个组合会增大对所有设备的影响，而受影响最大的是电子设备和电气设备	**低压与冲击和加速度** 这三个因素的组合只有在超环境的高空，并与高温相结合，才会产生重大影响
低压与爆炸气体 在低压条件下，容易发生放电，而爆炸性气体是不容易起爆的	**盐雾与霉菌** 这是一个不相容的组合	**盐雾和沙尘** 这个组合的影响，和湿度与沙尘的组合相同
盐雾与振动 这个组合的影响，和湿度与振动的组合相同	**盐雾与冲击或加速度** 这两个组合不会产生额外影响	**盐雾与爆炸气体** 这是一个不相容的组合
盐雾与臭氧 这个组合的影响，和湿度与臭氧的组合相同	**太阳辐射与霉菌** 因为太阳辐射产生热，所以这个组合可能产生的影响，和高温与霉菌的组合相同，此外，未经过滤的太阳辐射中的紫外线具有显著的杀菌作用	**太阳辐射与沙尘** 这个组合有可能会产生高温
太阳辐射与臭氧 这个组合会使材料加速氧化	**霉菌与臭氧** 臭氧能消灭霉菌	**太阳辐射与冲击或加速度** 这两个组合不会产生额外影响
太阳辐射与振动 在振动条件下，太阳辐射会使塑料、弹性材料、油料等高速变质		**沙尘与振动** 振动可能增大沙尘的磨损影响
冲击与振动 这个组合不会产生额外影响	**振动与加速度** 这个组合在超环境的高空同高温与低压相结合，会增加对装备的影响	
太阳辐射与爆炸气体 这个组合不会产生额外影响		

2. 耐低温设计

在温度发生变化时，几乎所有的材料都会出现膨胀或收缩。这种膨胀与收缩引起了零部件之间的配合、密封及内部应力发生变化。由于温度不均匀，零部件的收缩不均匀，这样会引起零部件的局部应力集中。金属结构在加热和冷却循环作用下最终也会由于感生的应力和弯曲引起的疲劳而毁坏。在不同金属连接点之间的热电偶效应所产生的电流会引起电解腐蚀。塑料、天然纤维、皮革以及天然的和人造的橡胶都对温度极值特别敏感。这可以由它们在低温时发脆和在高温时性能退化的现象得到证实。

在高温下保证可靠性的措施将在热设计一节中论述，本节只介绍低温下保证电子设备可靠性的基本措施。

1）防止材料收缩不均

在设计时应考虑：

(1) 谨慎地选用材料；

(2) 在活动零件之间留有合适的间隙；

(3) 采用弹簧拉紧装置和深槽滑轮控制缆索；

(4) 表面采用比重大的材料。

2) 防止润滑剂变稠

(1) 选用由硅、二元脂配成的润滑脂或选用硬脂酸锂加浓的硅一二元脂作为润滑脂；

(2) 只要可能，就不用液体润滑剂。

3) 防止液压系统泄漏

采用低温的密封和填充化合物，如硅橡胶。

4) 防止液压油变稠

采用合适的低温液压油。

5) 防止由于汇集的水冻结而引起结冰损坏

通过下述方法消除水分：

(1) 设置排气孔；

(2) 够的排水装置；

(3) 消除湿气；

(4) 适当的加热；

(5) 密封；

(6) 使空气干燥。

此外，防止材料性能和部件可靠性退化，谨慎选择具有良好低温性能的材料和部件。

3. 防冲击和耐振动设计

在冲击和振动的作用下，电子设备的元器件可能发生失效，其主要失效模式为：电阻、电容、晶体管、集成电路等引线发生断裂、焊点开焊等；继电器受振后，机械装置逐渐地失效；电子管在振动时会产生电极短路、松动，脱落和出现颤噪音；晶体与开关在大振动冲击时要产生相对位移；高频振动可能使功率电阻、电解电容器上绝缘层损坏；无线电引信由于冲击、振动而提前解除保险。为了减少冲击和振动，可以采用以下几种方法。

1) 减振设计

减振设计采用的是隔离技术。在振动源与被振的部件之间装入专用隔离介质，削弱振动源传递到部件的能量。例如，通信设备通过减振架安装到车体上。常用的减振器有金属弹簧减振器、橡胶减振器、蜂窝状纸质减振器，泡沫聚苯乙烯塑料块等。

2) 阻尼设计

该方法是借助于阻尼材料的阻尼性能来消耗外来的振动能量。阻尼技术包括阻尼材料的研究、阻尼结构的处理和正确应用的研究等。一般阻尼元件有弹性阻尼器，如橡胶及弹簧减振器等金属制品。金属减震器固有频率高，常用于载荷大、干扰频率高及有冲击的情况下，优点是能耐受温度和湿度的影响，但在发生共振时振幅很大。

空气阻尼器利用空气出入缝隙的黏滞阻力作用,改变缝隙大小即可调节阻尼,其优点是不受温度变化的影响。油阻尼器利用液体摩擦作用,改变油的黏度即可调节阻尼,其优点是在简单的装置中可获得很大阻尼来降低冲击。电磁阻尼器利用在磁场中运动的金属片中所产生的涡流与磁场之间的电磁力产生阻尼,其优点是可获得完全线性的衰减,调整方便,但阻尼力较小。固体摩擦阻尼是利用固体本身内摩擦或固体之间摩擦获得的阻尼,常用的有橡皮-金属减振器,其优点是结构简单、成本低廉、可在很大范围内获得阻尼,但阻尼值不易精确控制。

3) 去耦技术

去耦技术的目的是防止共振。尽量提高设备的固有振动频率,使设备和元器件的频率不等于激振的频率。例如,对于电阻器和电容器一般通过剪短引线来提高固有频率。

4. 耐湿设计

湿气是一种化合物,几乎在所有的环境中都可能遇到它,它可能是引起产品变质的一切因素中最重要的一个化学因素。湿气并非是纯水,而通常是许多杂质的水溶液。这些杂质会引起许多化学问题。虽然存在着湿气可能引起性能退化,但是缺少湿气也可能引起可靠性问题。例如,许多非金属材料的有用特性就取决于湿气的最佳值。当皮革和纸太干时,它们就变脆,并产生裂纹。同样,随着湿度降低,纤维制品就会加速磨损,纤维变得干脆。由于缺少湿气在环境中就会遇到灰尘,灰尘会使磨损加剧、摩擦加大以及堵塞过滤器。

抵消湿气的方法有:

(1) 采用排水和空气循环的方法消除湿气;

(2) 采用干燥器除潮;

(3) 应用保护层;

(4) 采用圆形边缘,以使保护材料的涂层均匀;

(5) 采用耐腐蚀、防霉和防潮的材料;

(6) 采用气密部件、密封垫和其他密封器件;

(7) 用耐潮蜡、塑料和凡立水浸渍或封装材料;

(8) 把不同的金属分开,把有湿气时会连接在一起或产生反应的材料分开以及把可能损坏保护涂层的部件分开。

5. 防沙尘设计

就沙尘的影响而论,除了降低能见度之外,主要通过以下方式使设备性能退化:

(1) 由于擦伤而加剧磨损;

(2) 由于摩擦而加剧磨损与发热;

(3) 过滤器、小孔和敏感装置被堵塞。

因此,在防沙尘设计中,要特别注意含有运动件的装备。沙尘擦伤光学表面,可能是由于空气中的沙尘所碰伤，与可能是擦洗光学表面时不小心为微粒擦伤。聚集起来的尘埃对潮气有亲和力，二者结合后导致腐蚀或促使霉菌生长。

在比较干燥的地区，如在沙漠中，沙尘微粒很容易扬起来，悬浮在空气中，可能悬浮数小时之久。这样即使没有风，车辆或车上设备在尘埃中行驶的速度也可能使其表面擦伤。火炮在发射时，巨大的反作用力将其周围的土喷起，会影响炮上的电子设备。

为了冷却和防潮，或者为了便于操作，大多数装备都要求空气循环。所以，问题不是许可不许可灰尘进入装备内，而是许可有多少灰尘或多大的尘粒。问题是要把空气中超过规定尺寸的微粒过滤出去。然而过滤器有这样的特性，即对给定的过滤器工作面积来讲，留在过滤器上面的尘粒会越来越小；小尘粒的数量会增多，通过过滤器的空气或其他流体的流量将减小。因此，或者增大过滤器的表面面积，或者是减小通过过滤器的流体流量，或者增大许可的尘粒尺寸。必须在三者之间进行折中。所以，对沙尘的防护措施必须与对其他环境因素的防护措施相结合，综合考虑，如对于准备在沙尘环境中使用的设备，规定用防护层防潮是不实际的，除非选用耐磨蚀的或磨蚀能自动愈合的防护涂料。

4.5.4 耐热设计

1. 低温疲劳

金属在低温下强度提高而塑性降低。在高周疲劳时，温度降低时光滑试样的疲劳强度比在室温下有较大的提高，其倍数见表 4-14，当寿命较低时，低温对缺口试样的 s-n 曲线几乎没有什么影响；而在寿命较长时，缺口试样的疲劳强度一般比室温下的稍高或与之相同。因此，对于高周疲劳，低温时的设计与室温的完全相同，其设计数据也可保守地使用室温下的疲劳设计数据。

对于低周疲劳，由于塑性应变起主导作用，情况与高周疲劳相反，其疲劳性能随温度的降低而降低。

表 4-14 温度对疲劳强度的影响

合金	比值/[低温下的疲劳强度(10^6)/室温下的疲劳强度(10^6)]		
	−40℃	−78℃	−188℃
碳钢	1.2	1.3	2.6
合金钢	1.05	1.1	1.6
不锈钢	1.15	1.2	1.5
铝合金	1.2	1.2	1.7
钛合金	—	1.1	1.4

2. 高温疲劳

机械高温失效主要有蠕变强度和持久强度的失效。现在认为对于承受交变载荷或起停次数较多的高温工作零件，除了应考虑蠕变强度或持久强度以外，还应考虑高温疲劳性能。

金属在高温下通常没有真正的疲劳极限，疲劳强度随循环次数的增加而不断降低。并且，除软钢和铸铁以外，其他金属的疲劳强度都随温度的升高而降低。

许多金属的高温疲劳强度之所以比在常温下降低，主要不是因为这些材料在工作温度下发生软化，而是因为表面受到了大气的氧化或化学侵蚀。在高温疲劳和蠕变中，氧化起着关键作用。在高温下形成的保护性氧化膜，可以提高材料的抗疲劳性能。但是，这种氧化膜可能由于反复滑移而破裂，从而使其破裂萌生寿命大大缩短。裂纹扩展速率也会因高温介质的氧化作用而加速。此外，温度升高引起的材料软化，也使其疲劳强度有所降低。

一些在室温下并不重要的因素，在常温下可能起重要作用。这些因素有：加载速率、载荷波形等。这是由于加载速率越低，在最大拉应力下应保持的时间越长，塑性变形越大。

高温疲劳可以分为低于蠕变温度的高温疲劳和高于蠕变温度的高温疲劳。蠕变温度等于 0.3～0.5Tm（Tm 为以绝对温度计算的金属熔点）。高于室温但低于蠕变温度时，金属的疲劳强度虽然一般比室温有所降低，但降低不大。高于蠕变温度以后，疲劳强度急剧下降，并且往往是蠕变与疲劳共同作用。

低于蠕变温度时的疲劳设计与室温下的相同。

通常所指的高温疲劳，均为高于蠕变温度时的疲劳。这时由于蠕变与疲劳共同作用，其疲劳设计方法与室温下的不同。

对于光滑试样，高温下的平均应力影响可以用下式表示：

$$\left(\frac{\sigma_a}{\sigma_{-1}}\right)^2+\left(\frac{\sigma_m}{\sigma_r}\right)=1$$

式中，σ_r 为蠕变断裂强度；σ_{-1}为疲劳极限。

高温-蠕变条件下的寿命估算方法有：

应力方法（S-N 曲线）、应变法方法（曼森-科芬方程）、通用斜率法、加上蠕变的10%法则、蠕变修正的 10%法则、累积损伤方法和应变范围划分法。

目前用得最多的是累积损伤方法，其中最常用的是线性累积损伤法则，其表达式为

$$\frac{n}{N}+\frac{t_{cp}}{t_r}=1$$

式中，n 为交变载荷的次数；N 为零件在该温度下的破坏循环次数；t_{cp}为零件在高温度下的工作时间；t_r 为蠕变寿命。

t_r 可以用下式求出：

$$\sigma_k=1.75\sigma_b(t_r/A)^m$$

式中，σ_k 为循环中的最高应力；σ_b 为强度极限；A、m 为材料的常数。

t_{cp}可以用下式求出：

$$t_{cp} = kN/\nu$$

式中，k 为系数，可取为 0.6；ν 为加载频率。

线性累计损伤法则已用于高温设备的设计，在许多的情况下能得到满意的结果。但也有人指出，在蠕变-低周疲劳复合条件下实测出的疲劳寿命远低于线性累积损伤法则的估算寿命。与线性累积损伤法则的这种偏离，是蠕变损伤与疲劳损失的交互作用造成的，它们的交互作用产生了一种附加损伤，使其使用寿命大大缩短，为了克服线性累积损伤法则的这种缺点，Lagneborg 提出了以下的非线性累积损失公式：

$$\frac{n}{N} + B\left(\frac{n}{N} \cdot \frac{t_{cp}}{t_r}\right)^{\frac{1}{2}} + \frac{t_{cp}}{t_r} = 1$$

式中，B 为交互作用系数，当 $B=0$ 时相当于线性累积损失法则。

高温下的疲劳裂纹扩展速率可以用如下公式表示：

$$\frac{d_a}{d_N} = [C(f)](\Delta K)^m$$

式中，$C(f)$为频率和温度系数的函数。

习　题　4

4-1　什么是可靠性模型，为什么要建立可靠性模型？

4-2　如果要求系统可靠度为 99%，设每个单元的可靠度为 60%，需要多少单元并联工作才能满足要求？

4-3　某系统由五个单元组成，如题 4-3 图所示，各单元工作是相互独立的。其可靠度分别为：$R_1=0.9918$，$R_2=0.9879$，$R_3=0.9995$，$R_4=0.9796$，$R_5=0.975$，求系统的可靠度。

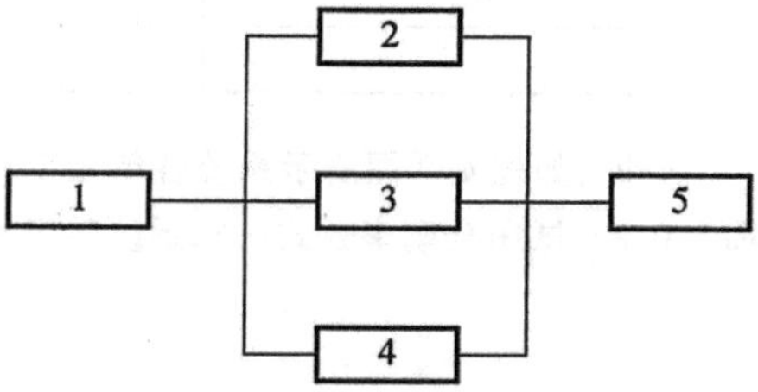

题 4-3 图

4-4　已知题 4-4 图中系统可靠性框图的各单元 $\lambda_{At}=0.025$，$\lambda_{Bt}=0.035$，$\lambda_{Ct}=0.064$，$\lambda_{Dt}=0.050$，$\lambda_{Et}=0.103$，$\lambda_{Ft}=0.044$，$\lambda_{Gt}=0.038$，$\lambda_{Ht}=0.071$，且遵守指数分布，试用上下限法求系统的可靠度。

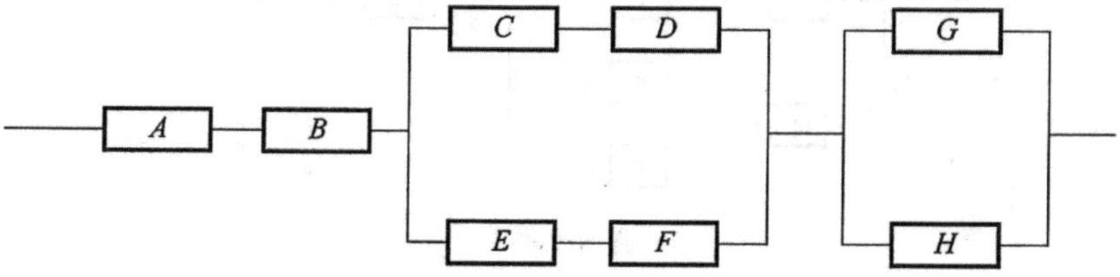

题 4-4 图

4-5　试以某产品为例，绘制工作原理图及其基本可靠性、任务可靠性框图，并说明理由。

4-6 某网络系统如题 4-6 图所示，$R_1=0.96$，$R_2=0.92$，$R_3=0.95$，$R_4=0.8$，$R_5=R_6=0.90$，$R_7=0.85$，求系统可靠度。

4-7 三台设备组成串联系统。采用等分配法，当系统可靠度 $R_S^*=0.9$ 时，各设备的可靠度应如何分配。如果其中一台设备的可靠度 $R_1=0.99$，其余设备的可靠度应是多少？

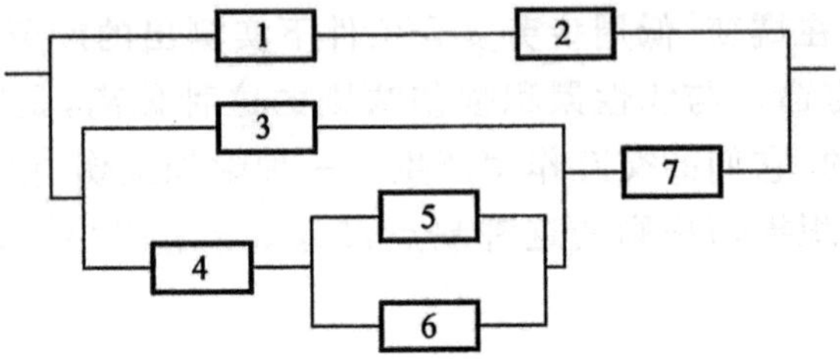

题 4-6 图

4-8 某一液压系统，其故障率 $\lambda_{老}=265\times10^{-6}\,h^{-1}$，各分系统故障率如表所示。现设计一个新的液压系统，其组成与老的系统相似，只是液压泵和滤油器仍使用老产品。要求新液压系统故障率为 $\lambda_{新}=200\times10^{-6}\,h^{-1}$，试将指标分配给各分系统。

题 4-8 表

序　号	分系统名称	$\lambda_{i老}/10^{-6}h^{-1}$
1	油箱	4.0
2	液压泵	70.0
3	电动机	40.0
4	止回阀	30.0
5	安全阀	25.0
6	滤油器	8.0
7	启动器	60.0

4-9 如题 4-9 图所示系统各单元工作相互独立，$R_1=R_2=R_3=0.7$，$R_4=R_5=0.8$，$R_6=R_7=R_8=0.9$。试用全概率公式法求系统的可靠性。

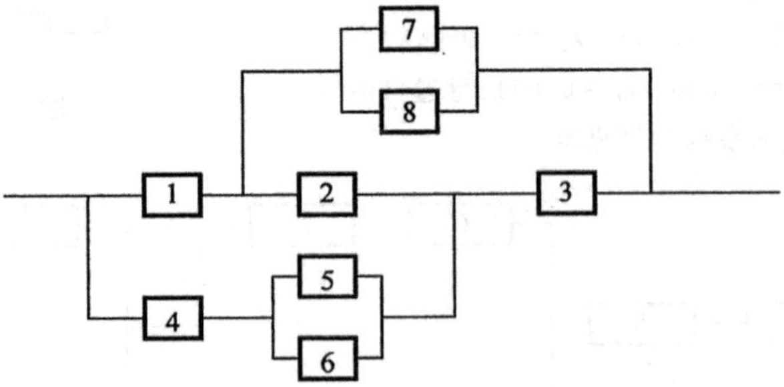

题 4-9 图

4-10 如题 4-10 图所示的系统可靠性模型中 $R_1=R_2=0.9$，$R_3=R_4=0.85$，$R_5=R_6=0.8$，$R_7=0.7$，试计算系统的可靠度。

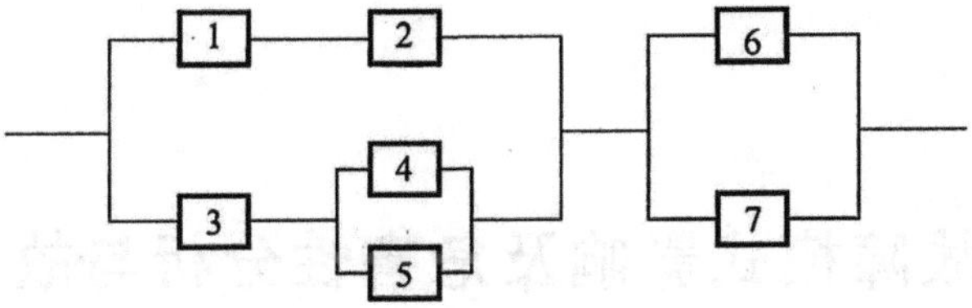

题 4-10 图

4-11 试述进行系统可靠性预计和分配的目的，并简述可靠性预计与可靠性分配的关系。

4-12 已知 5 个单元的可靠度分别为 $R_1=0.95$，$R_2=0.99$，$R_3=0.70$，$R_4=0.75$，$R_5=0.90$，试设计由以上 5 单元组成的组合系统。要求：①各功能单元都必须用到且数量不限；②为了减少系统的质量与成本，单元数应尽可能少；③所设计系统可靠度大于 0.5；④给出几种方案并进行对比。

4-13 设系统由 A、B、C 三个分系统串联组成。已知各分系统可靠度 $R_A=0.9$，$R_B=0.8$，$R_C=0.85$。要求系统可靠度 $R_S^*=0.7$。试对三个分系统进行可靠度再分配。

4-14 一系统有功能上串联的 10 个部件，各部件相互独立且可靠度相同，如果指定此系统的可靠度为 0.9，问所需各部件的最小可靠度为多少？

4-15 一个串联系统由三个单元组成，各单元的预计失效率分别为 $\lambda_1=0.005\text{h}^{-1}$，$\lambda_2=0.003\text{h}^{-1}$，$\lambda_3=0.002\text{h}^{-1}$，要求工作 20h^{-1} 时系统可靠度为 $R_{sd}=0.98$，试分配各单元的可靠度值。

第5章 故障模式影响及危害性分析与故障树分析

5.1 概　　述

5.1.1 故障模式影响及危害性分析

虽然在系统设计和使用阶段对可能引起灾难性后果的故障给予足够的重视，但还是不时发生一些令人痛心的灾难。如苏联的切尔诺贝利核泄漏事故、美国“挑战者号”升空爆炸和印度的波泊化学物质泄漏事故等，都给人们留下抹不去的痛苦记忆。故障模式、影响及危害性分析(failure mode and effect analysis，FMECA)，是通过分析系统中各个零部件的所有可能的故障模式及故障原因以及对系统的影响，并判断这种影响的危害度有多大，从而找出系统中潜在的薄弱环节和关键的零部件，采取必要的措施，以避免不必要的损失和伤亡。

故障模式、影响及危害性分析。如果不做危害性分析，则称为故障模式与影响分析(failure mode and effect analysis，FMEA)。

故障模式、影响及危害性分析是一项重要的可靠性工作，从产品方案设计到工程研制阶段要反复地进行 FMECA 工作，以便能尽早发现问题、及时修正设计。

故障模式、影响及危害性分析还可为维修性、安全性、耐久性、易损性、后勤保障、维修方案分析以及失效检查和分系统设计提供信息。

故障模式、影响及危害性分析作为一种可靠性分析方法起源于美国。早在20世纪50年代初，美国格鲁门飞机公司在制造飞机主操纵系统时就采用了 FMECA 方法，当时只进行了故障模式、影响分析，未进行危害性分析，但取得了良好的效果。到了60年代后期和70年代初期，FMECA 方法开始广泛地应用于航空、航天、舰船、兵器等军用系统的研制中，并逐渐渗透机械、汽车、医疗设备等民用工业领域取得显著效果。国内在80年代初期，随着可靠性技术在工程中的应用，FMECA 的概念和方法也逐渐被接受。目前在航空、航天、兵器、舰船、电子、机械、汽车家用电器等工业领域，FMECA 方法均获得了一定程度的普及，为保证产品的可靠性发挥着重要作用。可以说该方法经过长时间的发展与完善，已经获得了广泛的应用与许可，成为在系统的研制过程中必须完成的一项可靠性分析工作。

5.1.2 故障树分析

故障树分析又称失效树分析，简称 FTA(fault tree analysis)。它是由美国贝尔实验室的 H. A. Watson 首先提出的，1962年用于导弹发射控制系统的可靠性分析取得成功,20 世纪 70 年代利用 FTA 法作定量分析得到迅速发展,成为航天、核能、化工等部门对可靠性、安全性有特别要求的系统不可缺少的分析方法。

在故障树分析中,对于所研究系统的各种故障和失效、不正常情况等均称为故障事件,各种正常状态和完好情况均称为成功事件,又都简称甲事件。故障树分析的目标和关心的结果这一事件称为顶事件,因为它位于故障树的顶端。仅作为导致其他事件发生的原因,也是顶事件发生的根本原因,这一事件称为底事件,因为它位于故障树的底端。而位于顶事件与底事件之间的中间结果事件称为中间事件。

故障树以系统所不希望发生的事件(故障事件)作为分析的目标,先找出导致这一事件(顶事件)发生的所有直接因素和可能原因,接着将这些直接因素和可能原因作为第二级事件,在往下找出造成第二级事件发生的全部直接因素和可能原因,并依次逐级的找下去,直至追查到那些最原始的直接因素。采用相应的符号表示这些事件,再用描述事件间逻辑因果关系的逻辑门符号把顶事件、中间事件与底事件连接成倒立的树状图形。这种倒立树状图成为故障树,用以表示系统特定顶事件与某个子系统或各元件的故障事件及其他有关因素之间的逻辑关系。以故障树作为分析手段对系统的失效进行分析的方法称为故障树分析法。

故障树严格地表示了系统各组成单元的可靠性逻辑关系,易于理解、掌握。概括地说,故障树作为可靠性分析模型有以下优点:

(1) 图文兼备、表达清晰、可读性好、便于交流。

(2) 故障树是工程技术人员故障分析思维流的图解,因而易于掌握。

(3) 逻辑严密。运用多种符号按事件发生的逆顺序进行图形逻辑演绎,逐层次分析因果关系,可包含各种原因事件的可能组合。

(4) 运用灵活。不限于对系统作全面可靠性分析,也可对系统某一特定故障状态进行分析。

(5) 应用广泛。可用于系统的可靠性分析、事故分析、风险评价、人员培训,也可用于社会、经济问题的决策分析。

5.2 故障模式影响及危害性分析

5.2.1 故障模式影响及危害性分析的概念、特点与程序

1. 故障模式影响及危害性分析的基本概念

1) 约定层次

根据 FMECA 的需要,按产品的功能关系或组成特点进行 FMECA 的产品所在的功能层次或结构层次。一般是从复杂到简单依次进行划分。

2) 初始约定层次

要进行 FMECA 总的、完整的产品所在的约定层次中的最高层次。它是 FMECA

最终影响的对象。

3）其他约定层次

相继的约定层次（第二、第三、第四等），这些层次表明了直至较简单的组成部分的有顺序的排列。

4）最低约定层次

约定层次中最底层的产品所在的层次。它决定了 FMECA 工作深入、细致的程度。

5）故障

对可修复的产品来说，产品丧失规定的功能称为故障。对不可修复的产品来说，产品丧失规定的功能称为失效。

6）单点故障

引起产品的故障且没有冗余或替代的工作程序作为补救的故障。

7）故障模式

故障模式是指产品故障的一种表现形式，一般是能被观察到的一种故障现象。例如，轴类零件断裂，轴承碎裂，杆类零件变形，弹簧的折断，活动零件的运动受阻，齿轮齿面点蚀，机械零件的被腐蚀，火工品的受潮变质等。

8）失效机理

失效机理是指引起产品或零部件失效的物理变化、化学变化等内在原因。

9）失效分析

在产品失效后，通过对产品的结构、使用和技术文件的逻辑性、系统性检查，来鉴别失效并确定失效机理及其基本原因。

10）故障影响

故障影响是指该故障模式会造成对安全性、战备完好性、任务成功性以及维修或后勤保障等要求的影响。故障影响一般可分为对自身、对上级及最终影响三个等级。例如，分析飞机液压系统中的一个液压泵，它发生了轻微漏油的故障模式，对自身即对泵本身的影响可能是降低效率，对上级即对液压系统的影响可能是压力有所降低，最终影响指对飞机可能是没有影响。

11）危害性

对产品中每个故障模式发生的概率及其危害程度的综合度量。

12）危害度分析

危害性分析（criticality analysis，CA）的目的是按每一故障模式的严重程度及该故障模式发生的概率所产生的综合影响对系统中的产品划等分类，以便全面评价系统中各种可能出现的产品故障的影响是 FMEA 的补充或扩展，只有在进行 FMEA 的基础上才能进行 CA。

它是指对某种故障模式出现的频率及其所产生的后果的相应量度。

13）检测方法

检测方法是指在每个故障模式发生时的检测手段和方法。

14）预防措施

预防措施是指产品在设计、工艺、操作时应采取的纠正措施。

15）设计改进措施

针对某一故障模式，在设计和工艺上采取的消除/减轻故障影响或降低故障发生概率的改进措施。

16）使用补偿措施

针对某一故障模式，为了预防其发生而采取维修措施，或一旦出现该故障模式后操作人员应采取的最恰当的补救措施。

2. 故障模式影响及危害性分析的主要特点

FMECA 作为故障分析的一种有力手段，在可靠性工作中发挥了巨大的作用。然而，有时在实际工程应用中，由于诸多原因，却有流于形式的倾向。如把 FME(C)A 当作形式上的工作，没有认真分析和没有采取有效纠正措施，设计完成后再补作 FME(C)A；FME(C)A 的分析不深入等。为了完成有效的、高水平的 FMEA 及 FMECA，以下各项是值得注意的。

1）时间性

FMEA、FMECA 应与设计工作结合进行，在可靠性工程师的协助下，由产品设计人员来完成，同时必须与设计工作保持同步。FME(C)A 适用于产品研制的整个过程，并且随产品设计的深入而细化。FME(C)A 的结果应作为进一步设计的参考，在设计中加以改进。FME(C)A 的有效与否很大程度上取决于分析及纠正是否及时，FME(C)A 应在产品研制的评审之前提供有用的信息，否则它就是不及时的和没有作用的。由于费用和进度的限制，要求把可以利用的资源用于它们可以发挥最大经济效益的地方，所以，尽早利用 FME(C)A 的结果具有重要意义，它可以减少对费用和进度的影响。那种设计完成后再补做 FME(C)A 的做法是不可取的。

2）层次性

进行 FME(C)A 时，分析层次取到什么程度合适，应因情况不同而不同。原则上，严酷度和危害度非常低的故障模式是可以略去的。若无其他规定，应按如下原则规定最低约定层次：

(1) 为保证每一个保障性分析对象有完整输入而在保障性分析对象清单中规定最低层次；

(2) 能导致灾难的(Ⅰ类)或致命的(Ⅱ类)故障的产品所在的产品层次；

(3) 规定或预期需要维修的最低产品层次，这些产品可能导致临界的(Ⅲ类)或轻度的(Ⅳ类)故障。

3）灵活性

FME(C)A 分析虽应按照标准化的程序进行，但在某些方面也体现出它的灵活性。

(1) 在 FMEA 分析之前，常将故障模式的发生概率、故障模式的严酷度、故障模式的检测难度等，根据不同产品划分成实用的等级，确定评定标准。评定标准可采用表决法。若没有这一标准，各实施小组在对故障模式作定量评定时，就不能用共同的标准找出重点故障模式。

(2) 故障模式严酷度的等级划分，即使是对同一产品，系统层次的 FMEA 和零件层次的 FMEA 不同，也应采用分别划分评定标准的方法。若从系统的 FMEA 起到零件的 FMEA 止用同一评定标准进行分析，对故障模式的评价就会发生混乱，不同层次上的严酷度也都模糊不清了。

(3) 在与人身事故无关的，一般零件的故障模式严酷度评级中，受到法规限制的故障模式，原则上评定其严酷度为最高等级。

4) 有效性

补偿与改进措施的有效与否是 FME(C)A 是否改善了产品的可靠性水平的关键，为使这些措施合理有效，应注意以下四点：

(1) 补偿与改进措施首先应是设计工艺等方面的，仅用换件、维修等是不能满足要求的。

(2) 在确定是否采取进一步的改进措施时，进行可靠性与经济性的权衡考虑是合理的。

(3) 书写建议改进措施的原则是使上级领导及负责人易于理解，然后决定是否采取这些措施。

(4) 应把 FME(C)A 的结果补充到图纸、技术资料及标准、质量标准等文件中，以全面防止采取改进措施后的故障模式重新出现。

5) 故障模式的完整性

彻底弄清系统各功能级别的全部可能的故障模式是至关重要的，因为整个 FMEA 的工作就是以这些故障模式为基础进行的。这里强调的是全部故障模式，决不要不经分析就想当然地认为某种或某些故障模式不重要，放弃分析，这样做有时会导致严重后果。例如，美国宇航局曾对某长寿命卫星进行了 FMEA 工作，但发射失败了，究其原因，原来是对旋转天线滑动环之间只考虑它们的“开路”故障模式，忽略了“短路”故障模式，而恰恰是这种“短路”故障模式导致这次发射失败。

3. 故障模式影响及危害性分析的基本程序

根据 GJB 1391—1992《故障模式、影响及危害性分析程序》，FMECA 分两个步骤完成，即：①故障模式及影响分析；②危害性分析。应遵循以下程序。

1) FMFCA 计划

FMECA 计划包括为实现本标准规定的要求，并随着设计的更改适时地进行 FMECA，以及利用分析结果为设计提供指南所需的全部工作。在 FMECA 计划中应该确定有关的分析表格、基本规则、分析假设，分析的最低约定层次、编码体系以及故障判据等。

(1) 表格格式。

进行 FMECA 所使用的表格格式如表 5-1、表 5-2 所示。在每一张表格上应注明初始约定层次(产品名称)。每一相继的约定层次的分析应记录在一张单独的分析表或一组分析表上。

(2) 基本规则和分析假设。

基本规则和分析假设应规定进行 FMECA 的方法(如硬件法、功能法或二者的综合分析法)、最低的产品约定层次。在开始进行分析之前,应规定和记录所有的基本规则和分析假设。如果要求有所改变,可对基本规则和分析假设加以补充。补充的基本规则和分析假设应在 FMECA 报告中予以说明并单独标志。

(3) 确定最低约定层次。

若无其他规定,应按如下原则规定最低约定层次:①为保证每一个保障性分析对象有完整输入而在保障性分析对象清单中规定的最低层次;②能导致灾难的(Ⅰ类)或致命的(Ⅱ类)故障(见下文)的产品所在的产品层次;③规定或预期需要维修的最低产品层次,这些产品可能导致临界的(Ⅲ类)或轻度的(Ⅳ类)故障。

(4) 编码体系。

为了给系统功能和设备规定统一的标志和对故障模式起到跟踪作用,应根据产品分解结构、工作单元代码编码体系或其他类似的编码体系,使用一种统一的编码体系。该编码体系应与可靠性及功能方框图中使用的编码体系相一致,以便能确定每一个故障模式及其与系统的关系。

(5) 故障判据。

应根据产品每一规定的性能参数和允许极限确定故障判据,并与定购方给定的故障判据一致。

(6) 计划协调。

FMECA 计划应与根据 GJB 450、GLB 368 和 GJB 900 编制的产品的可靠性大纲、维修性大纲和安全性大纲的要求及其他标准、文件等的要求相协调,以利共享 FMECA 的结果,避免重复工作。

2) 一般分析程序

当系统定义和功能说明不能用于规定的约定层次时,最初的分析应进行到尽可能低的约定层次,以便提供最佳结果。如果系统定义和功能说明是完善的,则应使分析达到规定的约定层次。

(1) 所需主要信息。

① 技术规范和研制方案。技术规范和研制方案通常阐明了各种系统故障的判据,并规定了系统的任务剖面以及对系统使用、可靠性和维修性方面的设计和试验要求。此外,技术规范和研制方案中的详细信息,通常还包括工作原理图和功能方框图,它们表明了系统成功地工作所须执行的全部功能。那些说明系统功能顺序所用的时间方框图和图表有助于确定应力-时间关系及各种故障检测方法和改进措施应

用的可行性。技术规范和研制方案中给出的功能-时间关系，可以用来确定环境条件的应力-时间关系。

② 设计方案论证报告。设计方案论证报告通常说明了对各种设计方案的比较及与之相应的工作限制，它们有助于确定可能的故障模式及其原因。

③ 设计数据和图纸。设计数据和图纸通常确定了执行各种系统功能的每项产品及其结构，通常从系统级开始直至系统的最低一级产品对系统内部和接口功能进行了详细描述。设计数据和图纸一般包括功能方框图或可用来绘制可靠性方框图的简图。

④ 可靠性数据。为了确定可能的故障模式，就需要对那些选择用来执行每一系统内部功能的产品的可靠性数据进行分析。一般说来，最好利用那种在专用设备上并模拟实际使用条件进行的可靠性试验所得到的数据。

(2) 故障模式及影响分析。

应将 FMEA 作为系统功能早期设计阶段工作的一个组成部分，并应适时进行，以便能尽早发现设计缺陷并采取改进措施。同时，随着设计的更改，应反复进行 FMEA。从初始设计到最终设计的每一次设计评审，应该把当时的 FMEA 作为提供评审的主要资料。可以通过 FMEA 来确定那些高风险产品及改进措施。还应将 FMEA 用于确定具体的试验条件、质量检验点、预防维修措施、工作限制、使用寿命，以及降低故障风险所需的其他信息和活动。

FMEA 一般是通过下列步骤实现的：

① 定义被分析的系统。完整的系统定义包括其内部和接口功能、各约定层次的预期性能、系统限制及故障判据的说明。系统的功能说明则包括针对那些与每项任务、每一任务阶段及每一种工作方式相对应的功能的详细描述。所谓详细描述是指对环境剖面、预定的任务时间及产品使用情况，以及每一产品的功能和输出的详尽说明。

② 绘制功能和可靠性方框图。这些方框图应该描绘各功能单元的工作过程、相互影响和相互依赖关系。系统的所有接口设备都应在方框图中得到表示。

③ 确定产品及接口设备所有潜在的故障模式，并确定它们对相关功能或产品的影响，以及对系统和所需完成任务的影响。

④ 按最坏的潜在后果评估每一故障模式，确定其严酷度类别。

⑤ 为每一故障模式确定检测方法和补偿措施。

⑥ 确定为排除故障或控制风险所需的设计更改或其他措施。

⑦ 确定由于采取改进措施或系统其他属性所带来的影响。

⑧ 将分析予以记录，对不能通过设计来改善的问题予以总结，并确定为降低故障风险所需的具体措施。

(3) 严酷度分类。

严酷度类别是给产品故障造成的最坏潜在后果规定一个量度。可以将每一故障模式和每一被分析的产品按下列对损失程度的表述进行分类。当产品或故障模式不能按下列四类表述进行分类时，可按类似的损失程度进行表述，并将其列入FMECA基本规则，以备订购方批准。

Ⅰ类（灾难的）——这是一种会引起人员死亡或系统（如飞机、坦克、导弹及船舶等）毁坏的故障。

Ⅱ类（致命的）——这种故障会引起人员的严重伤害、重大经济损失或导致任务失败的系统严重损坏。

Ⅲ类（临界的）——这种故障会引起人员的轻度伤害、一定的经济损失或导致任务延误或降级的系统轻度损坏。

Ⅳ类（轻度的）——这是一种不足以导致人员伤害、一定的经济损失或系统损坏的故障，但它会导致非计划性维护或修理。

(4) 危害性分析。

危害性分析有定性分析和定量分析两种方法。危害性分析分为填写危害性分析表格和绘制危害性矩阵两个步骤。

3) FMECA报告

应将FMECA和其他有关分析的结果写成报告。报告应明确指出分析的层次，总结出分析的结果，写明分析所使用的数据源及方法，并应包括系统定义说明、所得到的分析数据及表格。FMECA的中间报告应能用于设计评审中对备选设计方案的选择，并应使Ⅰ类和Ⅱ类故障、潜在的单点故障和建议的设计改进措施清晰可见。最终报告则应反映最终设计结果，并应明确指出那些无法通过设计排除的Ⅰ类和Ⅱ类故障模式及单点故障。必要时，可列出不可检测的故障模式的清单。

(1) 总结。

总结中包括根据分析所做的结论和建议，以及对为排除或降低故障风险已经采取或建议采取的措施所做的说明。

(2) 可靠性关键产品清单。

应在报告中列出根据FMECA归纳的可靠性关键产品的清单，包括Ⅰ类和Ⅱ类故障模式清单和单点故障清单。各清单中每项产品的信息应包括下列内容：

① 产品标志；

② 为减少该产品故障出现的设计特点的说明；

③ 为验证上述设计特点所做的试验及计划在产品接收或在使用及维修期间进行的试验的说明，这些试验必定会检测出该故障模式；

④ 计划用于保证产品符合设计要求的检验，以及计划在停机或工作检修期间进行的检验的说明，这些检验会检测出故障模式或故障模式发生的迹象；

⑤ 对有关特定设计或类似设计过程的说明；

⑥ 对操作人员检测故障模式所用方法，以及当可以利用冗余和替换的工作方式时，故障是否能被检测出来的说明；

⑦ 没有消除有关的故障模式的原因。

在单点故障清单中应列出每个单点故障的发生概率等级或危害度。

5.2.2 故障模式及影响分析

1. 故障模式及影响分析的目的

进行 FMEA 的目的是为了分析产品故障对系统工作所产生的后果，并将每一故障按其严酷度分类。

2. 故障模式及影响分析方法

FMEA 的两种基本方法是硬件法和功能法。至于采用哪一种方法，取决于设计的复杂程度和可利用信息的多少。对复杂系统进行分析时，可以考虑综合采用功能法与硬件法。

1）硬件法

这种方法根据产品的功能对每个故障模式进行评价，用表格列出各个产品，并对可能发生的故障模式及其影响进行分析。各产品的故障影响与分系统及系统功能有关。当产品可按设计图纸及其他工程设计资料明确确定时，一般采用硬件法。这种分析方法适用于从零件级开始分析再扩展到系统级，即自下而上进行分析。然而也可以从任一层次开始向任一方向进行分析。采用这种方法进行 FMEA 是较为严格的。

2）功能法

这种方法认为每个产品可以完成若干功能，而功能可以按输出分类。使用这种方法时，将输出一一列出，并对它们的故障模式进行分析。当产品构成不能确定时(如在产品研制时期，各个部件的设计尚未完成，得不到详细的部件清单、产品原理图及产品装配图)，或当产品的复杂程度要求从初始约定层次开始向下分析，即自上而下分析时，一般采用功能法。然而也可以在产品的任一层次开始向任一方向进行。这种方法比硬件法简单，故可能忽略某些故障模式。

3. 严酷度类别的确定

确定每一故障模式和产品的严酷度类别的目的在于为安排改进措施提供依据。最优先考虑的是消除Ⅰ类和Ⅱ类故障模式。当较低约定层次产品失去输入或输出危及较高约定层次产品正常工作时，也应该采取措施，以消除或控制所确认的故障模式。当确认的Ⅰ类和Ⅱ类故障模式不能消除或不能处于受控状态，以致到了订购方不能接受的程度时，则应向订购方提出其他控制措施和建议。

4. 详细分析程序

在分析产品的某一故障影响时，应把该故障看成是系统中唯一的故障。若某一故障是不可检测的，则应进一步分析确定与其相关的其他故障的影响(因为这些故障与这一不可检测的故障一起可能会造成灾难的或致命的故障条件)。在有安全、冗余或备用设备的情况下，假设的故障模式还应包括那些导致需要使用这些安全、冗余或一备用设备的故障状态。应给所有的Ⅰ类和Ⅱ类故障模式确定设计更改或专门的控制措施。应把分析中找到的单点故障在 FMEA 表格中做出明显统一的标志。

1) 定义系统

进行 FMEA 的第一步便是给被分析的系统下定义。系统定义包括就系统的每项任务、每一任务阶段，以及各种工作方式给出其功能描述。对系统作功能描述时，应包括对主要和次要任务项的说明，并针对每一任务阶段和工作方式、预期的任务持续时间和产品使用情况、每一产品的功能和输出，以及故障判据和环境条件等，对系统和零件加以说明。

(1) 任务功能和工作方式。

应包括按照功能对每项任务的说明，该说明确定了应完成的工作及为完成特定功能而工作的功能模式。应说明被分析系统各约定层次的任务功能和工作方式。当不止一种方法用来完成某一特定功能时，应规定替换的工作方式，还应规定需要使用不同设备或设备组合的多种功能，并应以功能-输出清单或说明的形式列出每一约定层次产品的功能和输出。

(2) 环境剖面。

应规定环境剖面，用以描述任一任务和任务阶段所预期的环境条件。如果系统不止在一种环境条件下工作，还应对每种不同的环境剖面加以规定。应采用划分的环境阶段来确定应力-时间关系及故障检测方法和补偿措施的可行性。

(3) 任务时间。

为了确定任务时间，应对系统的功能-时间要求作定量说明，并对在任务的不同阶段中以不同工作方式工作的产品和只有在要求时才执行功能的产品规定功能-时间要求。

(4) 方框图。

为了描述系统各功能单元的工作情况、相互影响及相互依赖关系，以便可以逐层分析故障模式产生的影响，需要建立方框图。这些方框图应标明产品的所有输入及输出，每一方框应有统一的标号，以反映系统功能的分级顺序，方框图包括功能方框图及可靠性方框图。绘制方框图可以与定义系统同时进行，也可以在定义系统完成之后进行。对于替换的工作方式，一般需要一个以上的方框图表示。

① 功能方框图。功能方框图表示系统及系统各功能单元的工作情况和相互关系，以及系统和每个约定层次的功能逻辑顺序(图 5-1)。

② 可靠性方框图。把系统分割成其有独立功能的分系统之后，就可以利用可靠性方框图来研究系统可靠性与各分系统可靠性之间的关系(图 5-2)。

2) FMEA 表格

实施 FMEA 的下一步是填写 FMEA 表格。一种典型的 FMEA 表格如表 5-1 所示。表 5-1 给出 FMEA 的基本内容，可根据分析的需要对其进行增补。

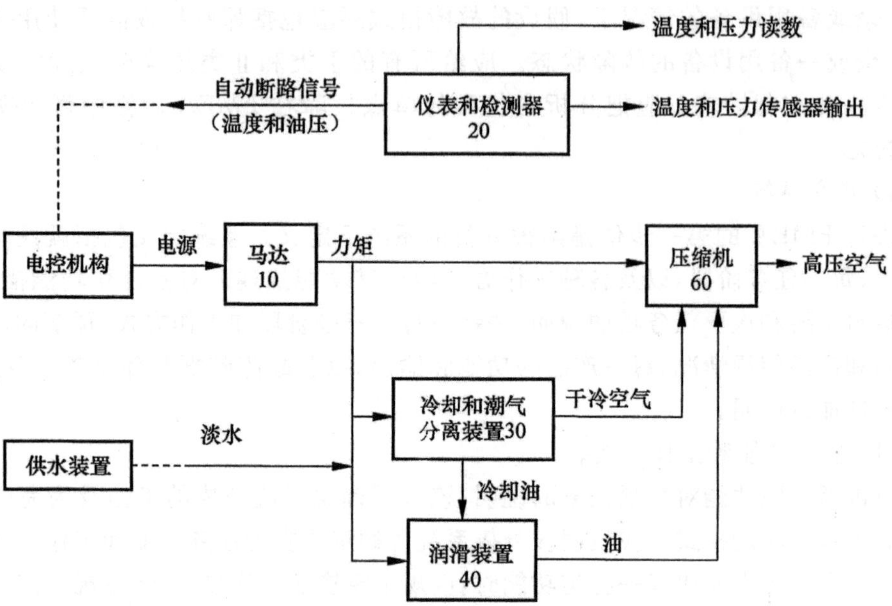

图 5-1　功能方框图示例（高压空气压缩机）

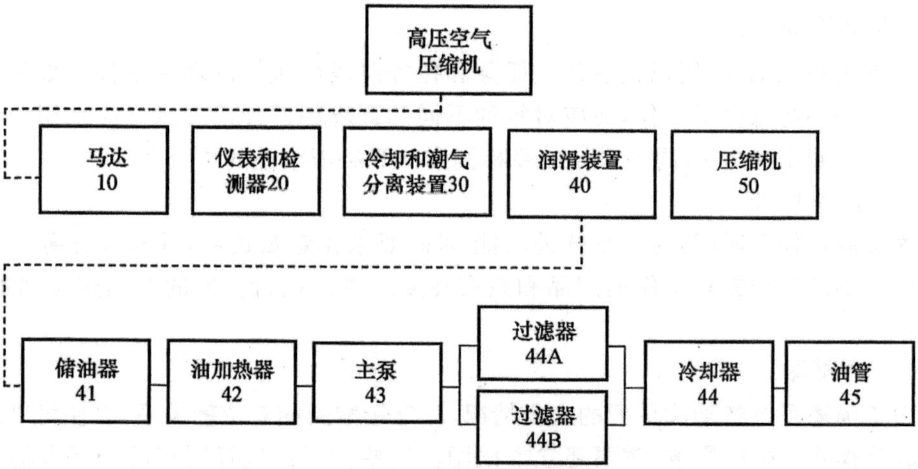

图 5-2　可靠性方框图示例

表 5-1　故障模式及影响分析表

初始约定层次________　　审　核________

约定层次________　　批　准________

任　务________　　页　次________

分析人员________　　日　期________

代码	产品或功能标志	功能	故障模式	故障原因	任务阶段与工作方式	故障影响			故障检测方法	补偿措施	严酷度类别	备注
						局部影响	高一层次影响	最终影响				

(1) 第一栏(代码)。

为了使每一故障模式及其与相应的方框图内标志的系统功能关系一目了然,在FMEA表的第一栏填写被分析产品的代码。

(2) 第二栏(产品或功能标志)。

在分析表中记入被分析产品或系统功能的名称。原理图中的符号或设计图纸的编号可作为产品或功能的标志。

(3) 第三栏(功能)。

简要填写产品所需完成的功能,包括零部件的功能及其与接口设备的相互关系。

(4) 第四栏(故障模式)。

分析人员应确定并说明各产品约定层次中所有可预测的故障模式,并通过分析相应方框图中给定的功能输出来确定潜在的故障模式。应根据系统定义中的功能描述及故障判据中规定的要求,假设出各产品功能的故障模式。为了确保进行全面的分析,至少应就下述典型的故障状态对每一故障模式和输出功能进行分析研究:①提前运行;②在规定的应工作时刻不工作;③间断地工作;④在规定的不应工作时刻工作;⑤工作中输出消失或故障;⑥输出或工作能力下降;⑦在系统特性及工作要求或限制条件方面的其他故障状态。

(5) 第五栏(故障原因)。

确定并说明与假设的故障模式有关的各种原因,包括直接导致故障或引起使品质降低进一步发展为故障的那些物理或化学过程、设计缺陷、零件使用不当或其他过程。还应考虑相邻约定层次的故障原因。例如,在进行第二层次的分析时,应考虑第三层次的故障原因。

(6) 第六栏(任务阶段与工作方式)。

简要说明发生故障的任务阶段与工作方式。当任务阶段可以进一步划分为分阶段时,则应记录更详细的时间,作为故障发生的假设时间。

(7) 第七栏(故障影响)。

故障影响系指每个假设的故障模式对产品使用、功能或状态所导致的后果。应评价这些后果并将其记入分析表中。除被分析的产品层次外,所分析的故障还可能影响到几个约定层次。因此,应该评价每一故障模式对局部的、高一层次的和最终的影响。同时还应考虑任务目标、维修要求、人员及系统的安全。

① 局部影响系指所假设的故障模式对当前所分析约定层次产品的使用、功能或状态的影响。确定局部影响的目的在于为评价补偿措施及提出改进措施建议提供依据。局部影响有可能就是所分析的故障模式本身。

② 高一层次影响系指所假设的故障模式对当前所分析约定层次高一层次产品使用、功能或状态的影响。

③ 最终影响系指所假设的故障模式对最高约定层次产品的使用、功能或状态的总的影响。最终影响可能是双重故障导致的后果。例如,只有在由一个安全装置所控制的主要功能超出了极限值,而且该安全装置也发生了故障的情况下,该安全装置

的故障才会造成灾难的最终影响。这些由双重故障造成的最终影响应该记入FMEA表格中。

(8) 第八栏(故障检测方法)。

操作人员或维修人员用以检测故障模式发生的方法应记入分析表中。故障检测方法应指明是目视检查或者音响报警装置、自动传感装置、传感仪器或其他独特的显示手段,还是无任何检测方法。

(9) 第九栏(补偿措施)。

分析人员应指出并评价那些能够用来消除或减轻故障影响的补偿措施。它们可以是设计上的补偿措施,也可以是操作人员的应急补救措施。

设计补偿措施包括:

① 在发生故障的情况下能继续安全工作的冗余设备;

② 安全或保险装置,如能有效工作或控制系统不致发生损坏的监控及报警装置;

③ 可替换的工作方式,如备用或辅助设备。

应说明为消除或减轻故障影响而需操作人员采取的补救措施。为此,也许有必要对接口设备进行分析,以确定操作人员应采取的最恰当的补救措施。另外,还要考虑操作人员按照异常指示采取的不正确动作而可能造成的后果,并记录其影响。

(10) 第十栏(严酷度类别)。

根据故障影响确定每一故障模式及产品的严酷度类别。

(11) 第十一栏(备注)。

主要记录与其他栏有关的注释及说明,如对改进设计的建议、异常状态的说明及冗余设备的故障影响等。

5.2.3 危害性分析

1. 危害性分析的目的与应用范围

1) 目的

危害性分析的目的是按每一故障模式的严酷度类别及故障模式的发生概率所产生的综合影响对其划等分类,以便全面地评价各种可能出现的故障模式的影响。

2) 应用范围

危害性分析是对FMEA的补充和扩展。如果没进行FMFA,则不能进行危害性分析。

2. 危害性分析方法

危害性分析有定性分析和定量分析两种方法。究竟选择哪种方法,应根据具体情况决定。在不能获得产品技术状态数据或故障率数据的情况一下,应选择定性的分析方法。若可以获得产品的技术状态数据及故障率数据,则应以定量的方法计算并分析危害度。

1）定性分析法

在得不到产品技术状态数据或故障率数据的情况下，可以按故障模式发生的概率来评价 FMEA 中确定的故障模式。此时，将各故障模式的发生概率按一定的规定分成不同的等级。故障模式的发生概率等级按如下规定：

A 级（经常发生）——在产品工作期间内某一故障模式的发生概率大于产品在该期间内总的故障概率的 20%。

B 级（有时发生）——在产品工作期间内某一故障模式的发生概率大于产品在该期间内总的故障概率的 10%，但小于 20%。

C 级（偶然发生）——在产品工作期间内某一故障模式的发生概率大于产品在该期间内总的故障概率的 1%，但小于 10%。

D 级（很少发生）——在产品工作期间内某一故障模式的发生概率大于产品在该期间内总的故障概率的 0.1%，但小于 1%。

E 级（极少发生）——在产品工作期间内某一故障模式的发生概率小于产品在该期间内总的故障概率的 0.1%。

2）定量分析方法

在具备产品的技术状态数据和故障率数据的情况下，应采取定量的方法，以得到更为有效的分析结果。用定量的方法进行危害性分析时，所用的故障率数据源应与进行其他可靠性和维修性分析时所用的故障率数据源相同。

3. 危害性分析程序

危害性分析分为填写危害性分析表格和绘制危害性矩阵两个步骤。

1）危害性分析表格

危害性分析表的示例如表 5-2 所示，表中各栏按如下规定填写。

表 5-2　危害性分析表

初始约定层次________　　审　核________
约定层次________　　批　准________
任　　务________　　页　次________
分析人员________　　日　期________

代码	产品或功能标志	功能	故障模式	故障原因	任务阶段与工作方式	严酷度类别	故障概率或故障数据源	故障率	故障模式频数比	故障影响概率	工作时间	故障模式危害度	产品危害度 $C_r = \sum_{j=1}^{n} C_{mj}$	备注

（1）第一至七栏。

诸栏内容与 FMEA 表格中对应栏的内容相同，故可按 FMEA 表格中对应栏的内容填入危害性分析表的第一至七栏。

(2) 第八栏(故障概率或故障率数据源)。

当进行定性分析时,即以故障模式发生概率来评价故障模式时,应列出故障模式发生概率的等级;如果使用故障率数据来计算危害度,则应列出计算时所使用的故障率数据的来源。当作定性分析时,则不考虑其余各栏内容,可直接绘制危害性矩阵。

(3) 第九栏(故障率 λ_p)。

λ_p 可通过可靠性预计得到。如果是从有关手册或其他参考资料查到的产品的基本故障率(λ_b),则可以根据需要用应用系数(π_A)、环境系数(π_E)、质量系数(π_Q),以及其他系数来修正工作应力的差异,即

$$\lambda_p = \lambda_b(\pi_A \cdot \pi_E \cdot \pi_Q)$$

(4) 第十栏(故障模式频数比 d_j)。

d_j 表示产品将以故障模式 j 发生故障的比例。如果列出某产品所有(N 个)故障模式,则这些故障模式所对应的各 $d_j(j=1,2,\cdots,N)$值的总和将等于 1。

各故障模式频数比可根据故障率原始数据或试验及使用数据推出。如果没有可利用的故障模式数据,则 d_j 值可由分析人员根据产品功能分析判断得到。

(5) 第十一栏(故障影响概率 β_j)。

β_j 是分析人员根据经验判断得到的,它是产品以故障模式 j 发生故障而导致系统任务丧失的条件概率。β_j 的值通常可按表 5-3 的规定进行定量估计。

表 5-3 故障影响概率

故障影响	β_j
实际丧失	$\beta_j=1$
很可能丧失	$0.1<\beta_j<1$
有可能丧失	$0<\beta_j\leqslant 0.1$
无影响	$\beta_j=0$

(6) 第十二栏(工作时间 t)。

工作时间 t 可以从系统定义导出,通常以产品每次任务的工作小时数或工作循环次数表示。

(7) 第十三栏(故障模式危害度 C_{mj})。

C_{mj} 是产品危害度的一部分。对给定的严酷度类别和任务阶段而言,产品的第 j 个故障模式危害度(C_{mj})可由下式计算:

$$C_{mj} = \lambda_p \cdot d_j \cdot \beta_j \cdot t$$

(8) 第十四栏(产品危害度 C_r)。

一个产品的危害度 C_r 系指预计将由该产品的故障模式造成的某一特定类型(以产品故障模式的严酷度类别表示)的产品故障数。就某一特定的严酷度类别和任务阶段而言,产品的危害度 C_r 是该产品在这一严酷度类别下的各故障模式危害度 C_{mj} 的总和。C_r 可按下式计算:

$$C_r = \sum_{j=1}^{n} C_{mj} = \sum_{j=1}^{n} \lambda_p \cdot d_j \cdot \beta_j \cdot t$$

式中，n 为该产品在相应严酷度类别下的故障模式数。

(9) 第十五栏(备注)。

该栏记入与各栏有关的补充与说明、有关改进产品质量与可靠性的建议等。

2) 危害度计算

危害度计算要求使用特定的故障率数据和产品技术状态数据。当技术状态数据是已知的情况下，就可以从下列来源获得故障率数据。例如，适当的可靠性预计，以前的在设计和使用环境方面相似的产品的现场数据或从 GJB 299 中得到。当故障率已知的情况下，产品的危害度是某一特定类型(以严酷度类别表示)的产品故障数。就某一电子产品的危害度计算如下：

产品的基本故障率

$$\lambda_p = 0.1 \times 10^{-6} \text{h}^{-1}$$

查 GJB 299，该产品的故障率模型为

$$\lambda_t = \lambda_p (\pi_E \cdot \pi_R \cdot \pi_Q)$$

式中，π_R 为阻值系数。

$$\pi_E = 5.0, \quad \pi_Q = 0.6, \quad \pi_R = 1.0$$

则

$$\lambda_t = 0.1 \times 10^{-6} \times (5.0 \times 0.6 \times 1.0) = 0.3 \times 10^{-6} \text{h}^{-1}$$

就某一特定任务阶段而言，该产品有两个故障模式属于Ⅱ类严酷度，有一个故障模式属于Ⅲ类严酷度。其故障模式频数比分别为

$d_1 = 0.3$(严酷度为 Ⅱ 类的第一个故障模式)

$d_2 = 0.2$(严酷度为 Ⅱ 类的第二个故障模式)

$d_3 = 0.5$(严酷度为 Ⅲ 类的故障模式)

假设该任务阶段故障影响概率为

$$\beta_1 = \beta_2 = \beta_3 = 1.0, \quad t = 10.0\text{h}$$

求解该任务阶段严酷度为Ⅱ类的 C_{mj} 和 C_r。因为

$$C_r = \sum_{j=1}^{n} C_{mj} = \sum_{j=1}^{n} (10^6 \cdot \lambda_p \cdot \alpha_j \cdot \beta_t \cdot t)$$

式中，10^6 为变换系数，由于故障率是以每百万小时的故障数确定的，公式乘以 10^6，使得 C_r 的单位变换为“每百万小时的故障数”，即 C_r 通常变为大于 1 的数，以便于填入分析表中。这样做是因为危害度的重要性在于为故障模式提供一个相对顺序，而不是提供绝对数值。

$$C_{m1}=10^6\cdot\lambda_p\cdot\alpha_1\cdot\beta_1\cdot t=10^6\times0.3\times10^{-6}\times0.3\times1.0\times10.0=0.9$$

$$C_{m2}=10^6\cdot\lambda_p\cdot\alpha_2\cdot\beta_2\cdot t=10^6\times0.3\times10^{-6}\times0.2\times1.0\times10.0=0.6$$

所以该产品的严酷度为Ⅱ类的危害度

$$C_r=\sum_{j=1}^{n}C_{mj}=0.9+0.6=1.5$$

3）危害度矩阵

根据严酷度类别和故障模式的概率等级综合考虑，危害度分如下四级：

1 级——ⅠA；

2 级——ⅠB、ⅡA；

3 级——ⅠC、ⅡB、ⅢA；

4 级——ⅠD、ⅡC、ⅢB、ⅣA、ⅢE、ⅠE、ⅡD、ⅢC、ⅣB、ⅣD、ⅣE、ⅡE、ⅢD、ⅣC。

其中，ⅠA 的含义是严酷度为Ⅰ类且概率等级为 A 级。其余以此类推。

危害度矩阵是用来确定每一故障模式的危害程度并与其他故障模式相比较，它表示各故障模式的危害度分布，并提供一个用以确定改正措施先后顺序的工具。

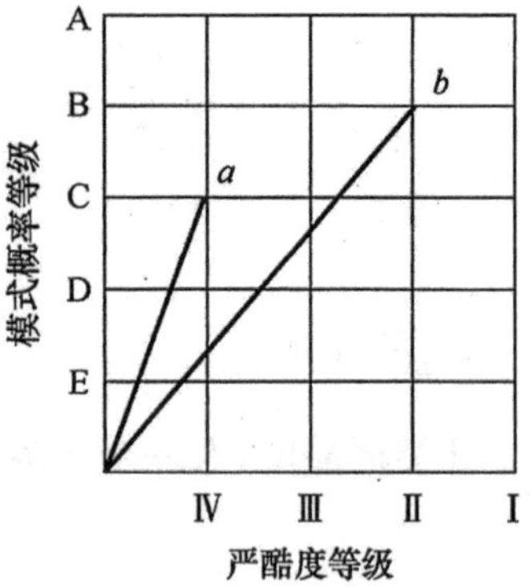

图 5-3　危害度等矩阵

危害度矩阵图的构成方法是以故障模式严酷度等级作为横坐标，以故障模式的概率等级作为纵坐标，并将设备或故障模式标志编码填入矩阵相应的位置，并从该位置点到坐标原点连接直线，其他以此类推。从原点开始沿对角线越是往前记录（即离原点越远）的故障模式其危害度越严重，越急需先采取改正措施。危害度矩阵图如图 5-3 所示。

从图 5-3 中可以看出，以故障模式 a 和故障模式 b 作比较，b 点比 a 点离原点远，则 b 点的危害程度就比 a 点严重。将所有故障模式都在此图上标出，就能分辨出何种故障模式的危害程度最严重，有利于做出相应的改进措施。

绘制好的危害性矩阵图应作为 FMECA 报告的一部分。

5.2.4　故障模式影响及危害性分析的应用

以赛格反坦克导弹上控制分系统中拉线陀螺的 FMECA 工作为例，介绍 FMECA 的应用。

1. 系统定义

1）功能

测量导弹滚转角速位置，形成回输信号，传输给地面控制盒，作为形成控制指令的基准。

2）功能框图

如赛格反坦克导弹上控制分系统中拉线陀螺功能框图如图 5-4 所示。

3）可靠性框图

赛格反坦克导弹上控制分系统中拉线陀螺可靠性框图如图 5-5 所示。

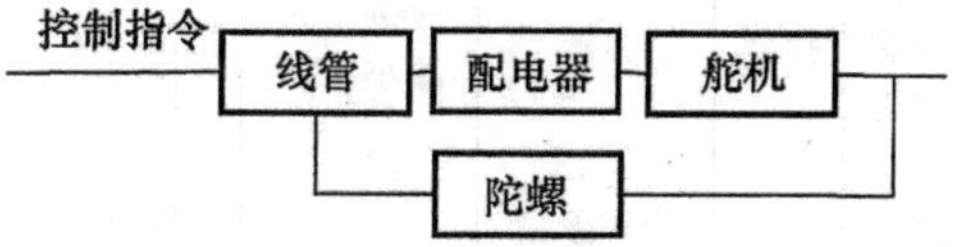

图 5-4　拉线陀螺功能框图

图 5-5　拉线陀螺可靠性框图

2. FMECA 工作单

赛格反坦克导弹上控制分系统中拉线陀螺的 FMECA 工作单如表 5-4 所示。

表 5-4　拉线陀螺 FMECA 表

序号	零件名称	数量	功能	故障模式	故障原因	任务阶段	故障影响			检测方法	预防措施	严酷度等级	概率等级	危害度	备注
							自身	对上一级	最终						
1	陀螺	1	测量导弹滚转角速位置，形成回输信号，传输信号，传输给地面控制盒	回输信号有毛刺，前后有台阶（严重时掉弹）	1. 电刷和集流环接触不良	飞行	输出错误	控制指令紊乱	弹失控	光线记录示波器	控制内环轴摩擦力矩	Ⅰ	C	3	
					2. 陀螺 3 号、4 号电刷不对中	飞行	输出错误	控制指令紊乱	弹失控	兆欧表	工艺改进	Ⅱ	C	4	
2	紧锁驱动装置	1	锁紧和驱动陀螺	1. 过早解锁	拉杆被意外拉出，陀螺处于自由状态	飞行	陀螺失效	无回输信号	掉弹	目测	发射前检查	Ⅰ	D	4	
				2. 不启动转子	铆钉开铆，拉杆被卡住，导弹发射时，没有驱动转子	飞行	陀螺失效	无回输信号	掉弹	目测	发射前检查	Ⅰ	C	3	
3	钢带	1	锁紧和驱动陀螺	1. 钢带不弹回	钢带弹性太差	发射	陀螺不启动	导线割断	掉弹		提高钢带弹性	Ⅰ	B	2	
				2. 钢带拉断	强度低韧性差	飞行	陀螺不启动	无回输信号	掉弹			Ⅰ	C	3	
				3. 钢带拉脱	铆钉开铆	发射	陀螺不启动	无回输信号	掉弹			Ⅰ	B	2	

续表

序号	零件名称	数量	功能	故障模式	故障原因	任务阶段	故障影响			检测方法	预防措施	严酷度等级	概率等级	危害度	备注
							自身	对上一级	最终						
4	外环	1	固定内环轴	外环漂移	1. 内环轴承的摩擦力矩过大	飞行	陀螺失去定轴性	使指令有交连	掉弹	目测	改进工艺减小摩擦	Ⅱ	C	4	
					2. 内环漂移过大	飞行	陀螺内环漂移超差	控制指令紊乱	掉弹	利用示波器测回输信号	改进工艺	Ⅰ	C	3	
5	带弹簧片电刷	4	从集流环上取下导弹转角信号	1. 电刷与集流环接触压力不合适	弹簧片刚度不合适铂铱金丝硬度不均匀	飞行	回输信号波形不完整	控制指令紊乱	掉弹	利用示波器测回输信号	选择合适材料	Ⅰ	C	3	
				2. 与集流环接触不良	电刷触头抛光没有达到技术要求	飞行	影响陀螺内环	控制系统延滞时间变化	掉弹	利用示波器测回输信号	提高电刷铷头光洁度	Ⅰ	C	3	
				3. 安装角不合适	设计,生产过程中没有控制号电刷3相对于集流环片前缘的夹角	飞行	漂移无回输信号	控制系统不工作	掉弹	利用示波器测回输信号	严格控制安装角	Ⅰ	C	3	
				4. 电刷断路	电刷与簧片脱焊	飞行	陀螺内环漂移超差	回输信号不正常	掉弹	测回输信号	生产中加强检验	Ⅰ	C	3	
6	集流环	1	形成导弹转角信号	1. 与电刷接触不良	1. 材料选择不当,长期贮存表面发生锈	飞行	影响陀螺	控制系统延滞时间变化	掉弹	测回输信号	在净化车间生产	Ⅰ	D	4	
				2. 低温结霜	2. 集流环表面光洁度低	飞行	影响陀螺	控制系统延滞时间变化	掉弹	测回输信号	改善贮存环境	Ⅰ	D	4	
				3. 集流环和托盘被击穿	3. 集流环表面不清洁从低温到常温,使集流环表面结了霜电刷在通过霜层时引起跳动	飞行	低温时无影响	低温回波有毛刺	掉弹	测回输信号		Ⅰ	D	3	

续表

序号	零件名称	数量	功能	故障模式	故障原因	任务阶段	故障影响			检测方法	预防措施	严酷度等级	概率等级	危害度	备注
							自身	对上一级	最终						
7	内环	1	固定转子轴	内环漂移	1. 电刷与集流环摩擦力矩过大 2. 电刷压力大 3. 转子轴向有间隙使陀螺中心在导弹飞行时偏离框架几何中心	飞行	内环漂超差，严重时内外环碰框	外环漂移增大	飞行不平稳	测回输信号	改进工艺	Ⅱ	C	4	

3. 画危害度矩阵图

赛格反坦克导弹上控制分系统中拉线陀螺如图 5-6 所示。由矩阵图可以明显地看到，危害度最大的故障模式为钢带割断导线，这将会引起导弹在发射阶段产生掉弹。

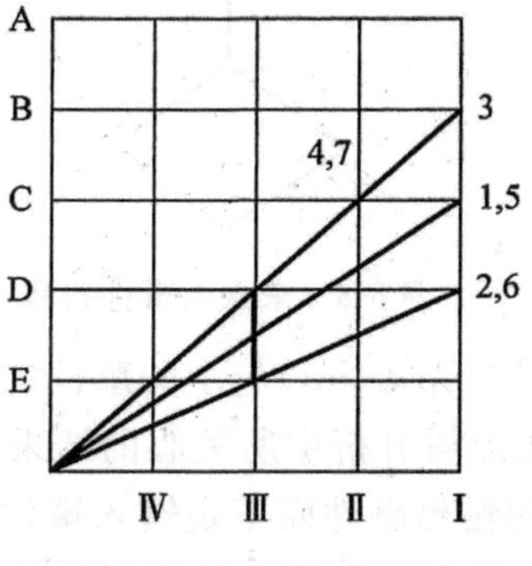

图 5-6 拉线陀螺的危害度矩阵图

5.3 故障树分析

5.3.1 常用符号

根据 GB4888—1985《故障树名词术语和符号》对故障树名词术语和符号的定义如下。

1. 事件及其符号(events and symbols)

在故障树分析中各种故障状态或不正常情况皆称故障事件，各种完好状态或正常情况皆称成功事件，两者均可简称为事件。

1）底事件

底事件(bottom event)是故障树分析中仅导致其他事件的原因事件。它位于故障树的底端，它总是某个逻辑门的输入事件而不是输出事件。底事件又可以分成基本事件(basic event)与未探明事件(undeveloped event)。

(1) 基本事件。基本事件是在特定的故障树分析中无需探明其发生原因的底事件，如基本的零部件失效、人为因素或环境因素等均属基本事件。

基本事件用圆形符号表示，如图 5-7 所示。

为进一步区分故障性质，实线圆表示元件本身故障，虚线圆表示由人为因素引起的故障。

(2) 未探明事件。未探明事件是原则上应进一步探明其原因，但暂时不必或者暂时不能探明其原因的底事件。

未探明事件用菱形符号表示，如图 5-8 所示。

2）结果事件

结果事件(resultant event)是故障树分析中由其他事件或事件组合所导致的事件。结果事件总位于某个逻辑门的输出端。

结果事件用矩形符号表示，如图 5-9 所示。

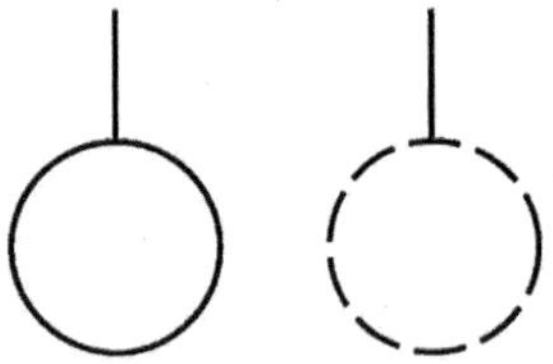

图 5-7　基本事件符号

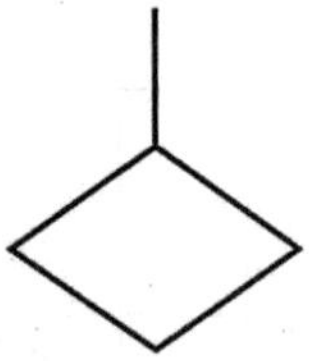

图 5-8　未探明事件符号

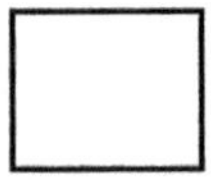

图 5-9　结果事件符号

结果事件又可分为顶事件(top event)与中间事件(intermediate event)。

(1) 顶事件。顶事件是故障树分析中所关心的结果事件，它位于故障树的顶端，它总是所讨论故障树逻辑门的输出事件而不是输入事件。

(2) 中间事件。它是位于底事件和顶事件之间的结果事件。它既是某个逻辑门的输出事件，同时又是别的逻辑门的输入事件。

3）特殊事件

特殊事件(special event)是指在故障树分析中需用特殊符号表明其特殊性或引起注意的事件。特殊事件包括开关事件(switch event)和条件事件(conditional event)。

(1) 开关事件。开关事件是在正常工作条件下必然发生或者必然不发生的特殊事件。

开关事件用房形符号表示，如图 5-10 所示。

(2) 条件事件。条件事件是描述逻辑门起作用的具体限制的特殊事件。

条件事件用椭圆形符号表示，如图 5-11 所示。

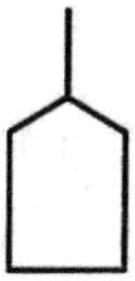

图 5-10　无关事件符号

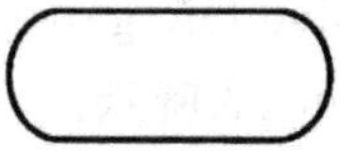

图 5-11　条件事件符号

2. 逻辑门及其符号(logic gates and symbols)

在故障树分析中逻辑门只描述事件间的因果关系。与门(AND gate)、或门(OR gate)和非门(NOT gate)是三个基本门,其他的逻辑门为特殊门。

1) 与门

与门表示仅当所有输入事件发生时,输出事件才发生。与门符号如图 5-12 所示。

2) 或门

或门表示至少一个输入事件发生时,输出事件就发生。或门符号如图 5-13 所示。

3) 非门

非门表示输出事件是输入事件的对立事件。非门符号如图 5-14 所示。

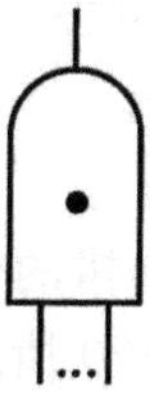

图 5-12　与门符号

图 5-13　或门符号

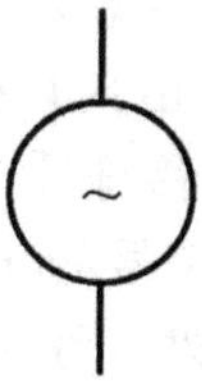

图 5-14　非门符号

4) 特殊门(special gate)

(1) 顺序与门。

顺序与门(sequential AND gate)表示仅当输入事件按规定的顺序发生时,输出事件才发生。顺序与门的符号如图 5-15 所示。

(2) 表决门。

表决门(voting gate)表示仅当 n 个输入事件中有 r 个或 r 个以上的事件发生时,输出事件才发生。表决门的符号如图 5-16 所示。

或门和与门都是表决门的特例。或门是 $r=1$ 的表决门,与门是 $r=n$ 的表决门。

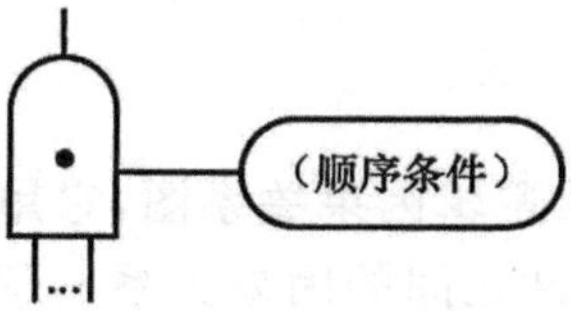

图 5-15　顺序与门称号

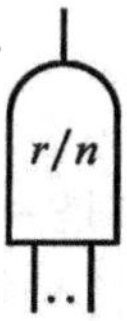

图 5-16　表决门符号

(3) 异或门。

异或门(exclusive OR gate)表示仅当单个输入事件发生时,输出事件才发生。异或门的符号如图 5-17 所示。

(4) 禁门。

禁门(inhibit gate)表示仅当条件事件发生时,输入事件的发生方导致输出事件的发生。禁门的符号如图 5-18 所示。

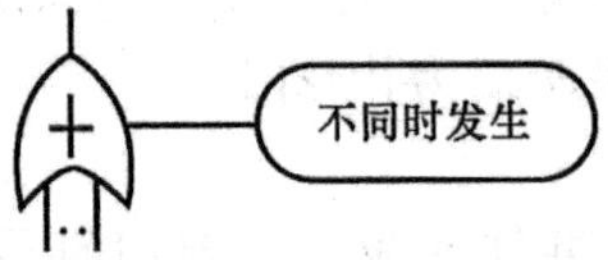

图 5-17　异或门符号

图 5-18　禁门符号

3. 转移符号

转移符号(transfer symbols)是为了避免画图时重复和使图形简明而设置的符号。

1) 相同转移符号

相同转移符号(identical transfer symbol),用以指明子树的位置,说明在这个位置上的子树与另一个子树完全相同。如图 5-19 为一对相同转移符号。图 5-19(a)是相同转向符号,它表示下面转到以字母数字为代号所指的子树去。图 5-19(b)是转此符号,它表示由具有相同字母数字的转向符号处转到这里来。

2) 相似转移符号

相似转移符号(similar transfer symbol),用以指明相似子树的位置。说明在这个位置上的子树与另一个子树相似,但事件标号不同。如图 5-20 所示为一对相似转移符号。图 5-20(a)是相似转向符号,它表示下面转到以字母数字为代号所指结构相似而事件标号不同的子树去,不同的事件标号在三角形旁边注明。图 5-20(b)是相似转此符号,它表示相似转向符号所指子树与此处子树相似但事件标号不同。

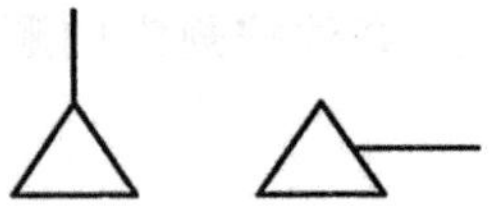

(a)　　(b)

图 5-19　相同转移符号

(a) 转向符号;(b) 转此符号

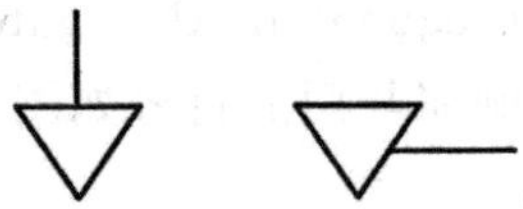

(a)　　(b)

图 5-20　相似转移符号

(a) 相似转向;(b) 相似转此

4. 故障树

故障树(fault tree)是一种特殊的倒立树状逻辑因果关系图,它用规定的事件符号、逻辑门符号和转移符号描述系统中各种事件之间的因果关系。逻辑门的输入事件是输出事件的"因",逻辑门的输出事件是输入事件的"果"。

(1) 二状态故障树(2-state fault tree)。故障树的底事件描述一种状态,而其对立事件也只描述一种状态者,则称为二状态故障树。

(2) 多状态故障树(multistate fault tree)。如果故障树的底事件描述一种状态,而其底事件包含两种或两种以上互不相容的状态,并且在故障树中出现上述两种或两种以上状态事件,则称为多状态故障树。

(3) 规范化故障树(normalized fault tree)。将画好的故障树中各种特殊事件与特殊门进行转换或删减,变成仅含有底事件、结果事件以及"与"、"或"、"非"三种逻辑门的故障树,这种故障树称为规范故障树。

(4) 正规故障树(regular fault tree)。仅含故障事件以及与门、或门的故障树。

(5) 非正规故障树(non-regular fault tree)。含有成功事件或者非门的故障树。

(6) 对偶故障树(dual fault tree)。将二状态故障树中的与门换为或门,或门换为与门,而其余不变,这样得到的故障树称为原故障树的对偶故障树。

(7) 成功树(success tree)。除将二状态故障树中的与门换为或门,或门换为与门外,并将底事件与结果事件换为相应的对立事件,这样所得的树称为相应的成功树。

5.3.2 故障树的建立

1. 故障树建立的一般步骤和方法

故障树的建造是FTA法的关键,故障树建造的完善程度将直接影响定性分析和定量计算结果的准确性。复杂系统的建树工作一般十分庞大繁杂,机理交错多变,所以要求建树者必须全面、仔细,并广泛地掌握设计、使用维护等各方面的经验和知识。建树时最好能有各有关方面的技术人员参与。

建树的方法一般分为两类:

第一类是人工建树,主要应用演绎法进行建树。演绎法建树应从顶事件开始由上而下、循序渐进逐级进行。

第二类是计算机辅助建树,主要应用判定表法和合成法。首先定义系统,其次建立事件之间的相互联系关系,编制程序由计算机辅助进行分析。

人工建树一般可按下列步骤进行。

1) 广泛收集并分析有关技术资料

广泛收集并分析有关技术资料包括熟悉设计说明书、原理图、结构图、运行及维修规程等有关资料,辨明人为因素和软件对系统的影响,辨识系统可能采取的各种状态模式以及它们和各单元状态的对应关系,识别这些模式之间的相互转换。

2) 选择顶事件

人们不希望发生的显著影响系统技术性能、经济性、可靠性和安全性的故障事件可能不止一个,在充分熟悉系统及其资料的基础上,做到既不遗漏又分清主次地将全部重大故障事件一一列举,必要时可应用FMECA,然后再根据分析的目的和故障判据确定出本次分析的顶事件。

3）建树

演绎法的建树方法为将已确定的顶事件写在顶部矩形框内，将引起顶事件的全部必要而又充分的直接原因事件（包括硬件故障、软件故障、环境因素、人为因素等）置于相应原因事件符号中画出第二排，再根据实际系统中它们的逻辑关系用适当的逻辑门连接顶事件和这些直接原因事件。如此，遵循建树规则逐级向下发展，直到所有最低一排原因事件都是底事件为止。这样，就建立了一棵以给定顶事件为“根”，中间事件为“节”，底事件为“叶”的倒置的 n 级故障树。

4）故障树的简化

建树前应根据分析目的，明确定义所分析的系统和其他系统（包括人和环境）的接口，同时给定一些必要的合理假设（如对一些设备故障做出偏安全的保守假设，暂不考虑人为故障等），从而由真实系统图得到一个主要逻辑关系等效和简化系统图，建树的出发点不是真实系统图，而是简化系统图。

2. 故障树建立注意事项

故障树要反映出系统故障的内在联系，同时应能使人一目了然，形象地掌握这种联系并按此进行正确的分析。因此，在建树时应注意以下几点。

1）建树的基本规则

规则Ⅰ：确定顶事件。

人们所关心的系统失效事件可能不止一个，每一个不希望发生的事件都可能成为故障树的顶事件。在熟悉系统的基础上，首先对系统进行 FMECA，将有助于识别这些失效事件，从而正确地确定故障树的顶事件。

规则Ⅱ：预先给定建树的边界条件。

顶事件确定后，还应明确规定所分析的系统的一些边界条件。例如，洗衣机系统中假定不考虑管路及其连接的失效，电子线路中假定不考虑导线和接头的失效等。

规则Ⅲ：失效事件应有明确定义。

为了正确确定失效事件的输入，失效事件必须有明确的定义，应明确指出失效是在什么条件下发生的、是什么失效等。例如，洗衣机波轮不转，波轮转速过低、振动大，开关合不上等。

规则Ⅳ：循序渐进地建树。

建树应一级一级地进行，在对上一级的全部输入事件无遗漏地考虑过之后，再对下一级的输入事件进行考虑，遵循这样的原则可以避免遗漏。

规则Ⅴ：要对失效事件进行分类。

首先应判断失效事件是系统性失效还是单元性失效。若是系统性失效，则其下面所跟的门可以是与门，可以是或门，也可以是禁门，或者是不跟逻辑门而与另一个失效事件直接相连。若是单元性失效，则其下面必定跟一个或门，或门下面是原发性失效、继发性失效或指令性失效，有时这三种失效不一定同时存在，这一点应引起注意。

规则Ⅵ:建树时不允许门与门直接相连。

建树时任何一个逻辑门的输出都必须用一个结果事件清楚地定义,不允许不经结果事件而让门与门直接相连。只有这样才能保证门的输入的正确性,才能保证所建成的故障树各个子树的物理概念清楚。这不仅帮助别人能看懂这棵故障树,而且对建树者本人的备忘也是必要的。

2) 故障树的简化

根据建树规则建立起来的故障树可能比较庞大和繁杂,层次过多或过细的故障树对定性分析和定量计算都是不方便的。因此,在故障树建成之后要对这棵树进行逻辑等效简化。简化故障树应遵循如下规则。

规则Ⅰ:根据逻辑门等效变换规则,把原故障树变换成规范化故障树。

规范化故障树就是只含与门、或门、非门以及结果事件和底事件的故障树。

故障树规范化的主要内容包括:

(1) 将未探明事件当作基本事件或删去;

(2) 将顺序与门变为与门;

(3) 将表决门变为或门和与门的组合;

(4) 将异或门变为或门、与门和非门的组合;

(5) 将禁门变为与门。

规则Ⅱ:去除明显的逻辑多余事件。

也就是说,将那些不经过逻辑门直接相连的一串事件只保留最下面的一个事件。

规则Ⅲ:去除明显的逻辑多余门。

凡相邻两级逻辑门类型相同者均可简化。若与(或)门之下有与(或)门,则下一级的与(或)门及其输出事件均可去除,它们的输入事件直接成为保留与(或)门的输入事件。

规则Ⅳ:善于利用转移符号,使每一棵故障树和子树的层次不致太多,便于读者阅读。

5.3.3 故障树的定性分析

故障树的定性分析的目的在于寻找导致顶事件发生的原因和原因组合,识别导致顶事件发生的所有故障模式,它可以帮助判明潜在的故障,以便改进设计;可以用于指导故障诊断,改进运行和维修方案。在进行故障树分析之前,我们首先明确下面的几个基本概念。

1. 割集与最小割集、路集与最小路集

1) 割集

割集(cut set)是导致正规故障树顶事件发生的若干底事件的集合。

2)最小割集

最小割集(min cut set)是导致正规故障树顶事件发生的数目不可再少的底事件

的集合。它表示引起故障树顶事件发生的一种故障模式。

3)路集

故障树中一些底事件的集合。当这些事件不发生时，顶事件必然不发生。

最小路集：若将路集中所包含的底事件任意去掉一个就不再成为路集了，这样的路集就是最小路集。

最小割集以符号 MCS 表示。

2. 求最小割集的方法

为了对故障树进行定性分析，我们引出了最小割集的概念，但我们通常所遇到的故障树，其结构函数式并不是最小割集表达式。这样的结构函数既不便于定性分析也不便于定量计算。因此，我们需要通过寻找最小割集的办法对结构函数进行变换，从而使原有故障树得到简化，以利于故障树的定性分析和定量计算。

故障树的定性分析就是用下行法或上行法求故障树的所有最小割集。

1) 下行法

下行法的基本原则是：对每一个输出事件，若下面是或门，则将该或门下的每一个输入事件各自排成一行；若下面是与门，则将该与门下的所有输入事件排在同一行。

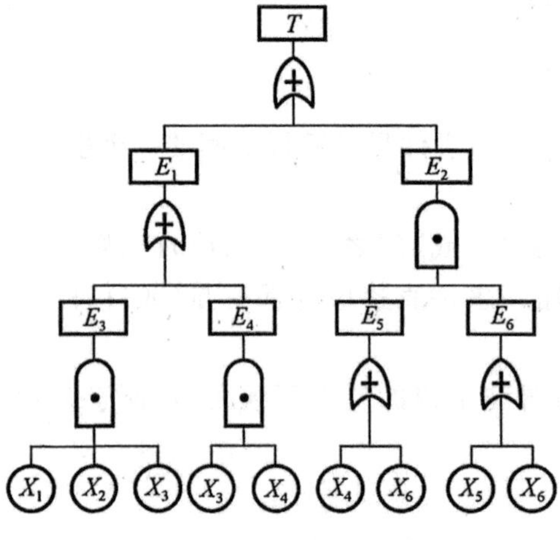

图 5-21　寻找最小割集举例

下行法的步骤是：从顶事件开始，由上向下逐级进行，对每个结果事件重复上述原则，直到所有结果事件均被处理，所得每一行的底事件的集合均为故障树的一个割集。最后按最小割集的定义，对各行的割集通过两两比较，划去那些非最小割集的行，剩下的即为故障树的所有最小割集。

以图 5-21 所示故障树为例，说明下行法求故障树的最小割集的方法和步骤。

对于图 5-21 所给的故障树，下行法步骤如表 5-5 所示。

表 5-5　应用下行法求故障树的所有最小割集的步骤表

0	1	2	3	4	5
T	E_1	E_3	$X_1X_2X_3$	$X_1X_2X_3$	$X_1X_2X_3$
	E_2	E_4	X_3X_4	X_3X_4	X_3X_4
		E_5E_6	X_4E_6	X_4X_5	X_4X_5
			X_6E_6	X_4X_6	X_6
				X_6X_5	
				X_6X_6	

步骤Ⅰ:顶事件 T 下面是或门,将该门下的输入事件 E_1 和 E_2 各自排成一行。

步骤Ⅱ:事件 E_1 下面是或门,将该门下的输入事件 E_3 和 E_4 各自排成一行;事件 E_2 下面是与门,将该门下的输入事件 E_5 和 E_6 排在同一行。

步骤Ⅲ:事件 E_3 下面是与门,将该门下的输入事件 X_1、X_2 和 X_3 排在同一行;事件 E_4 下面是与门,将该门下的输入事件 X_3 和 X_4 排在同一行;事件 E_5 下面是或门,将该门下的输入事件 X_4 和 X_6 各自排成一行,并与事件 E_6 组合成 X_4E_6 和 X_6E_6。

步骤Ⅳ:事件 E_6 下面是或门,将该门下的输入事件 X_5 和 X_6 各自排成一行,并与事件 X_5 组合成 X_4X_5 和 X_4X_6;与事件 X_6 组合成 X_5X_6 和 X_6X_6。

至此,故障树的所有结果事件都已被处理。步骤Ⅳ所得的每行均为一个割集。

步骤Ⅴ:进行两两比较,因为$\{X_6\}$是割集,故$\{X_4,X_6\}$和$\{X_5,X_6\}$不是最小割集,必须划去。最后得该故障树的所有最小割集为:$\{X_6\}$,$\{X_3,X_4\}$,$\{X_4,X_5\}$,$\{X_1,X_2,X_3\}$。

2) 上行法

上行法的基本原则是:对每个结果事件,若下面是或门,则将此结果事件表示为该或门下的各输入事件的布尔和(事件并);若下面是与门,则将此结果事件表示为该与门下的输入事件的布尔积(事件交)。

上行法的步骤是:从底事件开始,由下向上逐级进行。对每个结果事件重复上述原则,直到所有结果事件均被处理。将所得的表达式逐次代入,按布尔运算的规则,将顶事件表示成底事件积之和的最简式,其中每一项对应于故障树的一个最小割集,从而得到故障树的所有最小割集。

我们仍以图 5-21 中故障树为例,说明上行法求故障树的所有最小割集的方法和步骤。

对于图 5-21 所给的故障树,从底事件开始

$$E_3 = X_1X_2X_3,\quad E_4 = X_3X_4,\quad E_5 = X_4 + X_5$$

$$E_6 = X_5 + X_6$$

$$E_1 = E_3 + E_4 = X_1X_2X_3 + X_3X_4$$

$$\begin{aligned} E_2 &= E_5E_6 = (X_4 + X_6)(X_5 + X_6) \\ &= X_4X_5 + X_4X_6 + X_5X_6 + X_6X_6 \\ &= X_4X_5 + X_6 \end{aligned}$$

$$T = E_1 + E_2 = X_6 + X_3X_4 + X_4X_5 + X_1X_2X_3$$

故得故障树的所有最小割集:$\{X_6\}$,$\{X_3,X_4\}$,$\{X_4,X_5\}$,$\{X_1,X_2,X_3\}$。

用上行法所求得的结果与下行法所得结果是一样的。

故障树的所有最小割集求出之后,将原来的结构函数式可以改写成如下“积之和”的形式:

$$\Phi(x) = X_6 + X_3X_4 + X_4X_5 + X_1X_2X_3$$

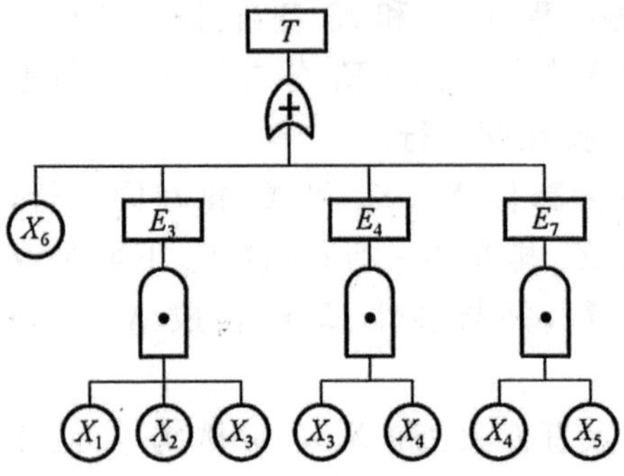

图 5-22　变成"积之和"形式的等效故障树

按此结构函数式可以画出新的故障树，新故障树与原故障树是等效的。

研究最小割集，就可以发现系统的最薄弱环节，集中力量解决这些薄弱环节，以提高系统的可靠性。

变成了"积之和"形式的结构函数，不但有利于定性分析也有利于定量计算。

图 5-21 中原故障树的等效故障树如图 5-22 所示。

5.3.4　故障树的定量计算

1. 计算顶事件发生的概率

故障树的定量计算，主要任务就是要计算系统顶事件发生的概率，即故障树的数学描述。

在研究一个由 N 个底事件构成的故障树，进行故障树定量计算时，首先要确定各底事件的失效模式和它的失效分布参数或失效概率值。其次要做以下两点假设：

(1) 底事件之间相互独立；

(2) 底事件和顶事件都只考虑两种状态，即发生或不发生。也就是说，元部件和系统都是只有正常或失效两种状态。

1) 顶事件的概率表达式

(1) "与门"结构。

与门的结构函数为

$$\Phi(\boldsymbol{X}) = \prod_{i=1}^{n} X_i$$

$$\begin{aligned} F_s(t) &= E[\Phi(\boldsymbol{X})] = E\left[\prod_{i=1}^{n} X_i(t)\right] \\ &= E[X_i(t)]E[X_2(t)]\cdots E[X_n(t)] \\ &= F_1(t)F_2(t)\cdots F_n(t) \end{aligned} \tag{5-1}$$

(2) "或门"结构。

$$\Phi(\boldsymbol{X}) = 1 - \prod_{i=1}^{n}(1 - X_i)$$

$$\begin{aligned} F_s(t) &= E[\Phi(\boldsymbol{X})] = E\left[1 - \prod_{i=1}^{n}(1 - X_i)\right] \\ &= 1 - E[1 - X_1(t)]E[1 - X_2(t)]\cdots E[1 - X_n(t)] \\ &= 1 - [1 - F_1(t)][1 - F_2(t)]\cdots[1 - F_n(t)] \end{aligned} \tag{5-2}$$

(3) 任意结构。

对于任意的一棵故障树，首先要求出该故障树的全部最小割集，其次假设各最小割集中没有重复出现的底事件(最小割集之间是不相交的)，则顶事件表达式为

$$T = \Phi(\boldsymbol{X}) = \bigcup_{j=1}^{r} K_j(t)$$

$$P[K_j(t)] = \prod_{i \in k_i} F_i(t)$$

式中，$P[K_j(t)]$为在时刻 t 第 j 个最小割集存在的概率；$F_i(t)$为在时刻 t 第 j 个最小割集中第 i 个部件失效的概率；r 为最小割集数。则

$$P(T) = F_s(t) = P[\Phi(\boldsymbol{X})] = \sum_{j=1}^{r} \Big(\prod_{i \in k_j} F_i(t) \Big) \tag{5-3}$$

2) 顶事件概率计算

用式(5-2)计算任意一棵故障树顶事件的概率，要求假设在各最小割集中没有重复出现的底事件，也就是要求最小割集之间是完全不相交的。但在大多数情况下底事件可以在几个最小割集中重复出现，也就是说我们经常遇到的情况是最小割集之间是相交的。这样，用式(5-2)计算顶事件概率是不合适的，必须用相容事件的概率公式

$$\begin{aligned} P(T) &= P(K_1 \cup K_2 \cup \cdots \cup K_r) \\ &= \sum_{i=1}^{r} P(K_i) - \sum_{i<j=2}^{r} P(K_i K_j) + \sum_{i<j<k=3}^{r} P(K_i K_j K_k) + \cdots \\ &\quad + (-1)^{r-1} P(K_1 K_2 \cdots K_r) \end{aligned} \tag{5-4}$$

式中，K_i、K_j、K_k 为第 i、j、k 个最小割集；γ 为最小割集数。

由式(5-4)可以看出，它共有$(2r-1)$项，当 r 足够大时，就会产生“组合爆炸”问题，即使是大型计算机也难以胜任。解决的办法就是化相交和为不交和，然后再求顶事件发生的概率。

化相交和为不交和的基本思路是：假定故障树的最小割集 K_i 与 K_j 相交，但 K_i 与 $\overline{K}_i K_j$ 肯定不相交，由文氏图可以清楚地看出

$$K_i \cup K_j = K_i + \overline{K}_i K_j \tag{5-5}$$

式(5-5)的左面是集合并运算，公式的右面是不交和运算。式(5-5)的文氏图如图 5-23 所示。这样，$P(K_i \cup K_j) = P(K_i) + P(\overline{K}_i K_j)$ 把相交和的运算变成不交和的运算。

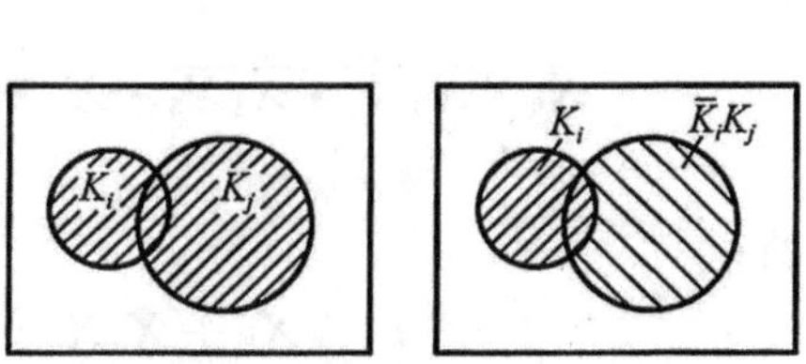

(a)　　(b)

图 5-23　故障事件的集合运算

(a) $K_i \cup K_j$；(b) $K_i + \overline{K}_i K_j$

化相交和为不交和有两种做法。

(1) 直接化法。

式(5-5)是两个最小割集相交的情况，如果是三个或更多的最小割集相交的情况，我们

推出一般的表达式

$$
\begin{aligned}
T &= \bigcup_{i=1}^{r} K_i \\
&= K_1 + \overline{K}_1 (K_2 \cup K_3 \cup \cdots \cup K_r) \\
&= K_1 + \overline{K}_1 K_2 + \overline{\overline{K}_1 K_2} (\overline{K}_1 K_3 \cup \overline{K}_1 K_4 \cup \cdots \cup \overline{K}_1 K_r) \\
&= \cdots
\end{aligned}
\tag{5-6}
$$

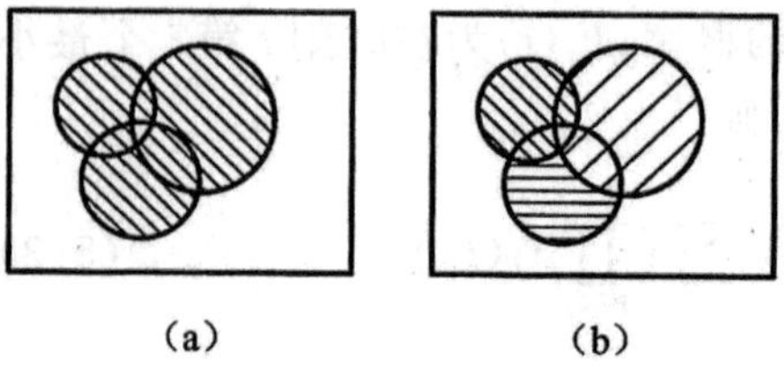

图 5-24　故障事件的相交运算

(a) $K_1 \cup K_2 \cup K_3$；(b) $K_1 + \overline{K}_1 K_2 + \overline{K}_1 \overline{K}_2 K_3$

这样一直化简下去，直到所有项全部成为不交和为止。这种方法对于项数少的情况比较适用，相交和项数较多时，手算起来也是相当繁琐的，仍需借助于计算机。

(2) 递推化法。

由图 5-24 的两个最小割集相交的情况，递推出三个最小割集相交的情况，它们的表达式为

$$K_1 \cup K_2 \cup K_3 = K_1 + \overline{K}_1 K_2 + \overline{K}_1 \overline{K}_2 K_3$$

推广到一般情况

$$T = \bigcup_{i=1}^{r} K_i \tag{5-7}$$

我们以如图 5-21 所示的故障树为例，已知所有底事件相互独立，且给定所有底事件发生的概率为 $q_1 = 0.02$，$q_2 = 0.02$，$q_3 = 0.03$，$q_4 = 0.025$，$q_5 = 0.025$，$q_6 = 0.01$。用不交布尔代数法求顶事件发生的概率。

首先，要求得所有最小割集，将顶事件表示为各底事件积之和的最简布尔表达式

$$T = X_6 + X_3 X_4 + X_4 X_5 + X_1 X_2 X_3$$

其次，将上式化为互不相交的布尔和

$$T = X_6 + \overline{X}_6 X_3 X_4 + \overline{X}_6 \cdot \overline{X_3 X_4} \cdot X_4 X_5 + \overline{X}_6 \cdot \overline{X_3 X_4} \cdot \overline{X_4 X_5} \cdot X_1 X_2 X_3$$

式中

$$
\begin{aligned}
\overline{X}_6 \cdot \overline{X_3 X_4} \cdot X_4 \cdot X_5 &= \overline{X}_6 (\overline{X}_3 + \overline{X}_4) X_4 X_5 \\
&= \overline{X}_6 \overline{X}_3 X_4 X_5 \\
\overline{X}_6 \cdot \overline{X_3 X_4} \cdot \overline{X_4 X_5} \cdot X_1 X_2 X_3 &= \overline{X}_6 (\overline{X}_3 + \overline{X}_4)(\overline{X}_4 + \overline{X}_5) X_1 X_2 X_3 \\
&= \overline{X}_6 \overline{X}_4 X_1 X_2 X_3
\end{aligned}
$$

所以

$$T = X_6 + X_3 X_4 \overline{X}_6 + X_4 X_5 \overline{X}_3 \overline{X}_6 + X_1 X_2 X_3 \overline{X}_4 \overline{X}_6$$

然后将已经不交化的表达式两端求概率，得顶事件发生的概率

$$
\begin{aligned}
P(T) &= P(X_6) + P(X_3 X_4 \overline{X}_6) + P(X_4 X_5 \overline{X}_3 \overline{X}_6) + P(X_1 X_2 X_3 \overline{X}_4 \overline{X}_6) \\
&= q_6 + q_3 q_4 (1 - q_6) + q_4 q_5 (1 - q_3)(1 - q_6) + q_1 q_2 q_3 (1 - q_4)(1 - q_6)
\end{aligned}
$$

将上面给定的数据代入，得

$$P(T) = 0.011354$$

上面讨论的故障树顶事件发生概率的计算，对于简单的故障树来说，计算量不是很大，但对于较复杂的故障树或故障树的最小割集比较多时，就会发生"组合爆炸"问题，既使用直接化法或递推化法将相交和化为不交和，整个计算量也是惊人的。

在工程上，精确计算故障树顶事件概率是不必要的，这是因为：①统计得到的底事件数据往往是不准确的，因此用不准确的底事件数据去精确计算顶事件的概率就没有实际意义了；②在一般情况下，人们把产品的可靠度设计得都比较高，对于零部件的失效概率往往都比较低。例如，某机械系统失效概率不大于万分之一，产品的故障树底事件概率一般都小于千分之一。在这样的情况下，计算式(5-4)起主要作用的是在首项。因此，我们一般采用首项近似法。

首项近似计算公式为

$$P(T) \approx \sum_{i=1}^{r} P(K_i) \tag{5-8}$$

2. 底事件的重要度分析

实践证明，系统中各元部件并不是同等重要的，一般认为一个元部件或最小割集对顶事件发生所作的贡献称为重要度，它是系统结构、零部件的失效分布及时间的函数。

按照底事件或最小割集对顶事件发生的重要性来排队，对改进系统设计是十分有用的。由于设计的对象不同、要求不同，因此重要度也有不同的含义，一般常用的有底事件的概率重要度、底事件的相对概率重要度和底事件的结构重要度三种。

1) 底事件的概率重要度($I_P(i)$)

底事件的概率重要度以符号 $I_P(i)$表示，它表示第 i 个底事件的概率重要度，并定义为

$$I_P(i) = \frac{\partial}{\partial q_i} Q(q_1, q_2, \cdots, q_n), \quad i = 1, 2, \cdots, n \tag{5-9}$$

式中，$Q(q_1, q_2, \cdots, q_n)$为顶事件发生的概率，在底事件相互独立的条件下，它是各底事件发生概率 $q_1, q_2, \cdots, q_n$的一个函数。

第 i 个底事件的概率重要度表示：当第 i 个底事件发生概率的微小变化而导致顶事件发生概率的变化率。

以如图 5-21 所示的故障树为例，我们已经求得

$$Q(q_1, q_2, \cdots, q_n) = q_6 + q_3 q_4 (1 - q_6) + q_4 q_5 (1 - q_3)(1 - q_6) + q_1 q_2 q_3 (1 - q_4)(1 - q_6)$$

将上式代入式(5-9)得

$$I_P(1) = q_2 q_3 (1 - q_4)(1 - q_6)$$

$$I_P(2) = q_1 q_3 (1-q_4)(1-q_6)$$

$$I_P(3) = q_4(1-q_6) - q_4 q_5 (1-q_6) + q_1 q_2 (1-q_4)(1-q_6)$$

$$I_P(4) = q_3(1-q_6) + q_5(1-q_3)(1-q_6) - q_1 q_2 q_3 (1-q_6)$$

$$I_P(5) = q_4(1-q_3)(1-q_6)$$

$$I_P(6) = 1 - q_3 q_4 - q_4 q_5 (1-q_3) - q_1 q_2 q_3 (1-q_4)$$

将给定的各底事件数据代入上式作数值计算

$$I_P(1) = 0.0005791$$

$$I_P(2) = 0.0005791$$

$$I_P(3) = 0.02452$$

$$I_P(4) = 0.05370$$

$$I_P(5) = 0.02401$$

$$I_P(6) = 0.9986$$

从上面的计算结果可以看出，底事件 X_6 的概率重要度最大。

2) 底事件的相对概率重要度($I_C(i)$)

底事件的相对概率重要度以符号($I_C(i)$)表示，它表示第 i 个底事件的相对概率重要度，并定义为

$$I_C(i) = \frac{q_i}{Q(q_1, q_2, \cdots, q_n)} \cdot \frac{\partial}{\partial q_i} Q(q_1, q_2, \cdots, q_n) \tag{5-10}$$

第 i 个底事件的相对概率重要度表示，当第 i 个底事件发生概率微小的相对变化而导致顶事件发生概率的相对变化率。

我们仍以上面给定的故障树及底事件数据为例，代入式(5-10)求得

$$I_C(1) = 0.001020$$

$$I_C(2) = 0.001020$$

$$I_C(3) = 0.06478$$

$$I_C(4) = 0.1182$$

$$I_C(5) = 0.05286$$

$$I_C(6) = 0.8795$$

3) 底事件的结构重要度 $I_\Phi(i)$

底事件的结构重要度以符号 $I_\Phi(i)$表示，它表示第 i 个底事件的结构重要度，并定义为

$$I_\Phi(i) = \frac{1}{2^{n-1}} \sum_{(X_1, \cdots, X_{i-1}, X_{i+1}, \cdots, X_n)} [\Phi(X_1, \cdots, X_{i-1}, 1, X_{i+1}, \cdots, X_n) - \Phi(X_1, \cdots, X_{i-1}, 0, X_{i+1}, \cdots, X_n)] \tag{5-11}$$

式中，Φ 为故障树的结构函数；$\sum\limits_{(X_1, \cdots, X_{i-1}, X_{i+1}, \cdots, X_n)}$ 是对 $X_1, X_2, \cdots, X_{i-1}, X_{i+1}, \cdots, X_n$ 分

别取 0 或 1 的所有可能求和。

底事件的结构重要度从故障树结构角度反映了各底事件在故障树中的重要程度。它与底事件发生概率的大小无关,完全由故障树的结构所决定,仅取决于第 i 个底事件在系统故障树结构中所处的位置。理论上已经证明,当所有底事件发生的概率都取 0.5 时,底事件的概率重要度等于底事件的结构重要度。

我们仍以前面给定的故障树为例,在底事件的概率重要度表达式中,用 $q_i=0.5$,$i=1,2,\cdots,6$,代入并作数值计算,得

$$I_\Phi(1)=\frac{1}{16}$$

$$I_\Phi(2)=\frac{1}{16}$$

$$I_\Phi(3)=\frac{3}{16}$$

$$I_\Phi(4)=\frac{5}{16}$$

$$I_\Phi(5)=\frac{1}{8}$$

$$I_\Phi(6)=\frac{9}{16}$$

5.3.5 机械系统故障树分析实例

1. 供水系统故障树建立

故障树是表示事件因果关系的树状逻辑图。故障树分析(FTA)就是以故障树(FT)为模型对系统进行可靠性分析的方法。图 5-25 是一个供水系统,E 为水箱,F 为阀门,L_1 和 L_2 为水泵,S_1 和 S_2 为支路阀门。此系统的规定功能是向 B 侧供水,因此,“B 侧无水”是一个不希望发生的事件,即系统的故障状态。为了找到导致此事件发生的基本原因,可以设想此事件发生,再通过逻辑分析追其原因。

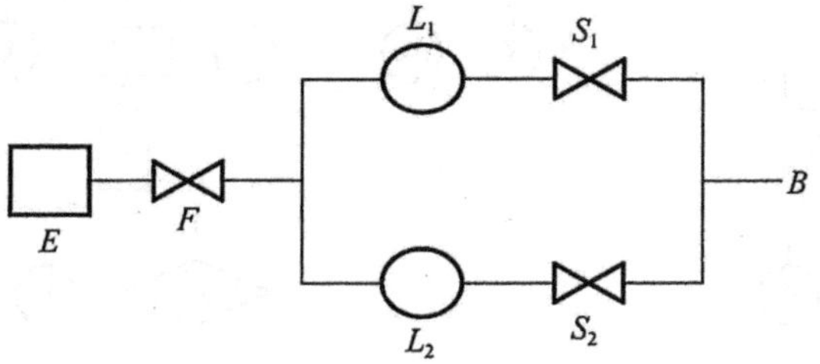

图 5-25　供水系统

由图 5-25 知,B 侧无水的原因有三:水箱 E 无水、阀门 F 关闭或泵系统故障。泵系统故障原因是Ⅰ支路与Ⅱ支路同时故障;Ⅰ支路故障原因有二:或泵 L_1 故障,或

阀门 S_1 故障；Ⅱ支路故障原因有二：或泵 L_2 故障，或阀门 S_2 故障。若将这一分析过程表示成图形，则画成分支状图，这就是一种树状逻辑图。如果用规定的符号代替图中表示逻辑关系的文字“与”、“或”，并将描述事件的文字写在规定的符号内，则所得到的图即是故障树，见图 5-26。

2. 家用洗衣机故障树建立

解 (1) 系统情况。这里主要分析洗衣机主系统，主要由电动机、传动系统、波轮等组成。

(2) 确定边界条件。这里假定“管路及其连接”、“导线和接头”及电源均可靠。

(3) 确定顶事件。主系统不希望发生的故障有：波轮不转、波轮转速过低、振动过大等。其中最严重的故障事件是波轮不转。

(4) 构造故障树。按照功能流程对顶事件逐级向下分解其故障模式及其逻辑关系，得到如图 5-27 所示的故障树。

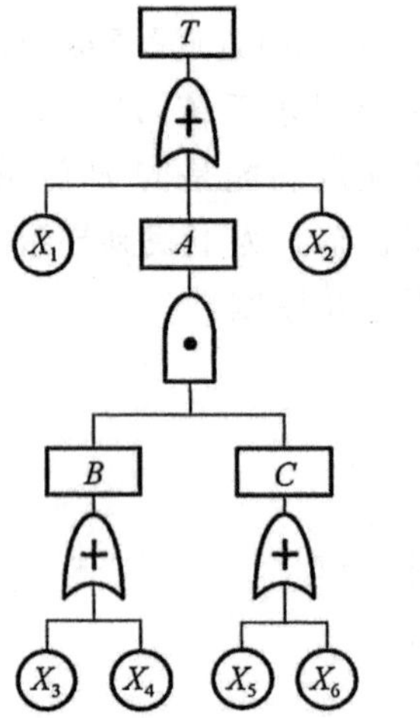

图 5-26　*B* 侧无水故障

T-*B* 侧无水；*A*-泵系统故障；*B*-Ⅰ支路故障；*C*-Ⅱ支路故障；X_1-*E* 故障；X_2-*F* 故障；X_3-L_1 故障；X_4-S_1 故障；X_5-L_2 故障；X_6-S_2 故障

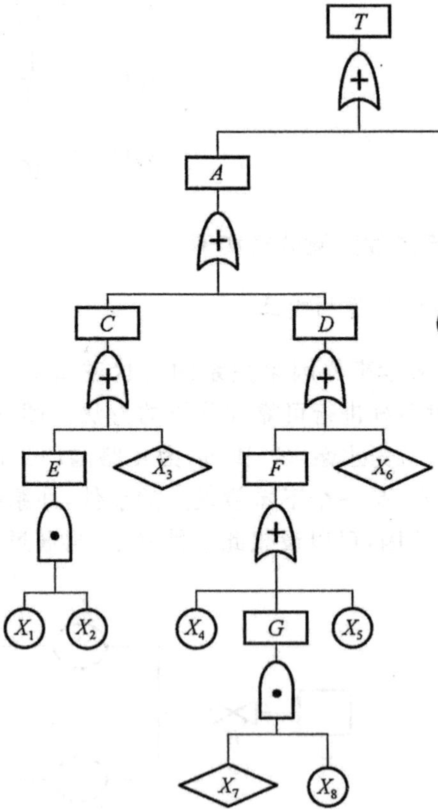

图 5-27　家用洗衣机故障树

T-洗衣机波轮不转；X_1-桶底有异物；X_2-未及时清理；X_3-抱轴；X_4-电容故障；X_5-定时器故障；X_6-传统系统故障；X_7-电流过大；X_8-保险管失效；X_9-紧固件失效；X_{10}-波盘裂开；*A*-轴不转；*B*-波盘松脱；*C*-主轴阻力过大；*D*-主轴无转矩输入；*E*-异物卡住；*F*-电机不转；*G*-电机烧坏

3. 剪草机用内燃机的故障树分析

解 （1）系统说明。场地剪草机用发动机是风冷双缸小型内燃机，使用汽油——机油混合燃料，最大功率 3kW。油箱在汽缸上方以重力式给油，无燃料泵。起动可以用蓄电池供电的电动机，也可以用拉索起动。

（2）确定顶事件。以“内燃机不能起动”作为失效树的顶事件。

（3）自上而下地建树。首先分析不能起动的首要直接原因是燃烧室内无燃料；活塞在汽缸内形成的压力低于规定值；燃烧室内无点火火花。以“或”门与顶事件连接，即形成失效树的第一级。再分别对这三个中间事件的发生原因进行跟踪分析，最后形成如图 5-28 所示的故障树。

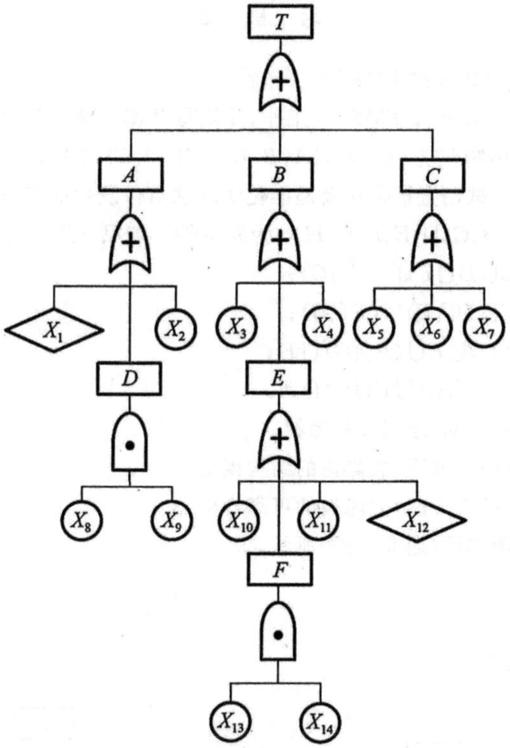

图 5-28　剪草机用内燃机的失效树分析

T-内燃机不能起动；A-燃料不足；B-压缩不足；C-无火花；D-油箱内无油；E-活塞不能移动；F-转动能量不足；X_1-汽化器故障；X_2-油管堵塞；X_3-密封漏气；X_4-活塞环故障；X_5-火花塞故障；X_6-磁电机故障；X_7-线路故障；X_8-上次用完；X_9-未检查油箱；X_{10}-活塞楔住；X_{11}-活塞杆断裂；X_{12}-轴承咬合；X_{13}-电池用完；X_{14}-拉索断裂

（4）定量分析。

其中，$P(X_1)=0.08$，$P(X_2)=0.01$，$P(X_3)=0.001$，$P(X_4)=0.001$，$P(X_5)=0.02$，$P(X_6)=0.01$，$P(X_7)=0.01$，$P(X_8)=0.08$，$P(X_9)=0.02$，$P(X_{10})=0.001$，$P(X_{11})=0.08$，$P(X_{12})=0.001$，$P(X_{13})=0.04$，$P(X_{14})=0.03$。

于是

$P(D) = P(X_8) \times P(X_9) = 0.0016$

$P(F) = P(X_{13}) \times P(X_{14}) = 0.0012$

$P(A) = 1 - \prod_{i=1}^{N} [1 - P(X_i)] = 1 - [1 - P(D)][1 - P(X_1)][1 - P(X_2)] = 0.03135$

$P(E) = 1 - [1 - P(X_{10})][1 - P(F)][1 - P(X_{11})][1 - P(X_{12})] = 0.004193$

$P(B) = 1 - [1 - P(X_3)][1 - P(E)][1 - P(X_4)] = 0.006184$

$P(C) = 1 - [1 - P(X_5)][1 - P(X_6)][1 - P(X_7)] = 0.03950$

所以,顶事件发生的概率为

$$P(T) = 1 - [1 - P(A)][1 - P(B)][1 - P(C)] = 0.07536$$

习 题 5

5-1 为什么要进行 FMEA 或 FMECA 工作?

5-2 试用事例进行 FMEA 及 FMECA 工作,并填写 FMEA 和 FMECA 表格。

5-3 某故障树的最小割集为$\{E,D\}$,$\{A,B,E\}$,$\{B,D,C\}$,$\{A,B,C\}$。已知 $R_A=R_C=0.8$,$R_D=R_E=0.7$,$R_B=0.64$。试用直接化法及递推化法求顶事件发生的概率。

5-4 T 为顶事件,A、B、C、D、E、F、G、H 均为底事件。按照下列逻辑关系建造故障树:

(1) $T=(A\cup B)\cap(C\cup D\cup E)\cap(F\cup G)$;

(2) $T=(A\cap B)\cup(C\cap D\cap E)\cup(F\cap G)$;

(3) $T=(A\cup B\cup C)\cap D\cup E\cup(F\cap G)\cup H$;

(4) $T=A\cup(B\cup C\cup D)\cap(E\cup F\cup G)\cap H$。

5-5 试用你最熟悉的产品,绘制其故障树。

5-6 写出如图所示(题 5-6 图)故障树的结构函数。

5-7 画出如图所示(题 5-6 图)故障树的可靠性框图。

5-8 系统可靠性框图如图(题 5-8 图)所示,求:

(1) 画出相应的故障树;

(2) 写出结构函数;

(3) 求出所有最小割集。

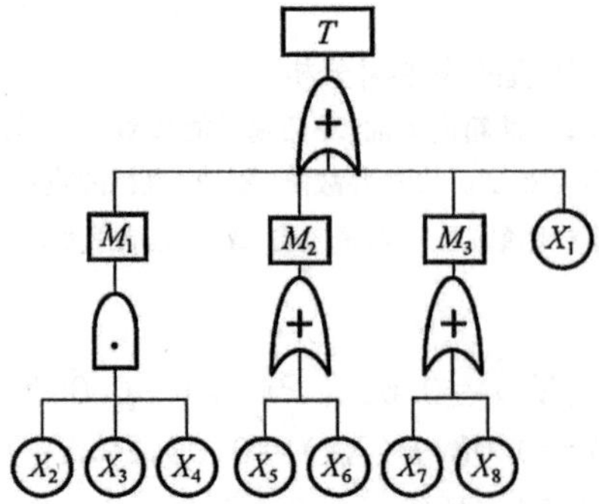

题 5-6 图

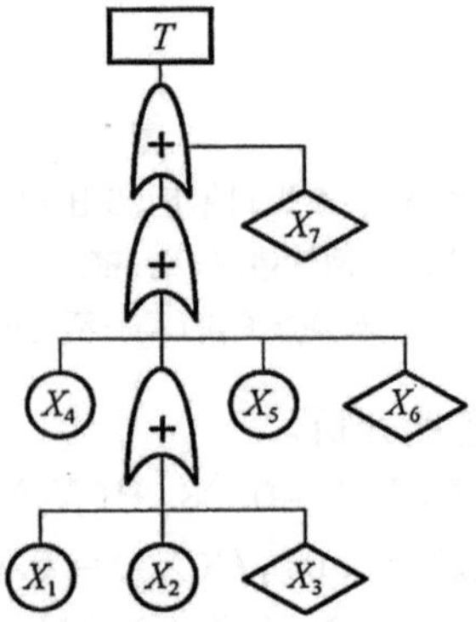

题 5-8 图

5-9 故障树如图(题 5-9 图)所示。要求：

(1) 求故障树的最小割集，并进行定性分析；

(2) 设各底事件发生概率为 $F_A=0.01, F_B=0.02, F_C=0.03, F_D=0.04, F_E=0.05, F_F=0.06$。试计算其顶事件发生概率。

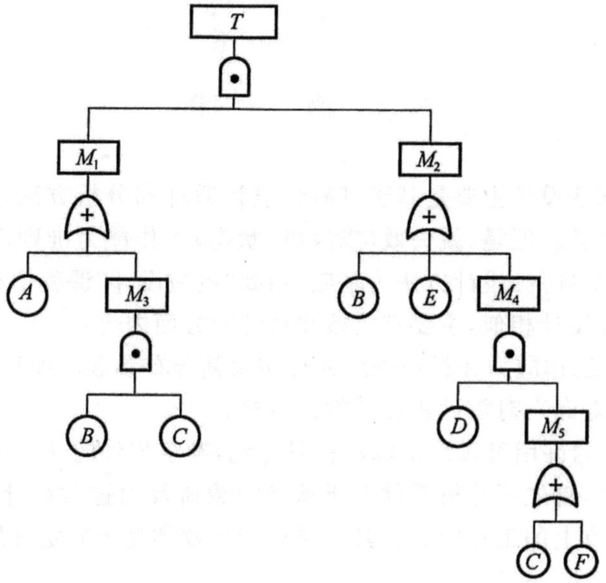

题 5-9 图

第 6 章　机械零部件可靠性设计

6.1　概　　述

机械零件可靠性设计主要是基于可靠性设计原理和分析方法，对零件传统的设计内容赋予概率含义。但是，就失效（或故障）状态、工作能力准则而言，可靠性设计仍然是以传统的（常规的）设计方法为基础，用到“机械设计”课程中有关的基本公式，其设计程序与传统设计相似，主要有校核和设计两方面内容：

（1）已知零件工作应力和材料强度的分布及其分布参数和设计目标要求的可靠性（可靠度或可靠寿命），对零件进行可靠性校核。

（2）依据零件的许用可靠性指标和材料性能，确定零件的几何尺寸。

在常规设计中，首先要分析零件上所承受的载荷及由这载荷计算出零件上的应力分布，确定危险点上的工作应力。其次要根据失效类型来确定许用应力，则零件强度的判据是

$$\sigma_{\max} \leqslant [\sigma] = \frac{\sigma_{\lim}}{S}, \quad S = \frac{\sigma_{\lim}}{\sigma_{\max}} \geqslant [S]$$

式中，$\sigma_{\max}$为零件工作时所受的最大工作应力，MPa；$\sigma_{\lim}$为材料的强度极限，MPa；S为安全系数。

上式中把 $\sigma_{\max}$和 $\sigma_{\lim}$均看成是常量，但实测结果它们都是随机变量，受载荷波动、尺寸变化、材质不均匀和热处理差异等因素的影响，而这些随机因素在常规设计中是没有考虑的，只用安全系数 S 来加以考虑。而安全系数的取值远大于 1，在很大程度上由设计者的经验确定，带有不确定性和盲目性。同一个零件如由两个人设计，由于经验不同，设计结果可能相差较大。这种设计方法，如用于高精尖产品的设计上，是不能令人放心的。此外，在常规设计中，为了安全可靠往往采用加大安全系数的办法，这样就造成了所设计零件的尺寸增大和质量增加。由于常规设计存在着这些致命弱点，所以设计者就不能回答：①产品在整个使用过程中任一时刻的失效概率；②产品在设计的条件和寿命下，是否会因为可靠度太高而造成成本不必要的加大，或者因为可靠度太低而造成不应有的破坏。

对于非常重要的产品（如原子能工程中的压力容器），或者对要求质量轻、可靠性高的零部件（如飞行器的重要零部件），它的破坏会造成严重的事故。所以要求设计者在设计中预知设备在运行中的破坏概率，并希望破坏概率能限制在一个很小的给定范围之内，因此必须进行可靠性设计。

在可靠性设计中，把 $\sigma_{\max}$和 $\sigma_{\lim}$看成是一个随机变量，且服从某种分布规律，应用

概率论与数理统计理论加以定量计算,推导出在给定设计条件下零部件不产生破坏的概率公式和其他公式。应用这些公式,就可以在给定可靠度下确定零部件的尺寸,或已知零部件尺寸,确定安全寿命等,这就更接近于事物的本质。所以,用可靠性设计就能圆满解决:①所设计的产品在规定条件下和运行时间内,其失效情况及破坏概率;②可以根据零件的重要程度来决定可靠度的大小,从而得到更合理的设计参量。

对产品进行可靠性设计时,并不是对所有产品都要求具有同样的可靠性指标。采用什么可靠性指标(可靠度、平均寿命或其他指标),取决于产品的设计要求,而可靠性指标的大小则取决于产品的重要性。例如,曾经作过统计,在一架有3万多个零部件的飞机上,经常发生故障的零件只有600多个,即只占2%左右。又如,在国外,对一架民用飞机的可靠性要求,应当高于一架军用飞机的要求,因为一架民用飞机的失事,会招致巨大的经济损失。再如,当飞机在飞行时,起落架发生了故障,其后果将是极其严重的;可发动机的效率降低了其后果只是经济损失问题;而乘客坐椅损坏,实际上没有什么了不起的后果。表6-1列出按照机器故障后果粗略地分类及其允许可靠度的估计值。

表6-1 故障后果及可靠度

故障后果		允许可靠度	机器类别
灾难性	失事 事故 完不成任务	$R(t) \geq 0.99999$	飞行器、军事装备、化工设备、医疗器械、起重机械等
经济性	修理停歇时间增加	损失重大时,$R(t) \geq 0.99$	工艺设备、农业机械、家用生活机械
	降低工况,输出参数恶化	损失不大时,$R(t) \geq 0.9$	
无后果(修理费用在规定的标准范围)		$R(t) < 0.9$	机器中的一般零部件

在对机械零件进行可靠性设计时,既需要零件的应力和强度的分布信息,同时也需要零件设计的目标可靠度。在缺乏这个信息时,表6-2所列的可靠度荐用值可供参考。

表6-2 可靠度荐用值

情　况	设计方法	可靠度荐用值
高度重要的机械零部件和设备。例如大量生产的关键零部件,一旦失效会导致设备严重损坏或造成人员伤亡的、带来重大经济损失的零部件	全面贯彻可靠性设计方法。要求考虑到所有关键零部件的每一种失效模式	$\geq 0.9^{6}0$
比较重要的机械零部件和设备。失效不会引起设备和系统的严重停工	对于其中最重要的零件贯彻可靠性设计方法。考虑所有的失效模式	$0.9^{5}1 \sim 0.9^{6}0$
一般重要的零部件和设备。不要求高可靠度,因为故障是可以修复的,或只引起可以接受的停工和后果	只对最重要的零件的最危险的失效模式进行可靠性设计。其他的零件仍用传统设计方法	$0.9^{4}1 \sim 0.9^{5}0$

续表

情　况	设计方法	可靠度荐用值
比较不重要的零部件和设备。只要求一般可靠度，因为即使发生故障，可能引起超出规定界限的运行，但不会导致任务失败	大多数零件使用传统设计方法，只对那些一旦失效会导致严重后果的零件，才进行可靠性设计	$0.9^{3}1 \sim 0.9^{4}0$
不重要的零部件和设备。只要求低可靠度，因为失效只引起可以忽略不计的后果	对于所有零件使用传统设计方法	$0.9^{2}1 \sim 0.9^{3}0$

注：$0.9^{6}0$ 表示此处共有 6 个 9。

为判断产品的重要性及可靠性的质量指标，通常将可靠度分成六个等级，见表 6-3。0 级是不重要的产品；1 级至 4 级为可靠性要求较高的产品；5 级则为很高可靠性的产品，在规定使用寿命期是不允许发生故障的。表 6-4 列出国外 20 世纪 70 年代以来的一些机械产品的可靠性指标，可供设计时参考和比较。

表 6-3　产品的可靠度等级

可靠度等级	0	1	2	3	4	5
可靠度 $R(t)$	<0.9	$\geqslant 0.9$	$\geqslant 0.99$	$\geqslant 0.999$	$\geqslant 0.9999$	$\geqslant 0.99999$

表 6-4　机械产品的可靠性指标(20 世纪 70 年代)

可靠性指标 / 机械产品	可靠度	MTBF	有效度(可用率)	大修周期	备　注
小汽车	$R(t=1$ 年$)=0.9967$				(美)
推土机行走机构		4000～5000h			(美)卡特皮勒公司
Volvo 载重车				600000km	(瑞典)
汽车变速箱		20000h			
斯贝发动机		800h			(英)
自卸车发动机				16000～23000h	
锅炉		1400～1700h			(欧)
汽轮机			97.5%～98%	4～5 年	(日)
军用汽车		12 年	$A(1200\text{km})=0.92\sim0.95$		(美)
滚动轴承	$R(N=10^{6})=0.90$				ISO
摩擦离合器	$R(S=10^{5}\text{km})=0.95$				
工业机器人		几百小时			
塔式起重机		65000 次			(法)
柴油机活塞		2000～3000h			(新加坡)
军用汽车				300000km	(苏联)
铲土运输机	$R(t=10000\sim12000\text{h})=0.90\sim0.93$				(美)
履带式液压挖掘机		10000h			(美)

续表

可靠性指标 / 机械产品	可靠度	MTBF	有效度（可用率）	大修周期	备　注
汽车零部件 底盘传动系统		12000～85000km			
汽轮机齿轮	$R(n=10^{10}$次$)=0.98$				
高速轧机齿轮	R(设计寿命)$=0.99\sim0.995$				
航天航空 主传动齿轮	R(设计寿命)$=0.99\sim0.999$				
油泵	$R(n=10^5$ 次$)=0.985$				
农业机械齿轮	R(设计寿命)$=0.90$				

应该指出：①这些概率值都是对应于一定的使用寿命的；②在规定无故障概率的同时，还应严格地规定产品的使用工作规范和使用条件。

6.2　螺栓连接的可靠性设计

螺栓连接是机械产品中广泛应用的一种可拆连接。螺栓连接的强度计算，首先是根据连接的类型、连接的装配情况（预紧或不预紧）、载荷状态等条件，确定螺栓的受力；其次按相应的强度条件计算螺栓危险截面的直径（螺纹小径）或校核其强度。螺栓的其他部分（螺纹牙、螺栓头、光杆）和螺母、垫圈的结构尺寸，是根据等强度条件及使用经验规定的，通常不需要进行强度计算，可按螺栓螺纹的公称直径由标准中选定。螺栓连接不仅受到静载荷的作用，而且也常作用有交变的循环载荷。从载荷作用力而言，有拉伸载荷和剪切载荷两种。对于受拉螺栓，其主要失效形式是螺栓杆螺纹部分发生断裂，因而其设计准则是保证螺栓的静力或疲劳拉伸强度；对于受剪螺栓，其主要失效形式是螺栓杆和孔壁的贴合面上出现压溃或螺栓杆被剪断，其设计准则是保证连接的挤压强度和螺栓的剪切强度，其中连接的挤压强度对连接的可靠性起决定性作用。

6.2.1　受拉伸载荷螺栓连接的可靠性设计

1. 松螺栓连接的可靠性设计

松螺栓连接装配时，螺母不需要拧紧。在承受工作载荷之前螺栓没有预紧力，也常称为拉杆连接。这种连接应用范围有限，如起重吊钩、拉杆等的螺纹连接均属此类。

松连接螺栓在工作时只承受拉伸载荷 F，常规设计时螺栓危险截面的强度条件为

$$\sigma=\frac{F}{\frac{\pi}{4}d_1^2}\leqslant[\sigma]$$

或

$$d_1 \geqslant \sqrt{\frac{4F}{\pi[\sigma]}}$$

式中，F 为螺栓所受的工作拉力，N；d_1 为螺栓危险截面的直径，mm；$[\sigma]$为螺栓材料的许用拉应力，MPa。

进行可靠性设计时，将 F、d_1 看成是互相独立的随机变量，均服从正态分布。因此，当其变异系数不大时，应力也近似为正态分布，其均值和标准差分别为

$$\bar{\sigma} = \frac{4\bar{F}}{\pi \bar{d}_1^2}$$

$$S_\sigma = \frac{4\bar{F}}{\pi \bar{d}_1^2}\sqrt{\frac{S_d^2}{\bar{d}_1^2} + \frac{S_F^2}{\bar{F}^2}} = \bar{\sigma}\sqrt{C_d^2 + C_F^2}$$

式中，$C_d = \dfrac{S_d}{\bar{d}_1}$为螺栓直径 d_1 的变异系数；$C_F = \dfrac{S_F}{\bar{F}}$为工作拉力 F 的变异系数。

试验表明，在轴向静载荷作用下螺栓材料强度的分布也近似于正态分布，其强度均值与变异系数的估算值见表 6-5。

表 6-5　螺栓材料强度均值与变异系数估算值

强度级别	强度极限			屈服极限			推荐材料
	最小值/MPa	均值/MPa	变异系数	最小值/MPa	均值/MPa	变异系数	
4.6 4.8	400	475	0.053	240 320	272.5 387.5	0.06 0.074	20,10
5.6 5.8	500	600	0.055	300 400	341.5 483.7	0.052 0.074	30,35,20,Q235
6.6 6.9	600	700	0.048	360 540	408.8 580	0.051 0.074	35,45,40Mn
8.8	800	900	0.037	640	774.9	0.075	35,35Cr,45Mn
10.9 12.9	1000 1200	1100 1300	0.03 0.026	900 1080	1008 1382	0.077 0.094	40Mn2,40Cr, 30CrMnSiA

因螺栓拉伸应力和抗拉强度均为正态分布，故其可靠性指数计算式为

$$u_R = \frac{\bar{\sigma}_x - \bar{\sigma}}{\sqrt{S_{\sigma x}^2 + S_\sigma^2}}$$

由 u_R 查标准正态分布表可得可靠度值 $R(t)$。

例 6-1　设计一松螺栓连接。已知作用于螺栓上的载荷近于正态分布，其均值和标准差分别为 $F=30000\text{N}$，$S_F = \dfrac{0.2F}{3}$，求可靠度 $R(t)=99.5\%$时的螺栓直径。

解　(1) 螺栓材料强度的均值和标准差。

因螺栓可靠度要求较高，由表 6-5 选螺栓 4.8 级，材料为 10 钢，屈服极限均值 $\bar{\sigma}_S = 387.5\text{MPa}$，变异系数 $C_{\sigma_S} = 0.074$，则标准差为

$$S_{\sigma_S} = C_{\sigma_S} \cdot \bar{\sigma}_S = 0.074 \times 387.5 = 28.7(\text{MPa})$$

(2) 螺栓工作应力的均值和标准差。

考虑到制造中半径的公差，螺纹当量半径公差 $\Delta r = \pm 0.02\bar{r}_1$，因为尺寸偏差是正态分布，公差 $\Delta r = 3 \times S_r$，所以

$$S_r = \frac{\Delta r}{3} = \frac{0.02\bar{r}_1}{3} = 0.0067\bar{r}_1$$

螺栓计算截面积的标准差为

$$\Delta A = \pi(\bar{r}_1 + \Delta r_1)^2 - \pi\bar{r}_1^2 = 2\pi\bar{r}_1 \cdot \Delta\bar{r}_1$$

则有

$$S_A = \frac{\Delta A}{3} = \frac{2\pi\bar{r}_1 \cdot \Delta r}{3} = \frac{2\pi\bar{r}_1 \cdot (3S_r)}{3} = 2\pi\bar{r}_1 \cdot S_r$$

工作应力的均值 $\bar{\sigma}$ 和标准差 S_σ 为

$$\bar{\sigma} = \frac{\bar{F}}{\pi\bar{r}_1^2} = \frac{30000}{\pi\bar{r}_1^2} = \frac{9549}{\bar{r}_1^2}$$

$$S_\sigma = \bar{\sigma}\sqrt{\frac{S_r^2}{\bar{r}_1^2} + \frac{S_F^2}{\bar{F}^2}} = \frac{9549}{\bar{r}_1^2}\sqrt{\frac{(0.0067\bar{r}_1)^2}{\bar{r}_1^2} + \frac{(0.067\bar{F})^2}{\bar{F}^2}} = \frac{639.8}{\bar{r}_1^2}$$

(3) 利用连接方程求螺栓直径。

因强度、应力均为正态分布，查正态分布表，当 $R(t) = 0.995$ 时，可靠性指数 $u_R = 2.575$，则有

$$2.575 = \frac{\bar{\sigma}_S - \bar{\sigma}}{\sqrt{S_{\sigma_S}^2 + S_\sigma^2}} = \frac{387.5 - 9549/\bar{r}_1^2}{\sqrt{28.7^2 + (639.8/\bar{r}_1^2)^2}}$$

解得

$$\bar{r}_1^4 - 51.15\bar{r}_1^2 + 611.4 = 0$$

$$\bar{r}_1^2 = 32.1\text{mm}^2, \quad \bar{r}_1 = 5.67\text{mm}$$

螺栓直径

$$\bar{d}_1 = 2\bar{r}_1 = 2 \times 5.67 = 11.34\text{mm}$$

取标准直径 M14×2±0.12mm，其实际可靠度 $R(t) > 0.995$，满足设计要求，可用。

传统设计结果：螺栓的尺寸确定为公称直径 $d = 16$mm，内径 $d_1 = 13.835$mm。

2. 紧螺栓连接的可靠性设计

紧螺栓连接装配时，螺母需要拧紧，在拧紧力矩作用下，螺栓除受预紧力的拉伸而产生拉伸应力外，还受螺纹摩擦力矩的扭转而产生扭转剪应力，使螺栓处于拉伸与扭转复合应力状态下。而对于常用的 M10～M64 普通螺纹的钢制紧螺栓连接，在拧紧时虽是同时承受拉伸和扭转的联合作用，但在计算时可以只按拉伸强度计算，并将所受的拉力增大 30% 来考虑扭转的影响。在紧螺栓连接中螺栓受预紧力和轴向工

作拉力作用的情形比较常见，因而也是最重要的一种。常规设计时螺栓危险截面的强度条件为

$$\sigma=\frac{1.3F_2}{\frac{\pi}{4}d_1^2}\leqslant[\sigma]$$

或

$$d_1\geqslant\sqrt{\frac{4\times1.3F_2}{\pi[\sigma]}}$$

式中，F_2 为螺栓所受的总拉力，N。

分析螺栓连接的受力和变形关系得知，螺栓的总拉力 F_2 和预紧力 F_0、工作拉力 F、残余预紧力 F_1、螺栓刚度 C_b 及被连接件刚度 C_m 有关，其关系式为

$$F_2=F_1+F=F_0+\frac{C_b}{C_b+C_m}F$$

式中，$\frac{C_b}{C_b+C_m}$为螺栓的相对刚度，见表 6-6；d_1 为螺栓危险截面的直径，mm；$[\sigma]$为螺栓材料的许用拉应力，MPa。

表 6-6　螺栓的相对刚度

垫片材料	金　属	皮　革	铜皮石棉	橡　胶
$\frac{C_b}{C_b+C_m}$	0.2～0.3	0.7	0.8	0.9

对于受轴向变载荷的紧螺栓连接（如内燃机气缸盖螺栓连接等），除按静强度计算外，还应校核其疲劳强度。受变载荷的紧螺栓连接的主要失效形式是螺栓的疲劳断裂。应力幅及应力集中是导致螺栓疲劳断裂的主要原因。螺栓连接的疲劳试验证明，螺栓的疲劳寿命服从对数正态分布。螺栓的疲劳极限应力幅值可按下式确定：

$$\sigma_{alim}=\frac{\sigma_{-1lim}\cdot\varepsilon_\sigma\cdot\beta\cdot\gamma}{k_\sigma}$$

式中，σ_{-1lim}为光滑试件的拉伸疲劳极限，常用材料见表 6-7；ε_σ 为尺寸系数，见表 6-8；β 为螺纹牙受力不均匀系数，可取为 1.5～1.6；γ 为制造工艺系数，对于钢制滚压螺纹取 1.2～1.3，对于切削螺纹取 1.0；k_σ 为有效应力集中系数，见表 6-9。

表 6-7　常用螺栓材料的疲劳极限

材　料	抗拉强度 σ_B/MPa	屈服强度 σ_S/MPa	疲劳极限均值/MPa	
			$\bar{\sigma}_{-1}$	$\bar{\sigma}_{-1lim}$
10	340～420	210	160～200	120～150
Q235	410～470	240	170～220	120～160
35	540	320	220～300	170～220
45	610	360	250～340	190～250
40Cr	750～1000	650～900	320～440	240～340

表 6-8　尺寸系数

d/mm	<12	16	20	24	30	36	42	48	56	64
ε_σ	1.0	0.87	0.80	0.74	0.65	0.64	0.60	0.57	0.54	0.53

表 6-9　有效应力集中系数

σ_B/MPa	400	600	800	1000
k_σ	3	3.9	4.8	5.2

如图 6-1 所示，当工作拉力在 0～F 变化时，螺栓所受的总拉力将在 F_0～F_2 变化。计算螺栓连接的疲劳强度时，主要考虑轴向力引起的拉伸变应力。在轴向变载荷作用下，由于预紧力而产生的扭转实际上完全消失，螺杆不再受扭矩作用，因此可以不考虑扭转剪应力。螺栓危险截面的最大拉应力为

$$\sigma_{\max} = \frac{F_2}{\frac{\pi}{4}d_1^2}$$

最小拉应力（注意此时螺栓中的应力变化规律是 $\sigma_{\min}$保持不变）为

$$\sigma_{\min} = \frac{F_0}{\frac{\pi}{4}d_1^2}$$

应力幅为

$$\sigma_a = \frac{\sigma_{\max} - \sigma_{\min}}{2} = \frac{C_b}{C_b + C_m} \cdot \frac{2F}{\pi d_1^2}$$

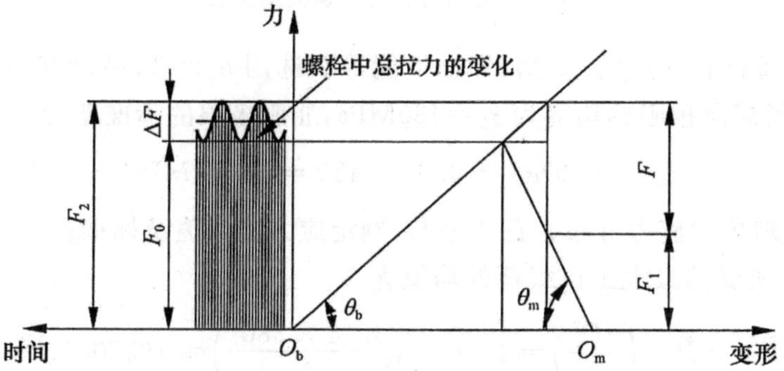

图 6-1　承受轴向变载荷的紧螺栓连接

紧螺栓连接可靠性设计的步骤有以下几个方面：

(1) 确定设计准则。假设每个螺栓内的应力为沿截面均匀分布，但由于载荷分布、动态应力集中系数和几何尺寸等因素的变异性，对于很多螺栓来说，每个螺栓内的应力大小是不一样的，而是呈分布状态。在没有充分的根据说明这种分布的类型时，通常第一个选择是假设为正态分布。

对于有紧密性要求的螺栓连接，假设其失效模式是螺栓产生屈服。因此，设计准则为螺栓材料的屈服极限大于螺栓应力的概率必须大于或等于设计所要求的可靠度 $R(t)$，表示为

$$P(\sigma_S > \sigma) = P(\sigma_S - \sigma > 0) \geqslant R(t)$$

(2) 选择螺栓材料，确定其强度分布，求其均值和标准差。

根据经验，可取螺栓拉伸强度的变异系数为

$$C_S = 5.3\% \sim 7\%$$

(3) 确定螺栓的应力分布，求出应力的均值和标准差。

(4) 应用连接方程，确定螺栓直径。

例 6-2 如图 6-2 所示，已知气缸内径 $D_2 = 380\text{mm}$，缸内的工作压力 $p = 0 \sim 1.70\text{MPa}$，螺栓数目 $n = 8$，采用金属垫片，设计此气缸盖螺栓连接。要求螺栓连接的可靠度为 0.999999。

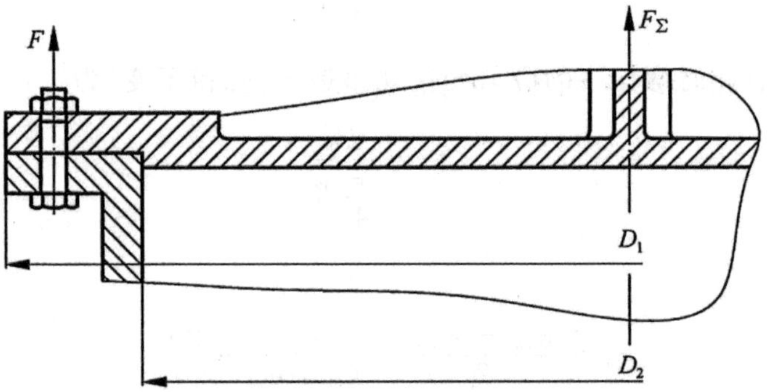

图 6-2 受轴向载荷的螺栓组连接

解 (1) 螺栓材料选用 45 钢，螺栓性能等级选用 6.8 级，假设其强度分布为正态分布，则材料屈服极限的均值为 $\bar{\sigma}_S = 480\text{MPa}$，屈服极限的标准差为

$$S_{\sigma_S} = 0.07\bar{\sigma}_S = 0.07 \times 480 = 33.6(\text{MPa})$$

(2) 假设螺栓的应力分布为正态分布，确定应力的均值及标准差。

气缸盖上所受的最大工作载荷的均值为

$$\overline{F}_T = \overline{P}_{\max}\left(\frac{\pi D_2^2}{4}\right) = 1.70 \times \left(\frac{3.14 \times 380^2}{4}\right) \approx 192700(\text{N})$$

每个螺栓上所受的最大工作载荷的均值为

$$\overline{F} = \frac{\overline{F}_T}{n} = \frac{192700}{8} \approx 24088(\text{N})$$

可取工作载荷的变异系数 $C_F = \dfrac{S_F}{\overline{F}} = 0.08$。因此，工作载荷分布的标准差

$$S_F = 0.08\overline{F} = 0.08 \times 24088 \approx 1927(\text{N})$$

每个螺栓内由工作载荷引起的应力的均值为

$$\bar{\sigma}_F = \frac{\bar{F}}{\bar{A}} = \frac{24088}{\frac{\pi \bar{d}^2}{4}} = \frac{30688}{\bar{d}^2}\text{MPa}$$

式中，d 为螺栓的直径，mm。

应力分布的标准差为

$$S_{\sigma_F} = 0.08\bar{\sigma}_F = 0.08 \times \frac{30688}{\bar{d}^2} = \frac{2455}{\bar{d}^2}\text{N}$$

众所周知，既有预紧力又受轴向工作载荷的紧螺栓连接在工作时，螺栓总拉力为

$$F_2 = F + F_1$$

或

$$F_2 = \frac{C_b}{C_b + C_m}F + F_0$$

式中，F 为螺栓所受的工作载荷，N；F_0 为预紧力，N；F_1 为残余预紧力，N；C_b 为螺栓刚度；C_m 为被连接件刚度；$\frac{C_b}{C_b+C_m}$ 为螺栓相对刚度。

令 $\frac{C_m}{C_b}=B$，则上式可改写成

$$F_2 = \frac{1}{1+B}F + F_0$$

将上式除以螺栓截面面积 A，可得螺栓总应力分布的均值

$$\bar{\sigma}_{F2} = \frac{\bar{F}_2}{\bar{A}} = \frac{1}{1+B}\bar{\sigma}_F + \bar{\sigma}_{F0} \tag{6-1}$$

当预紧应力 σ_{F0} 与螺栓强度成一定比例时，可达到一定的可靠度。

根据经验，取预紧应力分布的均值 $\bar{\sigma}_{F0}=0.5\bar{\sigma}_S=0.5\times480=240$(MPa)，标准差 $S_{\sigma_{F0}}=0.15\bar{\sigma}_{F0}=0.15\times240=36$(MPa)。

实际上，螺栓的刚度 C_b 可以较精确地算出 $\left(C_b=\frac{\pi d^2 E}{4l}\right)$，而被连接件的刚度 C_m 却需要估计。一般认为，比较恰当的估计是取比例系数 $\bar{B}=8$，而其变异系数 $C_B=0.10$，所以 B 的标准差为 $S_B=0.10\bar{B}=0.10\times8=0.8$。

将有关数值代入式(6-1)，得

$$\bar{\sigma}_{F2} = \frac{1}{1+8}\times\frac{30688}{\bar{d}^2} + 240 = \frac{3410}{\bar{d}^2} + 240\text{MPa}$$

(3) 应用连接方程。

连接方程

$$u_R = \frac{\bar{\sigma}_S - \bar{\sigma}_{F2}}{(S_{\sigma_S}^2 + S_{\sigma_{F2}}^2)^{\frac{1}{2}}} = \frac{\mu_y}{S_y} \tag{6-2}$$

由式(6-1)和式(6-2)可知,连接系数 u_R 与 4 个随机变量有关,它们是 σ_S、σ_F、B 和 σ_{F0}。对于多维随机变量,由下式可得:

$$S_y^2 = \sum_{i=1}^{n}\left(\frac{\partial y}{\partial x_i}\right)^2 s_i^2 = \left(\frac{\partial y}{\partial \sigma_S}\right)^2 S_{\sigma_S}^2 + \left(\frac{\partial y}{\partial \sigma_F}\right)^2 S_{\sigma_F}^2 + \left(\frac{\partial y}{\partial B}\right)^2 S_B^2 + \left(\frac{\partial y}{\partial \sigma_{F0}}\right)^2 S_{\sigma_{F0}}^2$$

式中

$$\left(\frac{\partial y}{\partial \sigma_S}\right) = -1,\quad \left(\frac{\partial y}{\partial \sigma_F}\right) = \frac{1}{1+B},\quad \left(\frac{\partial y}{\partial B}\right) = \frac{\sigma_F}{(1+B)^2},\quad \left(\frac{\partial y}{\partial \sigma_{F0}}\right) = 1$$

代入前式后得

$$S_y^2 = (-1)^2 \times 33.6^2 + \left(\frac{1}{1+8}\right)^2 \times \left(\frac{2455}{\bar{d}^2}\right) + \left[-\frac{1}{(1+8)^2}\right]^2 \left(\frac{30688}{\bar{d}^2}\right)^2 \times 0.8^2 + 1^2 \times 36^2 = \frac{166272}{\bar{d}^2} + 2425$$

所以

$$S_y = \left(\frac{166272}{\bar{d}^2} + 2425\right)^{\frac{1}{2}}$$

由标准正态分布面积表可知,当要求可靠度 $R(t) = 0.999999$ 时,$u_R = -4.70$,于是,将有关各值代入连接方程,得

$$-4.70 = \frac{480 - \left(\dfrac{3410}{\bar{d}^2} + 240\right)}{\left(\dfrac{166272}{\bar{d}^2} + 2425\right)^{\frac{1}{2}}}$$

化简和整理后得

$$\bar{d}^4 - 405.95\bar{d}^2 + 1973 = 0$$

解上式得

$$\bar{d} = 20\text{mm}$$

因此,螺栓的尺寸确定如下:公称直径 $d = 24$mm,内径 $d_1 = 20.752$mm。

传统设计结果:螺栓的尺寸确定为公称直径 $d = 20$mm,内径 $d_1 = 17.835$mm。

6.2.2 受剪切载荷螺栓连接的可靠性设计

这种连接是紧螺栓连接的一种,它是利用铰制孔用螺栓抗剪切来承受载荷 F 的。螺栓杆与孔壁之间无间隙,接触表面受挤压;在连接接合面处,螺栓杆则受剪切。因此,应分别按挤压及剪切强度条件计算。

计算时,假设螺栓杆与孔壁表面上的压力分布是均匀的,又因这种连接所受的预紧力很小,所以不考虑预紧力和螺纹摩擦力矩的影响。

螺栓杆与孔壁的挤压强度条件为

$$\sigma_P = \frac{F}{d_0 L_{\min}} \leqslant [\sigma_P]$$

螺栓杆的剪切强度条件为

$$\tau = \frac{F}{\frac{\pi}{4}d_0^2} \leqslant [\tau]$$

式中，F 为螺栓所受的工作剪力，N；d_0 为螺栓剪切面的直径(可取为螺栓孔的直径)，mm；$L_{\min}$为螺栓杆与孔壁挤压面的最小高度，mm，设计时应使 $L_{\min} \geqslant 1.25d_0$；$[\sigma_P]$为螺栓或孔壁材料的许用挤压应力，MPa；$[\tau]$为螺栓材料的许用剪切应力，MPa。

可靠性设计步骤如前所述。

例 6-3 受剪螺栓连接如图 6-3 所示，已知载荷 F 为等幅交变载荷，呈正态分布，其均值及标准差为 $F(\bar{F}, S_F) = F(24000, 1440)$N，承剪面数 $n=2$。预紧力忽略不计，从安全考虑，在 10000 个螺栓中，只允许有两次由于螺栓失效引起的停工。试设计此螺栓连接。

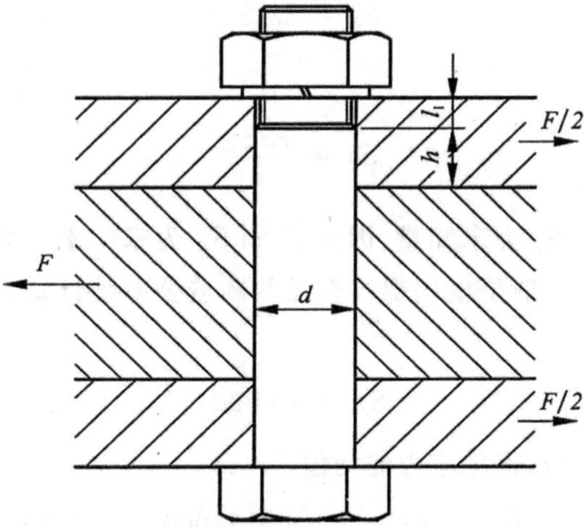

图 6-3 承受工作剪力的紧螺栓连接

解 (1) 按受剪螺栓进行设计。

① 确定失效判据。

设所有的设计参数为正态分布，失效模式是在交变载荷下螺栓的疲劳。所以，设计准则为螺栓的剪应力小于剪切疲劳强度的概率必须大于或等于设计所要求的可靠度 $R(t)$，表示为

$$P(\tau_{-1} > \tau) = P(\tau_{-1} - \tau > 0) \geqslant R(t)$$

式中，τ_{-1}为螺栓材料的剪切疲劳极限，MPa；τ 为单个螺栓内的剪切应力，MPa。

② 选择螺栓材料，确定强度分布。

螺栓材料选用 45 钢，螺栓性能等级选用 6.8 级，假设其强度分布为正态分布，则 $\sigma_B = 600$MPa，$\sigma_S = 480$MPa。

按经验公式,得

$$\bar{\sigma}_{-1} = 0.23(\sigma_B + \sigma_S) = 0.23 \times (600 + 480) = 248.4(\text{MPa})$$

$$\bar{\tau}_{-1} = 0.577\bar{\sigma}_{-1} = 0.577 \times 248.4 = 143.3(\text{MPa})$$

$$S_{\tau_{-1}} = 0.08\bar{\tau}_{-1} = 0.08 \times 143.3 = 11.5(\text{MPa})$$

③ 确定螺栓的应力分布。

实际上只有无螺纹的杆身部分承受剪切载荷,所以承剪面积是按杆身部分算出的。

载荷和杆身截面面积为独立变量,故剪应力为

$$(\bar{\tau}, S_\tau) = \frac{(\bar{F}, S_F)}{(\bar{A}, S_A)} \tag{6-3}$$

式中,$\bar{A}=\frac{\pi\bar{d}^2}{4}$。

由随机变量代数法,当 $Z=x^2$,Z 的标准差为

$$S_Z = 2\mu_x S_x$$

面积 A 的标准差为

$$S_A = \frac{\pi\bar{d}S_d}{2}$$

式(6-3)中的 $\bar{\tau}$ 和 S_τ 为未知量,因为 $\bar{A}$ 和 S_A 为未知量。为了求出 $\bar{A}$ 和 S_A,必须找出另一个关系式,一般是根据螺栓直径的制造公差统计量,找出 $\bar{d}$ 和 S_d 之间的关系式,有

$$S_d = 0.002\bar{d}$$

将有关各值代入式(6-3),得剪应力的均值

$$\bar{\tau} = \frac{\bar{F}}{n\bar{A}} = \frac{4\bar{F}}{n\pi\bar{d}^2} = \frac{4 \times 24000}{2 \times 3.14 \times \bar{d}^2} = \frac{15287}{\bar{d}^2}$$

剪应力的标准差为

$$\begin{aligned} S_\tau &= \frac{4}{n\pi}\left[\frac{\bar{F}^2(0.004\bar{d}^2)^2 + (\bar{d}^2)^2(S_F)^2}{(\bar{d}^2)^4}\right]^{\frac{1}{2}} \\ &= \frac{4}{2 \times 3.14}\left[\frac{24000^2 \times (0.004\bar{d}^2)^2 + (\bar{d}^2)^2 \times 1440^2}{(\bar{d}^2)^4}\right]^{\frac{1}{2}} \\ &= \frac{919}{\bar{d}^2} \end{aligned}$$

④ 按连接方程求螺栓直径。

由标准正态分布面积表知,当 $R(t)=0.9998$,连接系数 $u_R=-3.50$,将有关各值代入连接方程,得

$$-3.50=-\frac{143.3-\left(\frac{15287}{\overline{d}^2}\right)}{\left[11.5^2+\left(\frac{919}{\overline{d}^2}\right)^2\right]^{\frac{1}{2}}}$$

化简和整理后，得

$$\overline{d}^4-231.63\overline{d}^2+11808=0$$

解上式得

$$\overline{d}=12.5\text{mm}$$

圆整后取标准值，得螺栓公称直径 $d=16$mm，内径 $d_1=13.835$mm。

(2) 按受挤压螺栓进行设计。

由于受剪切螺栓除在连接的接合面处受剪切之外，还与被连接件的孔壁互相挤压，所以杆身或孔壁被压溃也是一种主要的失效模式。特别是当被连接件的材料强度较弱(如材料为铸铁或铝合金)时，被连接件的孔壁被压溃是主要的失效模式。因此，应根据这一失效模式进行可靠性设计。

① 按被连接件孔壁被压溃考虑，设计准则为

$$P(\sigma_P>\sigma)=P(\sigma_P-\sigma>0)\geqslant R(t)$$

式中，σ_P 为被连接件孔壁材料的挤压强度，MPa，可取

$$\sigma_P=0.5\sigma_B$$

σ 为被连接件孔壁的挤压应力，MPa。

σ 与杆配合、零件变形、表面加工等有关，难以精确地确定，通常可假设其为均匀分布，如图 6-4 所示。于是可得

$$\sigma=\frac{F}{ndh}$$

式中，$\frac{F}{n}$为被连接件所受的剪力，N。

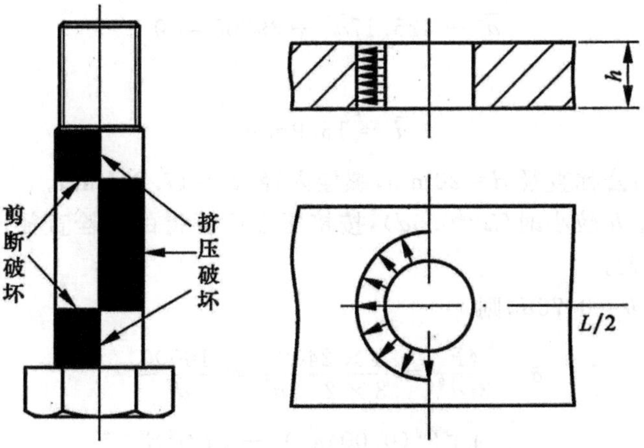

图 6-4　被连接件孔壁的假设的挤压应力分布

② 选择被连接件的材料，确定挤压强度分布。

被连接件材料选用灰铸铁 HT250，其强度极限为 $\sigma_B=245\text{MPa}$。

由经验公式，对于铸铁，可取 $\sigma_P=0.5\sigma_B=0.5\times245=122.5(\text{MPa})$，标准差为 $S_{\sigma_P}=0.08\bar{\sigma}_P=0.08\times122.5=9.8(\text{MPa})$。

③ 确定螺栓的应力分布。

从合理的结构尺寸出发，如图 6-3、图 6-4 所示，l_1 应尽可能地小，以免尺寸 h 过小，从而使挤压应力过大。同时，尺寸 h 也不宜过大，以免因制造误差而使得杆身与孔壁配合的受力不均匀。通常，不应使 h 小于 d。

为了求 $\bar{\sigma}$ 和 S_σ，必须求承受挤压的计算面积 $A=dh$。为了方便，可以先找出 d 与 h 之间的关系。这里按最危险的情况考虑，取 $h=0.5d$，于是可得

$$\bar{\sigma}=\frac{2\bar{F}}{n\bar{d}^2}=\frac{2\times24000}{2\bar{d}^2}=\frac{24000}{\bar{d}^2}$$

$$\begin{aligned}S_\sigma&\approx\frac{2}{n}\left[\frac{\bar{F}^2(0.004\bar{d}^2)^2+(\bar{d}^2)^2S_F^2}{(\bar{d}^2)^4}\right]^{\frac{1}{2}}\\&=\frac{2}{n}\left[\frac{24000^2\times(0.004\bar{d}^2)^2+(\bar{d}^2)^2\times1440^2}{(\bar{d}^2)^4}\right]^{\frac{1}{2}}\\&=\frac{1443}{\bar{d}^2}\end{aligned}$$

④ 用连接方程求螺栓直径。

按题意所要求的可靠度为 $R(t)=0.9998$，与此相应的连接系数 $u_R=-3.50$，故由连接方程可得

$$-3.50=-\frac{122.5-\left(\dfrac{24000}{\bar{d}^2}\right)}{\left[9.8^2+\left(\dfrac{1443}{\bar{d}^2}\right)^2\right]^{\frac{1}{2}}}$$

化简整理后得

$$\bar{d}^4-425.17\bar{d}^2+39805=0$$

解上式得

$$\bar{d}=16.9\text{mm}$$

圆整后，取螺栓的公称直径 $d=20\text{mm}$，螺栓内径 $d_1=17.294\text{mm}$。

可见，当尺寸 h 较小时($h=0.5d$)，按挤压强度算得的螺栓直径比按剪切强度算得的螺栓直径要大。

如果取尺寸 $h=0.75d$，则

$$\bar{\sigma}=\frac{4\bar{F}}{3n\bar{d}^2}=\frac{4\times24000}{3\times2\times\bar{d}^2}=\frac{16000}{\bar{d}^2}$$

$$S_\sigma=\frac{4}{3n}\left[\frac{\bar{F}^2(0.004\bar{d}^2)^2+(\bar{d}^2)^2S_F^2}{(\bar{d}^2)^4}\right]^{\frac{1}{2}}$$

$$= \frac{4}{3n}\left[\frac{24000^2 \times (0.004\bar{d}^2)^2 + (\bar{d}^2)^2 \times 1440^2}{(\bar{d}^2)^4}\right]^{\frac{1}{2}}$$

$$= \frac{962}{\bar{d}^2}$$

代入连接方程得

$$\bar{d}^4 - 283.45\bar{d}^2 + 17691 = 0$$

解上式得

$$\bar{d} = 13.9\text{mm}$$

圆整后，取螺栓的公称直径 d=16mm，螺栓内径 d_1=13.835mm。可见，这一公称直径与按剪切强度求得的公称直径相同。

传统设计结果：螺栓的尺寸确定为公称直径 d=20mm，内径 d_1=17.294mm。

6.3 弹簧的可靠性设计

弹簧也是机械产品中的一种基本零件。由于它具有刚性小、弹性大、在载荷作用下容易产生弹性变形等特点，因而被广泛应用于各种机器、仪表及日常用品中。

弹簧的种类很多。按照所承受的载荷不同，弹簧可分为拉伸弹簧、压缩弹簧、扭转弹簧和弯曲弹簧等四种；而按照弹簧的形状不同，又可分为螺旋弹簧、环形弹簧、板簧和平面涡卷弹簧等。

螺旋弹簧是用弹簧丝卷制成的，由于制造简单，所以应用最广。在一般机械中，最为常用的是圆柱螺旋压缩弹簧。因此，本节以这种弹簧为例，介绍其可靠性设计的基本方法。

圆柱螺旋压缩弹簧设计的基本问题是：

(1) 必须满足强度要求，使剪应力不引起失效；

(2) 满足刚度要求，使弹簧的变形不超过规定值；

(3) 满足所需的有效圈数。

圆柱螺旋压缩弹簧的主要失效模式是疲劳破坏和断裂。

在常规设计中，圆柱螺旋弹簧的主要设计公式分别为：

螺旋弹簧中的最大剪应力

$$\tau = K\frac{8FD}{\pi d^3}$$

式中，K 为弹簧的曲度系数

$$K = \frac{4C-1}{4C-4} + \frac{0.615}{C}$$

其中，C 为弹簧指数，$C=\dfrac{D}{d}$；F 为轴向压力，N；D 为弹簧的平均直径，mm；d 为弹簧丝直径，mm。

弹簧的变形量为

$$y=\frac{8FD^3n}{d^4G}$$

力与变形量的关系为

$$F=\frac{d^4G}{8D^3n}y=ky$$

式中，k 为弹簧刚度，$k=\dfrac{d^4G}{8D^3n}$；G 为弹簧材料的剪切弹性模量，MPa；n 为弹簧的有效圈数，$n=\dfrac{Gd^4y}{8FD^3}$

在弹簧的可靠性设计中，应将上述各参数假设为相互独立的随机变量。

剪应力的均值、标准差和变异系数分别为

$$\bar{\tau}=\bar{K}\frac{8\overline{F}\overline{D}}{\pi\bar{d}^3}$$

$$S_\tau=\left[\left(\frac{\partial\bar{\tau}}{\partial\bar{K}}\right)^2S_K^2+\left(\frac{\partial\bar{\tau}}{\partial\bar{F}}\right)^2S_F^2+\left(\frac{\partial\bar{\tau}}{\partial\bar{D}}\right)^2S_D^2+\left(\frac{\partial\bar{\tau}}{\partial\bar{d}}\right)^2S_d^2\right]^{\frac{1}{2}}$$

$$C_\tau=\frac{S_\tau}{\bar{\tau}}=(C_K^2+C_F^2+C_D^2+9C_d^2)^{\frac{1}{2}}$$

式中，C_K、C_F、C_D、C_d 分别为相应参数的变异系数。

各变量的均值、标准差和变异系数的确定：

(1) 曲度系数 K 与弹簧指数有关，可根据弹簧中径 D 和弹簧丝直径 d 的公差估算出标准差，一般可取 $S_K\approx0.045$。

(2) 轴向载荷 F 的标准差可取为载荷允许偏差 $\pm\Delta F$ 的 1/3，即 $S_F=\Delta F/3$，故 $C_F=\Delta F/3\bar{F}$。

(3) 弹簧中径 D 的标准差可根据弹簧质量检验标准（GB1239）中的弹簧精度等级要求按表 6-10 确定。

(4) 弹簧丝直径 d 的标准差按规定的公差确定，标准差 S_d 和变异系数 C_d 的估计值见表 6-11。

(5) 弹簧有效圈数 n 的允许偏差见表 6-12。

(6) 剪切弹性模量 G 的变异系数可取 $C_G=C_E=0.03$。

表 6-10　弹簧中径 *D* 的标准差

精度等级	标准差	弹簧指数 C		变形量公差
		4～8	8～16	
1	S_D	$0.0033D$	$0.005D$	10%
2		$0.005D$	$0.0066D$	20%
3		$0.0066D$	$0.01D$	30%

表 6-11　弹簧丝直径 d 的标准差和变异系数

弹簧丝直径 d/mm	0.7～1.0	1.2～3.0	3.5～6.0	8～12
标准差 S_d/mm	0.01	0.01	0.013	0.133
变异系数 C_d	0.014～0.01	0.008～0.0033	0.0037～0.002	0.016～0.007

表 6-12　弹簧有效圈数 n 的允许偏差

有效圈数 n	允许偏差(圈)	
	压缩弹簧	拉伸弹簧
≤10	±1/4	±1
10～20	±1/2	±1
20～50	±1	±2

弹簧材料常用的有冷拔碳素弹簧钢丝，牌号有 65、65Mn、70、70Mn 等；冷拔合金弹簧钢丝，牌号有 60Si2Mn、65Si2MnWA、50CrVA、30W4Cr2VA 等；也有用不锈钢丝、磷青铜丝等。其力学性能可在有关手册中查得。

6.3.1　圆柱螺旋压缩弹簧的静强度可靠性设计

1. 工作应力的均值和标准差

弹簧的工作应力均值可按 $\bar{\tau}=\overline{K}\dfrac{8\overline{F}\overline{D}}{\pi\bar{d}^3}$ 计算，标准差为 $S_\tau=C_\tau\bar{\tau}$。

2. 强度极限的均值和标准差

在静强度设计中主要的强度指标是剪切屈服极限 τ_S，一般来说它与抗拉强度极限间的关系为

$$\tau_S = 0.4535\sigma_B$$

应用变形能理论所得到的关系，设计中常采用

$$\bar{\tau}_S = 0.432\bar{\sigma}_B$$

常用的弹簧钢丝的抗拉强度极限值见表 6-13，设计时可以参考使用。

表 6-13　常用弹簧丝的抗拉强度极限 σ_B

弹簧丝直径 d/mm	σ_B/MPa			
	65Mn	碳素钢	Cr-V 钢	Cr-Si 钢
0.8～1.2	1800～2150		1600～1800	1950～2050
1.4～2.2	1700～2000			
2.2～2.5	1650～1950	1450～1600	1600～1750	1950～2050
2.6～3.4	1600～1850			

续表

弹簧丝直径 d/mm	σ_B/MPa			
	65Mn	碳素钢	Cr-V 钢	Cr-Si 钢
3.5～4.0	1500～1750	1450～1600	1550～1700	1950～2050
4.2～4.5	1450～1700	1400～1550	1550～1700	1850～2050
4.8～5.0	1400～1650	1400～1550	1500～1650	1850～2000
5.3～5.5	1350～1600		1500～1650	1800～1950
6.0～7.0			1450～1600	
8.0			1400～1550	

一般冷拔碳素弹簧钢丝是经盐浴淬火回火冷拔，在冷卷成弹簧后再低温回火处理，也可将钢丝冷拔到成品尺寸后再油浴回火，表 6-13 中的碳素钢、Cr-V 钢和 Cr-Si 钢就是经这类处理后的强度值，它的强度波动范围相对小一些，其均值可以取这些范围的平均值。而对 65Mn 来说，同一捆钢丝抗拉强度的波动范围一般不会超过 75MPa，故钢丝的标准差可取为 $S_{\sigma_B}=75/3=25$MPa，考虑到不同捆钢丝性能的差异，钢丝抗拉强度的变异系数为

$$C_{\tau_S}=\sqrt{C_1^2+C_2^2}$$

式中，$C_1=\dfrac{S_{\sigma_B}}{\bar{\sigma}_B}$，$C_2=\dfrac{\sigma_{B\max}-\sigma_{B\min}}{6\bar{\sigma}_B}$。

静强度安全系数

$$n_S=\frac{\tau_S}{\tau_{\max}}\geqslant[n_S]$$

式中，$[n_S]$为许用安全系数，应在 1.3～1.7。

3. 可靠性计算

已知弹簧的强度分布和应力分布参数后，利用连接方程进行可靠度计算，即

$$u_S=\frac{n_S-1}{\sqrt{n_S^2C_{\tau_S}^2+C_{\tau_{\max}}^2}}$$

6.3.2 圆柱螺旋压缩弹簧的疲劳强度可靠性设计

在工程应用中，多数弹簧是在变载荷条件下工作的，其主要失效形式是疲劳断裂。故应进行疲劳强度计算。

1. 工作应力的均值和标准差

对于承受变载荷的弹簧，其载荷一般是从 $F_{\min}$ 到 $F_{\max}$ 作周期性变化，如图 6-5 所示。由图中知，弹簧应力的变化规律是属于最小剪应力为常数的情况。对于弹簧丝所承受的应力来说，就是从 $F_{\min}$ 载荷的 $\tau_{\min}$ 到 $F_{\max}$ 载荷的 $\tau_{\max}$ 之间的变化。

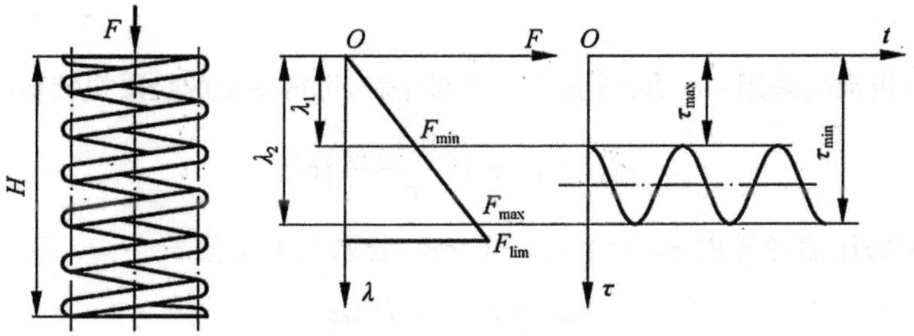

图 6-5 弹簧的载荷变化与变形

因此有：

均值

$$\bar{\tau}_{\max} = \frac{8\overline{K}\overline{F}_{\max}\overline{D}}{\pi\bar{d}^3}, \quad \bar{\tau}_{\min} = \frac{8\overline{K}\overline{F}_{\min}\overline{D}}{\pi\bar{d}^3}$$

变异系数

$$C_{\tau_{\max}} = (C_K^2 + C_{F_{\max}}^2 + C_D^2 + 9C_d^2)^{\frac{1}{2}}$$
$$C_{\tau_{\min}} = (C_K^2 + C_{F_{\min}}^2 + C_D^2 + 9C_d^2)^{\frac{1}{2}}$$

弹簧的 $F_{\min}$是它的安装载荷，其偏差主要由它的几何尺寸 D 和 d 的偏差所决定。根据普通圆柱螺旋弹簧标准，可估计其 $F_{\min}$的变异系数 $C_{F_{\min}}$，见表 6-14。

表 6-14 弹簧的变异系数

精度等级	有效圈数 n		
	2～4	4～10	≥10
2	0.04	0.033	0.026
3	0.06	0.050	0.030

2. 强度极限的均值和标准差

对弹簧而言，应力循环不对称系数 $r=\tau_{\min}/\tau_{\max}$，是在 0～1.0 变化的。所以在计算中要用到 τ_0 和 N 关系曲线和疲劳极限线图。对常用的螺旋弹簧材料脉动循环疲劳极限 τ_0 与循环次数 N 的关系大体如表 6-15 所示。

表 6-15 弹簧材料的疲劳极限与循环次数的关系

载荷循环次数 N	10^4	10^5	10^6	10^7
τ_0	$0.45\sigma_B$	$0.35\sigma_B$	$0.33\sigma_B$	$0.3\sigma_B$

对于经喷丸和强化处理的弹簧，当 $N \geqslant 10^6$ 次时，其 τ_0 值还可提高 20%，$N=10^4$ 次时，可提高 10%左右。对不锈钢和硅青铜制弹簧，当 $N=10^4$ 次时，$\tau_0=0.35\sigma_B$。

计算中可以取 $C_{\tau_S}=C_{\sigma_B}$，脉动载荷下疲劳极限的变异系数 C_{τ_0}，若无相应的试验数据可以应用，则可取为 $C_{\tau_0}=0.075$(对经喷丸处理的)，$C_{\tau_0}=0.096$(对未经喷丸处理的)。

当疲劳极限图采用 Goodman 直线关系简化后,可得弹簧的极限扭转剪应力 $\tau_{\lim}$ 为

$$\tau_{\lim} = \bar{\tau}_0 + \left(\frac{\bar{\tau}_0 - \bar{\tau}_{-1}}{\bar{\tau}_{-1}}\right)\bar{\tau}_{\min}$$

对卷制的压缩弹簧取 $\bar{\tau}_{-1}=0.5\bar{\tau}_0 \sim 0.6\bar{\tau}_0$,若取其平均值 $\bar{\tau}_{-1}=0.57\bar{\tau}_0$,则

$$\bar{\tau}_{\lim} = \bar{\tau}_0 + 0.75\bar{\tau}_{\min}$$

式中,$\bar{\tau}_{\min}$ 为弹簧的最小扭转剪应力的均值,MPa,可根据 $F_{\min}$ 求得。

极限扭转剪应力 $\tau_{\lim}$ 的标准差为

$$S_{\tau_{\lim}} = [S_{\tau_0}^2 + (0.75S_{\tau_{\min}})^2]^{\frac{1}{2}}$$

由此可求得疲劳强度安全系数

$$n_R = \frac{\bar{\tau}_{\lim}}{\bar{\tau}_{\max}} = \frac{\bar{\tau}_0 + 0.75\bar{\tau}_{\min}}{\bar{\tau}_{\max}} \geqslant [n_R]$$

式中,$[n_R]$ 为许用安全系数,应在 1.3～1.7。

当应力和强度都是正态分布时,用连接方程求其连接系数为

$$u_R = \frac{n_R - 1}{\sqrt{n_R^2 C_{\tau_{\min}}^2 + C_{\tau_{\max}}^2}}$$

由 u_R 查标准正态分布表得相应的可靠度。

例 6-4 试计算某气门弹簧的可靠度。已知弹簧丝直径 $d=4.5$mm,弹簧中径 $D=32$mm,工作圈数 $n=8$,弹簧安装压力 $F_{\min}=200$N,最大工作压力 $F_{\max}=425\pm0.15$N,弹簧材料为 50CrVA,$\sigma_B=1500\sim1800$MPa,凸轮轴转速为 1400r/min,要求工作寿命 $N>10^7$。

解 (1) 计算弹簧指数 C 和曲度系数 K

$$C = \frac{D}{d} = \frac{32}{4.5} \approx 7.11$$

$$K = \frac{4C-1}{4C-4} + \frac{0.615}{C} = \frac{4\times7.11-1}{4\times7.11-4} + \frac{0.615}{7.11} = 1.21$$

取 $S_K=0.045$,故 $C_K=\dfrac{0.045}{1.21}=0.037$。

(2) 确定弹簧工作应力的分布

$$\bar{\tau}_{\max} = \bar{K}\frac{8\bar{F}_{\max}\bar{D}}{\pi\bar{d}^3} = 1.21\times\frac{8\times425\times32}{\pi\times4.5^3} = 459.86(\text{MPa})$$

$$\bar{\tau}_{\min} = \bar{K}\frac{8\bar{F}_{\min}\bar{D}}{\pi\bar{d}^3} = 1.21\times\frac{8\times200\times32}{\pi\times4.5^3} = 216.41(\text{MPa})$$

因 $F_{\max}$ 值的波动范围为 $\pm0.15F_{\max}$,按"3σ"原则

$$S_{F_{\max}} = \frac{0.15\times425}{3} = 21.25(\text{N})$$

$$C_{F_{\max}} = \frac{S_{F_{\max}}}{\overline{F}_{\max}} = 0.05$$

而 $C_{F\min}$ 按精度 2 级 $n=8$ 从表 6-14 查得为 0.033，同时按表 6-10 和表 6-11 取 $C_D=0.005$，$C_d=0.003$，故

$$\begin{aligned} C_{\tau_{\max}} &= \sqrt{C_K^2 + C_{F_{\max}}^2 + C_D^2 + 9C_d^2} \\ &= \sqrt{0.037^2 + 0.05^2 + 0.005^2 + 9 \times 0.003^2} \\ &= 0.063 \end{aligned}$$

$$\begin{aligned} C_{\tau_{\min}} &= \sqrt{C_K^2 + C_{F_{\min}}^2 + C_D^2 + 9C_d^2} \\ &= \sqrt{0.037^2 + 0.033^2 + 0.005^2 + 9 \times 0.003^2} \\ &= 0.05 \end{aligned}$$

故

$$S_{\tau_{\max}} = C_{\tau_{\max}} \bar{\tau}_{\max} = 0.063 \times 459.86 = 28.97(\text{MPa})$$

$$S_{\tau_{\min}} = C_{\tau_{\min}} \bar{\tau}_{\min} = 0.05 \times 216.41 = 10.82(\text{MPa})$$

(3) 确定弹簧材料的强度分布。

按 50CrVA 的抗拉强度 σ_B 值得

$$\bar{\sigma}_B = \frac{\sigma_{B\max} + \sigma_{B\min}}{2} = \frac{1800 + 1500}{2} = 1650(\text{MPa})$$

$$C_{\sigma_B} = \frac{\sigma_{B\max} - \sigma_{B\min}}{6\bar{\sigma}_B} = \frac{1800 - 1500}{6 \times 1650} \approx 0.03$$

查表 6-15 知，当 $N>10^7$ 次时，取

$$\bar{\tau}_0 = 0.3\bar{\sigma}_B = 0.3 \times 1650 = 495(\text{MPa})$$

而极限应力为

$$\bar{\tau}_{\lim} = \bar{\tau}_0 + 0.75\bar{\tau}_{\min} = 495 + 0.75 \times 216.41 \approx 657.3(\text{MPa})$$

标准差

$$\begin{aligned} S_{\tau_{\lim}} &= \sqrt{S_{\tau_0}^2 + (0.75S_{\tau_{\min}})^2} = \sqrt{(C_{\tau_0}\bar{\tau}_0)^2 + (0.75S_{\tau_{\min}})^2} \\ &= \sqrt{(0.096 \times 495)^2 + (0.75 \times 10.82)^2} = 48.21(\text{MPa}) \end{aligned}$$

式中，C_{τ_0} 为脉动循环时材料疲劳极限的变异系数，未经喷丸处理，取 $C_{\tau_0}=0.096$。故

$$C_{\tau_{\lim}} = \frac{S_{\tau_{\lim}}}{\bar{\tau}_{\lim}} = \frac{48.21}{657.3} \approx 0.073$$

(4) 计算安全系数及可靠度。

$$n_R = \frac{\bar{\tau}_{\lim}}{\bar{\tau}_{\max}} = \frac{657.3}{459.86} = 1.43 > 1.3$$

设强度和应力均为正态分布，故连接系数

$$u_R = \frac{n_R - 1}{\sqrt{n_R^2 C_{\tau_{\lim}}^2 + C_{\tau_{\max}}^2}} = \frac{1.43 - 1}{\sqrt{1.43^2 \times 0.073^2 + 0.063^2}} = 3.527$$

查正态分布表，得 $R(t)=0.9998$。

(5) 静强度验算。

因 $\bar{\tau}_S=0.432\bar{\sigma}_B=0.432\times1650=712.8\text{MPa}$，并取 $C_{\tau_S}\approx C_{\sigma_B}=0.03$，则静强度安全系数

$$n_S = \frac{\bar{\tau}_S}{\bar{\tau}_{\max}} = \frac{712.8}{459.86} = 1.55 > 1.3$$

计算静强度连接系数

$$u_S = \frac{n_S - 1}{\sqrt{n_S^2 C_{\tau_S}^2 + C_{\tau_{\max}}^2}} = \frac{1.55 - 1}{\sqrt{1.55^2 \times 0.03^2 + 0.063^2}} = 7.024$$

查正态分布表，得 $R(t)=1.0$。

6.4 齿轮传动的可靠性设计

齿轮传动是机械传动中最重要的传动之一，形式很多，应用广泛。一般来说，齿轮传动的失效主要是轮齿的失效，而轮齿的失效较为常见的有轮齿折断和工作齿面的磨损、点蚀、胶合及塑性变形。但对于齿面磨损、塑性变形等，由于尚未建立起广为工程实际使用且行之有效的计算方法及设计数据，所以目前设计一般使用的齿轮传动时，通常只按保证齿根弯曲疲劳强度和保证齿面接触疲劳强度两准则进行设计。在齿轮的可靠性设计中，判断齿轮失效的基本准则与常规设计是一致的。如果能够通过对实际工作的齿轮进行试验，取得工作应力、强度极限的分布规律，则根据应力、强度干涉理论推导出齿轮可靠性设计的表达式，是最为理想的方法。但是，由于影响齿轮工作应力和强度极限的因素很多，加之齿轮的工作寿命又较长，往往很难用实际工作的齿轮进行试验并取得数据。所以，在目前缺少统计数据的情况下，仍是将常规设计公式中的设计参数作为随机变量，将由手册中查出的数据按统计量处理，进行可靠性设计。这样，所设计的齿轮参数一般来说也是偏于安全的，所提供的可靠性信息还是很有实用意义的。

6.4.1 齿轮轮齿的故障模式及其特征

齿面的疲劳点蚀是闭式软齿面齿轮常见的失效形式，它主要是由于表面接触强度不足而产生的，是齿面疲劳损伤的现象之一。齿面上最初出现的点蚀仅为针尖大小的麻点，如工作条件未加改善，麻点就会逐渐扩大，甚至数点连成一片，最后形成了明显的齿面损伤。

齿轮轮齿的故障模式及其特征如表 6-16 所示，齿轮故障模式所占比例如表 6-17 所示。

表 6-16　齿轮故障模式及其特征

	故障模式特征	举　例	损坏部位示意图
表面接触疲劳损伤	**麻点疲劳剥落** 在轮齿节圆附近，由表面产生裂纹，造成深浅不同的点状或豆状凹坑	承受较高的接触应力的软齿面(正火调质状态)和部分硬齿面齿轮	
	浅层疲劳剥落 在轮齿节圆附近，由内部或表面产生裂纹，造成深浅不同、面积大小不同的片状剥落	承受高接触应力的重载硬齿面(表面经强化处理)齿轮	
	硬化层剥落 经表面强化处理的齿轮在很大接触应力作用下，由于应力/强度比值大于 0.55，在强化层过渡区产生平行于表面的疲劳裂纹，造成硬化层压碎，大块剥落	承受高接触应力的重载硬齿面(表面经强化处理)齿轮	
轮齿弯曲断裂	**疲劳断齿** 表面硬化(渗碳、碳氮共渗、感应淬火等)齿轮，一般在轮齿承受最大交变弯曲应力的齿轮根部产生疲劳断裂。断口呈疲劳特征	承受弯曲应力较大的变速箱齿轮和最终传动齿轮等	
	过载断齿 一般发生在轮齿承受最大弯曲应力的齿根部位，由于材料脆性过大或突然受到过载和冲击，在齿根处产生脆性折断，断口粗糙	变速箱齿轮等	
磨损	**磨粒磨损** 润滑介质中含有硬质颗粒和金属屑粒，犹如刀刃切削轮齿表面，使齿面几何形状发生畸变，严重时会使齿顶变尖，磨得像刀刃一样	在有灰沙环境工作的开式齿轮，矿山机械传动齿轮等	
	腐蚀磨损 在润滑介质中含有化学腐蚀成分，与材料表面发生化学和电化学反应，产生红褐色腐蚀产物(主要是二氧化铁)，受啮合摩擦和润滑剂的冲刷而脱落	在化学腐蚀环境中工作的齿轮	
	胶合磨损 轮齿表面在相对运动时，由于速度大，齿面接触点局部温度升高(热黏合)或低速重载(冷黏合)使表面油膜破坏，产生金属局部黏合而又撕裂，一般在接近齿顶或齿根部位速度大的地方，造成与轴线垂直的刮伤痕迹和细小密集的粘焊节瘤，齿面被破坏，噪声变大	高速传动齿轮、蜗杆等	
	齿端冲击磨损 变速箱换挡齿轮在换挡时齿端部受到冲击载荷，使齿端部产生磨损、打毛或崩角	变速箱换挡齿轮受多次换挡冲击载荷作用	

续表

	故障模式特征	举　例	损坏部位示意图
齿面塑性变形	**塑性变形** 在瞬时过载和摩擦力很大时，软齿面齿轮表面发生塑性变形，呈现凹沟、凸角和飞边，甚至使齿轮扭曲变形造成轮齿塑性变形	软齿面齿轮过载	
	压痕 当有外界异物或从轮齿上脱落的金属碎片进入啮合部位，在齿面上压出凹坑，一般凹痕线平，严重时会使轮齿局部变形	齿轮啮合时有异物压入	
	塑变折皱 硬齿面齿轮（尤其是双曲线齿轮）当短期过载摩擦力很大时，齿面出现塑性变形现象，呈波纹形折皱，严重破坏齿廓	硬齿面齿轮过载	

表 6-17　齿轮故障模式所占比例

序　号	齿轮故障模式	占总故障模式比例/%
1	疲劳断齿	32.8
2	过载断齿	19.5
3	轮齿碎裂	4.3
4	轮毂撕裂	4.6
5	表面疲劳	20.3
6	表面磨损	13.2
7	齿面塑性变形	5.3

6.4.2　齿面接触疲劳强度的可靠性设计

现行的齿轮传动设计方法主要包括两方面的内容，既要保证齿面有足够的接触强度，又要使齿根有足够的弯曲强度。

1. 齿面接触工作应力参数的分布

常规设计时齿面接触工作应力的计算公式为

$$\sigma_H = Z_H Z_E Z_\varepsilon Z_\beta \sqrt{\frac{F_t}{d_1 b} \cdot \frac{i \pm 1}{i} \cdot K_A K_V K_{H\beta} K_{H\alpha}} \leqslant [\sigma_H] \tag{6-4}$$

式中，σ_H 为齿面接触工作应力，MPa；$[\sigma_H]$为齿面许用接触应力，MPa；Z_H 为节点啮合区域系数；Z_E 为弹性影响系数，按国标查出，$C_{Z_E}=0.02\sim0.03$；Z_ε 为重合度系数；Z_β 为螺旋角影响系数；F_t 为齿轮端面内与分度圆相切的工作齿面间的作用力，或称端面分度圆名义切向力（圆周力），N，F_t 均值为

$$\overline{F}_t = \frac{2000\overline{T}_1}{d_1} N \tag{6-5}$$

式中，T_1 为小齿轮传递的名义扭矩，N·m。

若 T_1 是由工作在最繁重的、连续的正常工作条件下使用的最大载荷换算所得，则取 $C_{F_t}=0$；当载荷系精确求得，则取 $C_{F_t}=0.03$；当载荷近似求得，则取 $C_{F_t}=0.08$；d_1 为小齿轮分度圆直径，mm；b 为齿轮宽度，mm；i 为传动比，$i=\dfrac{Z_2}{Z_1}$，Z_1、Z_2 为小齿轮和大齿轮的齿数，式(6-4)中，"+"用于外啮合；"−"用于内啮合；K_A 为使用系数或工作情况系数，均值按国标规定求得；K_V 为动载系数，均值按国标线图查出或由表 6-18 所列公式算出；$K_{H\beta}$为齿向载荷分布系数；$K_{H\alpha}$为齿间载荷分配系数。

表 6-18 动载系数 K_v

精度	齿轮	
	直齿圆柱齿轮	斜齿圆柱齿轮
7 级	$K_V=1+0.00089vz_1$	$K_V=1+0.00046vz_1$
8 级	$K_V=1+0.00125vz_1$	$K_V=1+0.0063vz_1$
9 级	$K_V=1+0.00175vz_1$	$K_V=1+0.0009vz_1$

注：v 为小齿轮的圆周速度(m/s)。

变异系数

$$C_{K_V}=\frac{K_V-1}{3\overline{K}_V} \tag{6-6}$$

对无齿向修形时

$$C_{K_{H\beta}}=\frac{n+1}{10}\cdot\frac{\overline{K}_{H\beta}-1.05}{3\overline{K}_{H\beta}} \tag{6-7}$$

对于鼓形齿，即有齿向修形时

$$C_{K_{H\beta}}=\frac{\overline{K}_{H\beta}-1.25}{6\overline{K}_{H\beta}}\geqslant 0 \tag{6-8}$$

$C_{K_{H\alpha}}$ 按式(6-9)计算，或取 $C_{K_{H\alpha}}\approx 0.03$

$$C_{K_{H\alpha}}=\frac{\overline{K}_{H\alpha}-1}{3\overline{K}_{H\alpha}} \tag{6-9}$$

计算齿面接触应力的综合变异系数为

$$C_{\sigma_H}=\left[C_{HM}^2+C_{Z_E}^2+\frac{1}{4}(C_{F_t}^2+C_{K_A}^2+C_{K_V}^2+C_{K_{H\beta}}^2+C_{K_{H\alpha}}^2)\right]^{\frac{1}{2}} \tag{6-10}$$

式中，$C_{HM}=0.04$，为引进均值为 1 的接触应力模型变异系数；其他为相应参量的变异系数。

按式(6-4)、式(6-10)分别求出均值 $\bar{\sigma}_H$ 及变异系数 C_{σ_H}，则计算接触应力的标准差为

$$S_{\sigma_H}=\bar{\sigma}_H\cdot C_{\sigma_H} \tag{6-11}$$

齿向载荷分布系数 $K_{H\beta}$值见表 6-19；齿间载荷分配系数 $K_{H\alpha}$值见表 6-20。

表 6-19 齿向载荷分布系数 $K_{H\beta}$

支承结构序号	HBS$_1\leqslant$350, $K_{H\beta}=A\varphi_d+B\varphi_d^2+C$			HBS$_1>$350, $K_{H\beta}=A\varphi_d+B\varphi_d^2+C$		
	A	B	C	A	B	C
1	0.24	0.4456	1.0054	1.05	0	1
2	0.29184	0.06218	0.99569	0.41062	0.51246	1.00333
3	0.10482	0.04448	1.0036	0.29503	0.07772	1.00587
4	0.0395	0.04968	1.013	0.18042	0.08551	1.00498
5	0.02576	0.04125	1.011	0.09073	0.09494	1.00352
6	−0.007	0.03977	1.0157	0.01265	0.08848	1.00955
7	−0.0177	0.0337	1.00977	−0.00929	0.0627	1.00862

表 6-20 齿间载荷分配系数 $K_{H\alpha}$

精度等级 n	6	7	8	9
$K_{H\alpha}$	$K_{H\alpha}=0.25+1$	$K_{H\alpha}=0.00133v+1.2$	$K_{H\alpha}=0.008v+1.05$	$K_{H\alpha}=0.012v+1.1$

2. 齿面接触疲劳强度参数的分布

工作齿轮齿面接触疲劳强度的计算公式为

$$\sigma'_{H\lim}=\sigma_{H\lim}Z_N Z_L Z_V Z_R Z_W \tag{6-12}$$

理论和试验研究表明 $\sigma'_{H\lim}$ 也服从对数正态分布，故其均值及变异系数分别为

$$\bar{\sigma}'_{H\lim}=\bar{\sigma}_{H\lim}\bar{Z}_N\bar{Z}_L\bar{Z}_V\bar{Z}_R\bar{Z}_W \tag{6-13}$$

$$C'_{\sigma_{H\lim}}=(C^2_{\sigma_{H\lim}}+C^2_{Z_N}+C^2_{Z_L}+C^2_{Z_V}+C^2_{Z_R}+C^2_{Z_W})^{\frac{1}{2}} \tag{6-14}$$

式(6-12)～式(6-14)中各参数意义及数值确定见表 6-21。

表 6-21 求 $\sigma'_{H\lim}$、$\bar{\sigma}'_{H\lim}$ 和 $C'_{\sigma_{H\lim}}$ 的各参数意义及数值确定

符 号	名 称	均 值	变异系数
$\sigma_{H\lim}$	试验齿轮接触疲劳强度	$\sigma_{H\lim}$ 按表 6-22 计算	$C_{\sigma_{H\lim}}=0.01(n+p-1)$ n 为精度等级，p 为生产批量
Z_N	寿命系数	Z_N 按表 6-23 计算	$C_{Z_N}=0.04$
Z_L	润滑剂系数	Z_L 按国标方法计算	$C_{Z_L}=C_{Z_V}=C_{Z_R}\approx0.02$
Z_V	速度系数	Z_V 按国标方法计算	
Z_R	光洁度系数	Z_R 按国标方法计算	
Z_W	工作硬化系数	$Z_W=1.2765-\dfrac{HBS}{1700}$	$C_{Z_W}=0.02$

注：单件、小批 $p=3$；成批 $p=2$；大批 $p=1$。

将表 6-21 中已确定的各变异系数值代入式(6-14)可得

$$C'_{\sigma_{H\lim}}=(0.0032+C^2_{\sigma_{H\lim}})^{\frac{1}{2}} \tag{6-15}$$

$\sigma_{H\lim}$ 及 $\sigma_{F\lim}$ 数值见表 6-22 所示。

表 6-22 $\sigma_{H\lim}$ 及 $\sigma_{F\lim}$

材料、热处理	$\sigma_{H\lim}$	$\sigma_{F\lim}$
碳钢常化	1.222HBS+226	0.4HBS+116
铸钢常化	HBS+190	0.4HBS+86
碳钢调质	HBS+350	0.34HBS+152
合金钢调质	1.5HBS+330	0.4HBS+180
合金铸钢调质	1.5HBS+250	0.4HBS+140
调质钢，淬火	9.5HRC+674	5.3HRC+62
合金钢，渗碳	1400	420
调质钢，氮化	990	340
氮化钢，气体氮化	1250	400

接触强度寿命系数 Z_N 的计算公式见表 6-23。

表 6-23 接触强度寿命系数 Z_N 的计算公式

材　料	疲劳循环次数 N_L	Z_N 计算公式
调质钢、球墨铸铁、珠光体可锻铸铁、表面硬化钢（允许有一定量点蚀时）	$N_L \leqslant 6\times10^5$ $6\times10^5 < N_L \leqslant 10^7$ $10^7 < N_L < 10^9$ $10^9 \leqslant N_L$	1.6 $(3\times10^8/N_L)^{0.0766}$ $(10^9/N_L)^{0.057}$ 1
调质钢、球墨铸铁、珠光体可锻铸铁、表面硬化钢（不允许有一定量的点蚀时）	$N_L \leqslant 10^5$ $10^5 < N_L < 5\times10^7$ $5\times10^7 < N_L$	1.6 $(5\times10^7/N_L)^{0.0766}$ 1
经气体氮化的调质钢或氮化钢、灰铸铁	$N_L \leqslant 10^5$ $10^5 < N_L < 2\times10^6$ $2\times10^6 < N_L$	1.4 $(2\times10^6/N_L)^{0.0875}$ 1
调质钢经液体氮化	$N_L \leqslant 10^5$ $10^5 < N_L < 2\times10^6$ $2\times10^6 < N_L$	1.1 $(2\times10^6/N_L)^{0.0318}$ 1

注：稳定载荷时，$N_L = 60znt_h$；变载荷时

$$N_L = \sum_{i=1}^{n} n_i \left(\frac{T_i}{T_{\max}}\right)^3$$

式中，z 为齿轮每转一周，同一侧齿面的啮合次数；n 为齿轮的转速，r/min；t_h 为总工作时间，h；$T_{\max}$ 为长期作用的最大扭矩，N·m；n_i 为第 i 个循环时的转速，r/min；T_i 为第 i 个循环时的扭矩，N·m。

3. 齿面接触疲劳强度的可靠度系数

当工作应力和强度极限均服从对数正态分布时，可按下式计算可靠度系数：

$$u_R = \frac{\ln(\bar{\sigma}'_{H\lim}/\bar{\sigma}_H)}{C_n} \tag{6-16}$$

式中，C_n 为综合变异系数，$C_n = (C'^2_{\sigma_{H\lim}} + C^2_{\sigma_H})^{\frac{1}{2}}$。

当 $C'_{\sigma_{H\lim}} \geqslant 0.10$、$C_{\sigma_H} \geqslant 0.10$ 时，为了安全起见可以按安全系数服从正态分布模型计算可靠度，可靠度系数为

$$u_R = \frac{\bar{n}_R - 1}{C_n \bar{n}_R}$$

据 u_R 由正态分布表可查得可靠度 $R(t)$。

4. 齿轮接触疲劳强度的可靠性设计

若齿面接触应力为其他分布，则可按等效正态分布法求解可靠度。

由式(6-16)变换可得

$$\bar{\sigma}_H = \frac{\bar{\sigma}'_{H\lim}}{\exp(C_n u_R)}$$

将上式与式(6-4)联立求解可得

$$\sqrt{\frac{F_t K}{b d_1}} = \frac{\bar{\sigma}'_{H\lim}}{\exp(C_n u_R)}$$

式中

$$K = \frac{i \pm 1}{i} \cdot K_A K_V K_{H\beta} K_{H\alpha} \cdot (Z_H Z_E Z_\varepsilon Z_\beta)^2$$

开方后整理得

$$b d_1 = \bar{F}_t \cdot \bar{K} \left[\frac{\exp(C_n u_R)}{\bar{\sigma}'_{H\lim}} \right]^2$$

取齿宽系数 $\varphi_d = b/d_1$，得

$$d_1 = \left[\frac{\exp(C_n u_R)}{\bar{\sigma}'_{H\lim}} \right] \cdot \sqrt{\frac{F_t K}{\varphi_d}} \text{mm} \tag{6-17}$$

当给定可靠度 $R(t)$，也即可靠度系数 u_R 时，就可由该式求出 d_1 值。

例 6-5 板材校直机主动齿轮传递扭矩 $T_1 = 3400\text{N} \cdot \text{m}$，转速 $n_1 = 22.6\text{r/min}$，齿数 $Z_1 = Z_2 = 29$，模数 $m = 6\text{mm}$，变位系数 $x_1 = x_2 = 0.56$，中心矩 $a' = 180\text{mm}$，齿宽 $b = 260\text{mm}$，重合度 $\varepsilon_a = 1.36$，齿轮精度 8 级，表面粗糙度 $R_a = 3.2$。齿轮材料为 40MnB，HBS 为 250～280，使用 5 年，每天工作两班，设备利用率 80%。试校核其接触疲劳强度的可靠度。

解 (1) 圆周力均值

$$d_1 = m Z_1 = 6 \times 29 = 174(\text{mm})$$

$$\overline{F_t} = 2000 T_1 / d_1 = 2000 \times 3400/174 \approx 39080(\text{N})$$

变异系数

$$C_{F_t} = 0.03$$

(2) 使用系数。

电动机驱动，工作平稳，取 $K_A = 1$，$C_{K_A} = 0$。

(3) 动载系数。

圆周速度

$$v = d_1 n_1/19100 = 174 \times 22.6/19100 \approx 0.206(\text{m/s})$$

由表 6-18 得

$$K_V = 1 + 0.00125vz_1 = 1 + 0.00125 \times 0.206 \times 29 \approx 1$$

$$C_{K_V} = 0$$

$$\varphi_d = \frac{b}{d_1} \approx 1.5$$

(4) 齿向载荷分布系数。

由表 6-19 得

$$\begin{aligned} K_{H\beta} &= -0.007\varphi_d + 0.03977\varphi_d^2 + 1.057 \\ &= -0.007 \times 1.5 + 0.03977 \times 1.5^2 + 1.057 \\ &= 1.095 \end{aligned}$$

$$C_{K_{H\beta}} = \frac{n+1}{10} \cdot \frac{K_{H\beta} - 1.05}{3K_{H\beta}} = 0.012$$

(5) 齿间载荷分配系数。

8 级精度,由表 6-20 得

$$K_{H\alpha} = 0.008v + 1.05 = 0.008 \times 0.206 + 1.05 \approx 1.052$$

$$C_{K_{H\alpha}} \approx 0.03$$

(6) 节点区域系数。

啮合角

$$\alpha' = \arccos\left[\frac{m(Z_1 + Z_2)}{2a'}\cos\alpha\right] = \arccos\left[\frac{6 \times (29 + 29)}{2 \times 180}\cos 20^\circ\right] = 24.719^\circ$$

$$Z_H = \sqrt{\frac{2}{\cos^2\alpha\tan\alpha'}} = \sqrt{\frac{2}{\cos^2 20^\circ \tan 24.719^\circ}} = 2.22$$

(7) 弹性影响系数。

两齿轮均为钢制,故取 $Z_E = 189.8$。

(8) 重合度系数。

重合度 $\varepsilon_\alpha = 1.36$,故

$$Z_\varepsilon = \sqrt{\frac{4 - \varepsilon_\alpha}{3}} = \sqrt{\frac{4 - 1.36}{3}} = 0.938$$

(9) 齿数比系数

$$K_u = (1 + 1/u) = 2$$

(10) 齿面接触应力均值。

由式(6-1)得

$$\bar{\sigma}_H = Z_H Z_E Z_\varepsilon Z_\beta \sqrt{\frac{F_t}{d_1 b} \cdot \frac{i \pm 1}{i} \cdot K_A K_V K_{H\beta} K_{H\alpha}}$$

$$= 2.22 \times 189.8 \times 0.938 \times 1 \times \sqrt{\frac{39080}{174 \times 260} \times 2 \times 1 \times 1 \times 1.095 \times 1.052}$$

$$\approx 557.6(\text{MPa})$$

综合变异系数由式(6-10)得

$$C_{\sigma_H} = 0.04^2 + 0.03^2 + 0.25 \times (0.03^2 + 0 + 0 + 0.012^2 + 0.03^2) \approx 0.06$$

(11) 接触疲劳强度。

由表 6-22 得

$$\bar{\sigma}_{H\lim} = 1.5\text{HBS} + 330 = 1.5 \times 250 + 330 = 705(\text{MPa})$$

(12) 寿命系数。应力循环次数

$$N_L = 60nt_h = 60 \times 22.6 \times 5 \times 300 \times 16 \times 0.8 \approx 2.6 \times 10^7$$

可见 $10^7 < N_L < 10^9$，由表 6-23 得

$$\bar{Z}_{N_1} = (10^9/N_L)^{0.057} = (10^9/2.6 \times 10^7)^{0.057} = 1.23$$

(13) 润滑油系数。

按 $\sigma_{H\lim} < 850$，$\gamma_{50} = 100$ 采用国标方法求得

$$\bar{Z}_L = 0.83 + \frac{4 \times (1 - 0.83)}{(1.2 + 80/\gamma_{50})^2} = 0.83 + \frac{0.68}{(1.2 + 80/100)^2} = 1$$

(14) 速度系数

$$\bar{Z}_V = 0.85 + \frac{2 \times (1 - 0.85)}{\sqrt{1.8 + 32/v}} = 0.85 + \frac{0.3}{\sqrt{1.8 + 32/0.206}} = 0.874$$

(15) 粗糙度系数。

采用国标方法求得

$$R_{Z_{100}} = (R_{Z_1} + R_{Z_2})\sqrt{100/a'}/2 = 3.2 \times \sqrt{100/180}/2 = 2.6(\mu\text{m})$$

$$M_{Z_R} = 0.32 + \sigma_{H\lim}/5000 = 0.461$$

则

$$Z_R = \left(\frac{3}{R_{Z_{100}}}\right)^{M_{Z_R}} = \left(\frac{3}{2.6}\right)^{0.461} = 1.07$$

(16) 工作硬化系数。

采用国标方法求得

$$\bar{Z}_W = 1.2765 - \text{HBS}/1700 = 1.2765 - 250/1700 = 1.13$$

(17) 齿面接触疲劳强度均值。

由式(6-13)得

$$\begin{aligned}\bar{\sigma}'_{H\lim} &= \bar{\sigma}_{H\lim}\bar{Z}_N\bar{Z}_L\bar{Z}_V\bar{Z}_R\bar{Z}_W \\ &= 705 \times 1.23 \times 1 \times 0.874 \times 1.07 \times 1.13 \\ &= 916.3(\text{MPa})\end{aligned}$$

(18) 齿面接触疲劳强度的变异系数。

设齿轮为大批生产，由表 6-21 得

$$C_{\sigma_{H\lim}} = 0.01(n + p - 1) = 0.01 \times (8 + 1 - 1) = 0.08$$

再由式(6-15)可求得

$$C'_{\sigma_{H\lim}} = (0.0032 + C^2_{\sigma_{H\lim}})^{1/2} = (0.0032 + 0.08^2)^{1/2} = 0.098$$

(19) 综合变异系数

$$C_n = \sqrt{C'^2_{\sigma_{H\lim}} + C^2_{\sigma_H}} = \sqrt{0.098^2 + 0.06^2} = 0.115$$

(20) 求可靠度。

由式(6-16)得

$$u_R \approx \ln(\bar{\sigma}'_{H\lim}/\bar{\sigma}_H)/C_n = \ln(916.3/557.6)/0.115 = 4.31915$$

由附表查得可靠度 $R=0.9999922$。

下面结合实例,运用可靠性设计理论和方法说明齿轮传动的另一种可靠性设计方法。

例 6-6 某球磨机用单级斜齿圆柱齿轮减速器。传递的额定功率 $P_1=95\text{kW}$,小齿轮转速 $n_1=730\text{r/mim}$,传动比 $i=3.11$,单向运转,满载工作时间 35000h。小齿轮的材料为 38SiMnMo,调质 $HB_1=250$;大齿轮的材料为 ZG35SiMn,调质 $HB_2=220$。取齿轮材料极限应力区域图纵坐标中间值为材料的极限应力值,分别查得小齿轮和大齿轮材料的接触疲劳极限应力为 $\sigma_{H\lim1}=700\text{MPa}$,$\sigma_{H\lim2}=560\text{MPa}$;弯曲疲劳极限应力为 $\sigma_{F\lim1}=270\text{MPa}$,$\sigma_{F\lim2}=210\text{MPa}$。由传统设计得到的齿轮传动主要几何参数为:齿轮的法面模数 $m_n=4\text{mm}$,齿数 $z_1=36$,$z_2=112$,螺旋角 $\beta=9°22'$,齿宽系数 $\varphi_a=0.4$,中心距 $a=300\text{mm}$,齿宽 $b=120\text{mm}$。求该齿轮传动的可靠度。

解 假设本例中所涉及的随机变量相互独立,且服从正态分布。考虑到轮齿的弯曲强度较富裕,因此该齿轮传动的可靠度主要取决于轮齿的接触强度。

(1) 确定轮齿接触强度的分布参数。

齿面的许用接触应力为

$$\sigma_{HP} = \frac{\sigma_{H\lim} Z_N Z_W}{S_{H\min}}$$

式中,$\sigma_{H\lim}$为试验齿轮的接触疲劳极限应力,MPa;Z_N 为接触强度寿命系数;Z_W 为工作硬化系数;$S_{H\min}$为接触强度最小安全系数。

取齿面接触强度的变异系数 $C=0.06$,小齿轮和大齿轮接触强度的标准差为 $S_{\sigma_{H\lim1}}=0.06\times700=42(\text{MPa})$,$S_{\sigma_{H\lim2}}=0.06\times560=33.6(\text{MPa})$。

对于一般可靠性齿轮传动,接触强度最小安全系数 $\bar{S}_{H\lim}=1$,则标准差 $S_{S_{H\lim}}=0$。

为确定接触强度的寿命系数 Z_N 的分布参数,先计算应力循环次数。

$$N_1 = 60zn_1t_h = 60\times1\times730\times35000 = 1.533\times10^9$$

$$N_2 = N_1/i = 1.533\times10^9/3.11 = 4.93\times10^8$$

对调质钢(允许有一定点蚀),由手册中的线图查得 $N_0=10^9$。因为 $N_1>N_0$,所以取 $\bar{Z}_{N1}=1$,$S_{Z_{N1}}=0$,又查得 $\bar{Z}_{N2}=1.04$,取寿命系数的变异系数 $C=0.07$,则标准差 $S_{Z_{N2}}=1.04\times0.07=0.073$。因为小齿轮为软齿面,未经磨齿,故取 $Z_W=1$,则标准差 $S_{Z_W}=0$。

将以上各参数分别代入齿面许用接触应力的关系式中,由独立随机变量的代数运算公式得小齿轮的许用接触应力 σ_{HP1} 的均值 $\bar{\sigma}_{HP1}$ 和标准差 $S_{\sigma_{HP1}}$ 为

$$(\bar{\sigma}_{HP1},S_{\sigma_{HP1}})=\frac{(\bar{\sigma}_{\text{Hlim1}},S_{\sigma_{\text{Hlim1}}})(\bar{Z}_{N1},S_{Z_{N1}})(\bar{Z}_W,S_{Z_W})}{(\bar{S}_{\text{Hmin}},S_{S_{\text{Hmin}}})}$$

$$=\frac{(700,42)(1,0)(1,0)}{(1,0)}$$

$$=(700,42)\text{MPa}$$

大齿轮的许用接触应力 σ_{HP2} 的均值 $\bar{\sigma}_{HP2}$ 和标准差 $S_{\sigma_{HP2}}$ 为

$$(\bar{\sigma}_{HP2},S_{\sigma_{HP2}})=\frac{(\bar{\sigma}_{\text{Hlim2}},S_{\sigma_{\text{Hlim2}}})(\bar{Z}_{N2},S_{Z_{N2}})(\bar{Z}_W,S_{Z_W})}{(\bar{S}_{\text{Hmin}},S_{S_{\text{Hmin}}})}$$

$$=\frac{(560,33.6)(1.04,0.073)(1,0)}{(1,0)}$$

$$=(582.40,53.78)\text{MPa}$$

斜齿轮传动的许用接触应力一般为

$$\sigma_{HP}=\frac{\sigma_{HP1}+\sigma_{HP2}}{2}$$

因此,许用接触应力的均值为

$$\bar{\sigma}_{HP}=\frac{\bar{\sigma}_{HP1}+\bar{\sigma}_{HP2}}{2}=\frac{582.40+700}{2}=641.20(\text{MPa})$$

许用接触应力的标准差为

$$S_{\sigma_{HP}}=\frac{1}{2}(S^2_{\sigma_{HP1}}+S^2_{\sigma_{HP2}})^{\frac{1}{2}}=\frac{1}{2}(42^2+53.78^2)^{\frac{1}{2}}=34.12(\text{MPa})$$

(2) 确定轮齿接触应力的分布参数。

轮齿接触应力公式为

$$\sigma_{Hca}=Z_EZ_HZ_\varepsilon\sqrt{\frac{F_t(u+1)}{bd_1u}K_AK_VK_\beta K_\alpha}$$

上式中有些参量,如分度圆直径 d_1、齿宽 b、齿数比 u、节点区域系数 Z_H 等,均属于和齿轮几何尺寸有关的参数,它们只能在精度等级允许的公差范围内变化,取值区间较小,而且工艺上可以保证,为简化起见,这里把它们作为定值变量处理。除了上述这些参数外,其他参数按随机变量处理。

① 令 $F_{tc}=F_tK_AK_VK_\beta K_\alpha$,求 F_{tc} 的均值和标准差

$$F_t=\frac{2000T_1}{d_1}$$

$$T_1=9550\frac{P_1}{n_1}=9550\times\frac{95}{730}=1243(\text{N}\cdot\text{m})$$

式中,T_1 是小齿轮传递的名义扭矩,是指工作机械在最繁重的、连续正常工作条件下使用的工作扭矩,如轧钢机连续轧制力矩、起重机最大起重量引起的扭矩等;当工作

机械在长期欠载工况下运行时，则名义扭矩应为最大的长期工作扭矩，这时名义扭矩可作为定值变量处理。若有工作机械的实测载荷谱，则应以当量载荷换算为小齿轮的名义扭矩，考虑到载荷谱测定过程中偏于安全的某些简化，可取扭矩 T_1 的标准差为 0。

名义圆周力 F_t 的均值为

$$\overline{F}_t = \frac{2000T_1}{d_1} = \frac{2\times 1243}{\dfrac{m_n}{\cos\beta}z_1} = \frac{2\times 1243}{\dfrac{4}{\cos 9^\circ 22'}\times 36} = 17034(\mathrm{N})$$

其标准差为 $S_{F_t}=0$。

工作情况系数 K_A 的均值 $\overline{K}_A=1.25$，取偏差 $\Delta K_A=\pm 0.10$，则标准差 $S_{K_A}=\frac{0.10}{3}=0.333$，故 $(K_A, S_{K_A})=(1.25, 0.333)$。

动载系数 K_V 的均值 $\overline{K}_V=1.13$，取偏差 $\Delta K_V=\pm 0.11$，则标准差 $S_{K_V}=\frac{0.11}{3}=0.0367$，故 $(K_V, S_{K_V})=(1.13, 0.0367)$。

齿向载荷分布系数的均值 $\overline{K}_\beta=1.03$，取偏差 $\Delta K_\beta=\pm 0.12$，则标准差 $S_{K_\beta}=\frac{0.12}{3}=0.04$，故 $(K_\beta, S_{K_\beta})=(1.03, 0.04)$。

得齿轮精度为 8 级时，齿间载荷分配系数的均值 $\overline{K}_\alpha=1.49$，取偏差 $\Delta K_\alpha=\pm 0.045$，则标准差 $S_{K_\alpha}=\frac{0.45}{3}=0.015$，故 $(K_\alpha, S_{K_\alpha})=(1.49, 0.015)$。

应用 n 次两个独立随机变量的乘法公式可得 F_{tc} 的均值 $\overline{F}_{tc}$ 和标准差 $S_{F_{tc}}$ 为

$$\begin{aligned}(F_{tc}, S_{F_{tc}}) &= (\overline{F}_t, S_{F_t})(\overline{K}_A, S_{K_A})(\overline{K}_V, S_{K_V})(\overline{K}_\beta, S_{K_\beta})(\overline{K}_\alpha, S_{K_\alpha})\\ &= (17034, 0)(1.25, 0.333)(1.13, 0.0367)(1.03, 0.04)(1.49, 0.015)\\ &= (36925.688, 2129.25)\mathrm{N}\end{aligned}$$

② 令 $z=\frac{F_{tc}(u+1)}{bd_1u}$，求 z 的均值 $\overline{z}$ 和标准差 S_z。

应用常数乘随机变量的代数运算公式，可得 z 的均值和标准差分别为

$$\overline{z} = \frac{\overline{F}_{tc}(u+1)}{bd_1u} = \frac{36925.688\times(3.11+1)}{120\times 145.946\times 3.11} = 2.786$$

$$S_z = 0.161$$

即

$$(\overline{z}, S_z) = (2.786, 0.161)$$

③ 令 $M=\sqrt{z}$，求 M 的均值 $\overline{M}$ 和标准差 S_M。

应用独立随机变量的开方公式可得

$$\overline{M}=\left[\frac{1}{2}\left(\overline{z}+\sqrt{\overline{z}^2-S_z^2}\right)\right]^{\frac{1}{2}}$$

$$= \left[\frac{1}{2}\left(2.786 + \sqrt{2.786^2 - 0.161^2}\right)\right]^{\frac{1}{2}} = 1.668$$

$$S_M = \frac{1}{2}\left(\frac{S_z}{\bar{z}}\right) = \frac{1}{2} \times \frac{0.161}{2.786} = 0.029$$

即

$$(\overline{M}, S_M) = (1.668, 0.029)$$

④ 求 $\sigma_{Hca} = Z_E Z_H Z_\varepsilon M$ 的均值 $\bar{\sigma}_{Hca}$ 和标准差 $S_{\sigma_{Hca}}$。

材料弹性系数 Z_E 的均值 $\overline{Z}_E = 189.8$，假定偏差 $\Delta Z_E = \pm 10$，$S_{Z_E} = \frac{10}{3} = 3.33$。节点区域系数 Z_H 的均值 $\overline{Z}_H = 2.47$，按定值变量处理，则标准差 $S_{Z_H} = 0$。接触强度重合度系数 Z_ε 的均值 $\overline{Z}_\varepsilon = 0.748$，取偏差 $\Delta Z_\varepsilon = \pm 0.015$，则标准差 $S_{Z_\varepsilon} = \frac{0.015}{3} = 0.005$。应用 n 次两个独立随机变量的乘法公式可得

$$\begin{aligned}(\bar{\sigma}_{Hca}, S_{\sigma_{Hca}}) &= (\overline{Z}_E, S_{Z_E})(\overline{Z}_H, S_{Z_H})(\overline{Z}_\varepsilon, S_{Z_\varepsilon})(\overline{M}, S_M) \\ &= (189.8, 3.33)(2.47, 0)(0.748, 0.005)(1.668, 0.029) \\ &= (585.26, 6.027)\text{MPa}\end{aligned}$$

(3) 求可靠度。

将以上斜齿圆柱齿轮传动的接触强度和接触应力的分布参数代入连接方程

$$u_R = \frac{\bar{\sigma}_{HP} - \bar{\sigma}_{Hca}}{\sqrt{S_{\sigma_{HP}}^2 + S_{\sigma_{Hca}}^2}} = \frac{641.2 - 585.26}{\sqrt{34.12^2 + 6.027^2}} = \frac{55.94}{34.65} = 1.615$$

由标准正态分布表可查得可靠度为

$$R(t) = \phi(u_R) = 0.9468 \approx 95\%$$

因此，该齿轮传动的可靠度为 95%。

6.4.3 齿根弯曲疲劳强度的可靠性设计

在齿轮传动中，由于轮齿受载时，齿根处产生的弯曲应力最大，再加上齿根过渡部分的截面突变及加工刀痕等引起的应力集中作用，当轮齿重复受载后，齿根处就会产生疲劳裂纹，裂纹逐渐扩展，最终致使轮齿疲劳折断。齿根折断是其极限状态，是非正常故障。

1. 齿根弯曲工作应力参数的分布

常规设计时齿根弯曲工作应力的计算公式为

$$\sigma_F = \frac{F_t K_A K_V K_{F\beta} K_{F\alpha}}{b m_n} Y_{Fa} Y_{Sa} Y_\varepsilon Y_\beta$$

对齿根弯曲工作应力的分布规律有不同的解释。有的认为服从 Γ 分布；有的认为服从对数正态分布；有的为了安全起见，认为服从正态分布，但都缺少足够的试验

数据。这里采用对数正态分布作为齿根弯曲工作应力的分布规律，为补偿其近似性，取变异系数 $C_{FM}=0.04$。

弯曲工作应力的均值为

$$\bar{\sigma}_F=\frac{\overline{F}_t\overline{K}_A\overline{K}_V\overline{K}_{F\beta}\overline{K}_{F\alpha}}{bm_n}\overline{Y}_{Fa}\overline{Y}_{Sa}\overline{Y}_{\varepsilon}\overline{Y}_{\beta} \tag{6-18}$$

弯曲工作应力的综合变异系数为

$$C_{\sigma_F}=(C_{F_M}^2+C_{F_t}^2+C_{K_A}^2+C_{K_V}^2+C_{K_{F\beta}}^2+C_{K_{F\alpha}}^2+C_{Y_{Fa}}^2+C_{Y_{Sa}}^2)^{\frac{1}{2}} \tag{6-19}$$

式(6-18)和式(6-19)中 $\overline{F}_t$、$\overline{K}_A$、$\overline{K}_V$ 和 C_{F_t}、C_{K_A}、C_{K_V} 与前节所述相同。其余各参数见表 6-24。将表 6-24 中的各变异系数值代入式(6-19)，则综合变异系数可简化为

$$C_{\sigma_F}=(0.007878+C_{F_t}^2+C_{K_A}^2+C_{K_V}^2)^{\frac{1}{2}} \tag{6-20}$$

令 $\overline{K}=\overline{K}_A\overline{K}_V\overline{K}_{F\beta}\overline{K}_{F\alpha}$，$\overline{Y}=\overline{Y}_{Fa}\overline{Y}_{Sa}\overline{Y}_{\varepsilon}\overline{Y}_{\beta}$，则式(6-18)表示为

$$\bar{\sigma}_F=\frac{\overline{F}_t\overline{K}}{bm_n}\overline{Y} \tag{6-21}$$

表 6-24　求 $\bar{\sigma}_F$、$C_{\sigma F}$ 的部分参数

符　号	名　称	均　值	变异系数
$K_{F\beta}$ $K_{F\alpha}$	齿向载荷分布系数 齿间载荷分配系数	$\overline{K}_{F\beta}=1.5K_{H\beta}-0.5$ $\overline{K}_{F\alpha}=1+(n-5)(\varepsilon_\alpha-1)/4$	$C_{K_{F\beta}}=0.05$ $C_{K_{F\alpha}}=0.033$
Y_{Fa} Y_{Sa}	齿形系数 齿根应力校正系数	按表 6-25 计算 $\overline{Y}_{Fa}$、$\overline{Y}_{Sa}$	$C_{Y_{Fa}}=0.033$ $C_{Y_{Sa}}=0.04$
Y_ε Y_β	重合度系数 螺旋角系数	$\overline{Y}_\varepsilon=0.25+0.75/\varepsilon_\alpha$ $\overline{Y}_\beta=1-\varepsilon_\beta\cdot\beta/120°$	$C_{Y_\varepsilon}=0$ $C_{Y_\beta}=0$

表 6-25　Y_{Fa} 和 Y_{Sa} 近似算式

标准齿轮	$Y_{Fa}=2.984508-0.014134Z_V+0.51\times10^{-5}Z_V^2$
	$Y_{Sa}=1.472047+0.00497Z_V-1.6\times10^{-5}Z_V^2$
变位齿轮	$x<0$ $Y_{Fa}=[5.928596-1.5647\ln Z_V+0.162705\ln^2 Z_V]$ $\times[1-18.2705x/Z_V+308.6646(x-0.25)^2/Z_V^2]$ $x=0$ $Y_{Fa}=[5.91207-1.6861\ln Z_V+0.187876\ln^2 Z_V]$ $\times[1+9.856(x-0.2)x/\ln Z_V+74.05762(x-0.2)x/\ln^2 Z_V]$
	$Y_{Sa}=[1.779-0.1459985\ln Z_V+0.034949\ln^2 Z_V]$ $\times[1+0.70598\times(-0.2)/\ln Z_V-0.434686(x-0.2)^2/\ln^2 Z_V]$

2. 齿根弯曲疲劳强度参数的分布

工作齿轮齿根弯曲疲劳强度的计算公式为

$$\sigma'_{Flim} = \sigma_{Flim} Y_S Y_N Y_\sigma Y_R Y_x \tag{6-22}$$

对式(6-22)两边取对数，并设各对数随机变量均服从正态分布，则根据同分布的中心极限定理，$\ln\sigma'_{Flim}$将渐近于正态分布，σ'_{Flim}服从对数正态分布。

弯曲疲劳强度极限均值为

$$\bar{\sigma}'_{Flim} = \bar{\sigma}_{Flim} \bar{Y}_S \bar{Y}_N \bar{Y}_\sigma \bar{Y}_R \bar{Y}_x \tag{6-23}$$

弯曲疲劳强度极限的综合变异系数为

$$C'_{\sigma_{Flim}} = (C^2_{\sigma_{Flim}} + C^2_{Y_S} + C^2_{Y_N} + C^2_{Y_\sigma} + C^2_{Y_R} + C^2_{Y_x})^{\frac{1}{2}} \tag{6-24}$$

式(6-23)和式(6-24)中各参数的确定如表 6-26 所列。

表 6-26　求 $\bar{\sigma}'_{Flim}$、$C'_{\sigma_{Flim}}$ 的部分参数

符　号	名　称	均　值	变异系数
σ_{Flim}	试验齿轮抗弯疲劳强度	按表 6-22 确定 $\bar{\sigma}_{Flim}$	$C_{\sigma_{Flim}}=0.01(n+p-1)=C_{\sigma_{Hlim}}+0.02$
Y_S	应力修正系数	$\bar{Y}_S=2$	$C_{Y_S}=0.033$
Y_N	寿命系数	$\bar{Y}_N$ 按表 6-25 计算	$C_{Y_N}=0.03$
Y_σ Y_R	齿根圆角敏感系数 齿根表面状况系数	按国标方法计算 $\bar{Y}_\sigma$、$\bar{Y}_R$	$C_{Y_\sigma}=0.03$ $C_{Y_R}=0.033$
Y_x	尺寸系数	按表 6-26 求 $\bar{Y}_x$	$C_{Y_x}=0.02$

将表 6-26 已定的变异参数值代入式(6-24)，则综合变异系数简化为

$$C'_{\sigma_{Flim}} = (0.0044 + C^2_{\sigma_{Flim}})^{\frac{1}{2}} \tag{6-25}$$

3. 齿根弯曲疲劳强度可靠度

当工作应力和强度极限均服从对数正态分布时，可按下式计算可靠度系数：

$$u_R = \frac{\ln(\bar{\sigma}'_{Flim}/\bar{\sigma}_F)}{C_n} \tag{6-26}$$

式中，C_n 为综合变异系数，$C_n=(C'^2_{\sigma_{Flim}}+C^2_{\sigma_F})^{\frac{1}{2}}$。

当 $C'_{\sigma_{Flim}}\geqslant 0.10$、$C_{\sigma_F}\geqslant 0.10$ 时，为了安全起见可以按安全系数服从正态分布模型计算可靠度，可靠度系数为

$$u_R = \frac{\bar{n}_R - 1}{C_n \bar{n}_R}$$

据 u_R 由正态分布表可查得可靠度 $R(t)$。

4. 齿轮弯曲疲劳强度的可靠性设计

由式(6-26)变换可得

$$\bar{\sigma}_F = \frac{\bar{\sigma}'_{Flim}}{\exp(C_n u_R)}$$

将上式与式(6-21)联立求解可得

$$\frac{\bar{F}_t\bar{K}}{bm_n}\bar{Y}=\frac{\bar{\sigma}'_{\mathrm{Flim}}}{\exp(C_n u_R)}$$

取 $b=\varphi_d d_1=\varphi_d m_n Z_1/\cos\beta$，代入上式整理得法面模数

$$m_n=\sqrt{\frac{F_t KY\exp(C_n u_R)}{\bar{\sigma}'_{\mathrm{Flim}}\varphi_d Z_1}}\cos\beta\ \mathrm{mm} \tag{6-27}$$

当给定可靠度 $R(t)$，也即可靠度系数 u_R 时，就可由该式求出 m_n 值。

例 6-7 设计一级斜齿圆柱齿轮减速器，已知输入功率 $P_1=50\mathrm{kW}$，转速 $n_1=960\mathrm{r/min}$，传动比 $i=3$，由电机驱动，工作寿命 15 年，2 班制，工作时有轻微振动，要求可靠度 $R(t)=0.999$。

解 (1) 选择齿轮材料、精度等级及参数，初估小轮圆周速度和直径

$$v=0.1\sqrt[4]{P_1n_1n_2}=0.1\times\sqrt[4]{50\times960\times320}=6.26(\mathrm{m/s})$$

$$d_1=19100v/n_1=19100\times6.26/960=125(\mathrm{mm})$$

齿轮材料小齿轮 40MnB，HRC48～55；大齿轮 35SiMn，HRC40～50，均为表面淬火；精度为 8 级；齿数 $Z_1=25$，$Z_2=iZ_1=3\times25=75$；螺旋角 $\beta=12°$。

(2) 圆周力 F_t 均值

$$F_t=1000P_1/v=1000\times50/6.26=7987(\mathrm{N})$$

变异系数 $C_{F_t}=0.03$。

(3) 取综合系数 K。

查国标取工况系数 $K_A=1.25$，由表 6-18 求得动载系数

$$K_V=1+0.0063vZ_1=1+0.0063\times6.26\times25=1.986$$

由表 6-24 及表 6-19 求得齿向载荷分布系数

$$K_{F\beta}=1.5\times(0.012654\varphi_d+0.08848\varphi_d^2+1.00955)-0.5$$

取 $\varphi_d=1$，则 $K_{F\beta}=1.05$。

由表 6-24 求得齿间载荷分配系数

$$K_{F\alpha}=1+(n-5)(\varepsilon_\alpha-1)/4=1+(8-5)(1.6721)/4=1.5025$$

式中

$$\varepsilon_\alpha=\left[1.88-3.2\left(\frac{1}{Z_1}+\frac{1}{Z_2}\right)\right]\cos\beta=\left[1.88-3.2\times\left(\frac{1}{25}+\frac{1}{75}\right)\right]\cos12°=1.672$$

所以

$$K=K_AK_VK_{F\beta}K_{F\alpha}=1.25\times1.986\times1.05\times1.5025\approx3.9$$

(4) 求综合系数 $\bar{Y}$。

当量齿数

$$Z_{V1}=\frac{Z_1}{\cos^3\beta}=\frac{25}{\cos^3 12°}=26.71$$

$$Z_{V2}=\frac{Z_2}{\cos^3\beta}=\frac{75}{\cos^3 12°}=80.14$$

查齿形系数，得

$$Y_{Fa1} = 2.62,\quad Y_{Fa2} = 2.23$$

查应力校正系数，得

$$Y_{Sa1} = 1.59,\quad Y_{Sa2} = 1.76$$

螺旋角系数：

因

$$\varepsilon_\beta = \frac{b\sin\beta}{\pi m_n} = \frac{\varphi_d m_n Z_1}{\cos\beta} \cdot \frac{\sin\beta}{\pi m_n} = \frac{\varphi_d}{\pi} Z_1 \tan\beta = \frac{25}{\pi}\tan 12^\circ = 1.692$$

则

$$Y_\beta = 1 - \varepsilon_\beta \beta/120^\circ = 1 - 1.692 \times 12^\circ/120^\circ = 0.83$$

重合度系数：

$$Y_\varepsilon = 0.25 + 0.75/\varepsilon_\alpha = 0.25 + 0.75/1.672 \approx 0.7$$

$$Y_1 = Y_{Fa1} Y_{Sa1} Y_\varepsilon Y_\beta = 2.62 \times 1.59 \times 0.7 \times 0.83 = 2.42$$

$$Y_2 = Y_{Fa2} Y_{Sa2} Y_\varepsilon Y_\beta = 2.23 \times 1.76 \times 0.7 \times 0.83 = 2.28$$

(5) 求抗弯疲劳强度均值。

由表 6-22 计算两轮抗弯疲劳强度

$$\bar{\sigma}_{Flim1} = 5.3\text{HRC} + 62 = 5.3 \times 52 + 62 = 337.6(\text{MPa})$$

$$\bar{\sigma}_{Flim2} = 5.3\text{HRC} + 62 = 5.3 \times 45 + 62 = 300.5(\text{MPa})$$

应力循环次数

$$N_1 = 60 n_1 t_h = 60 \times 960 \times 15 \times 300 \times 16 = 4.147 \times 10^9$$

$$N_2 = N_1/u = 4.147 \times 10^9/3 = 1.3824 \times 10^9$$

均大于 3×10^6。由表 6-27，可知寿命系数

$$\bar{Y}_{N1} = \bar{Y}_{N2} = 1$$

表 6-27　抗弯疲劳强度寿命系数 Y_N 的计算公式

材料	循环次数	计算公式
结构钢和调质钢、球墨铸铁、珠光体可锻铸铁	$N_L \leqslant 10^4$ $10^4 < N_L \leqslant 3\times10^6$ $3\times10^6 < N_L$	2.5(变形极限) $\left(\frac{3\times10^6}{N_L}\right)^{0.16}$ 1
渗碳淬火钢、表面硬化钢	$N_L \leqslant 10^3$ $10^3 < N_L \leqslant 3\times10^6$ $3\times10^6 < N_L$	2.5(断裂极限) $\left(\frac{3\times10^6}{N_L}\right)^{0.115}$ 1
经气体氮化的调质钢或氮化钢、灰铸铁	$N_L \leqslant 10^3$ $10^3 < N_L \leqslant 3\times10^6$ $3\times10^6 < N_L$	1.6(断裂极限) $\left(\frac{3\times10^6}{N_L}\right)^{0.059}$ 1
调质钢经液体氮化	$N_L \leqslant 10^3$ $10^3 < N_L \leqslant 3\times10^6$ $3\times10^6 < N_L$	1.1(断裂极限) $\left(\frac{3\times10^6}{N_L}\right)^{0.012}$ 1

应力修正系数 $Y_S=2$。按国标方法求齿根圆角敏感系数和齿根表面状况系数

$\overline{Y}_\sigma = 0.43Y_S + 0.12 = 0.43\times 2 + 0.12 = 0.98$

$\overline{Y}_R = 1.674 - 0.529\,(R_Z+1)^{0.1} = 1.674 - 0.529\times(1.6+1)^{0.1} = 1.092$

初设 $m<5\text{mm}$，由表 6-28 可知尺寸系数 $\overline{Y}_x=1$，得

$$\begin{aligned}\bar{\sigma}'_{\text{Flim1}} &= \bar{\sigma}_{\text{Flim1}}\overline{Y}_S\overline{Y}_N\overline{Y}_\sigma\overline{Y}_R\overline{Y}_x\\ &= 337.6\times 2\times 1\times 0.98\times 1.092\times 1\\ &= 722.57(\text{MPa})\end{aligned}$$

$$\begin{aligned}\bar{\sigma}'_{\text{Flim2}} &= \bar{\sigma}_{\text{Flim2}}\overline{Y}_S\overline{Y}_N\overline{Y}_\sigma\overline{Y}_R\overline{Y}_x\\ &= 300.5\times 2\times 1\times 0.98\times 1.092\times 1\\ &= 643.17(\text{MPa})\end{aligned}$$

表 6-28　尺寸系数 Y_x

齿轮材料	$m_n\leqslant 5\text{mm}$	$5\text{mm}<m_n\leqslant 30\text{mm}$	$m_n>30\text{mm}$
结构钢、调质钢、球墨铸铁	$Y_x=1$	$Y_x=1.03-0.006m_n$	$Y_x=0.85$
表面硬化钢		$Y_x=1.05-0.01m_n$	$Y_x=0.75$
灰铸铁		$5\text{mm}<m_n\leqslant 30\text{mm}$	$m_n>25\text{mm}$
		$Y_x=1.075-0.015m_n$	$Y_x=0.7$

(6) 求综合变异系数。

使用系数和动载荷系数的变异系数分别为

$$C_{K_A} = (1-1/K_A)/3 = (1-1/1.25)/3 = 0.067$$
$$C_{K_V} = (1-1/K_V)/3 = (1-1/1.986)/3 = 0.165$$

由式(6-20)得应力变异系数

$$\begin{aligned}C_{\sigma_F} &= (0.007878 + C_{F_t}^2 + C_{K_A}^2 + C_{K_V}^2)^{\frac{1}{2}}\\ &= (0.007878 + 0.03^2 + 0.067^2 + 0.165^2)^{\frac{1}{2}}\\ &= 0.2012\end{aligned}$$

基本疲劳强度变异系数，由表 6-26 求得

$$C_{\sigma_{\text{Flim}}} = 0.01(n+p-1) = 0.01\times(8+2-1) = 0.09$$

则强度变异系数

$$C'_{\sigma_{\text{Flim}}} = (0.0044 + C_{\sigma_{\text{Flim}}}^2)^{\frac{1}{2}} = (0.0044 + 0.09^2)^{\frac{1}{2}} = 0.1118$$

故综合变异系数

$$C_n = 2(C'^2_{\sigma_{\text{Flim}}} + C_{\sigma_F}^2)^{\frac{1}{2}} = (0.1118^2 + 0.2012^2)^{\frac{1}{2}} = 0.23$$

(7) 求法面模数。

因 $u_n=\phi^{-1}(0.999)=3.091$，将上述各有关值代入式(6-27)得

$$m_{n1} = \sqrt{\frac{\overline{F}_t\overline{K}\overline{Y}_1\exp(C_n u_R)}{\bar{\sigma}'_{\text{Flim1}}\varphi_d Z_1}\cos\beta}$$

$$= \sqrt{\frac{7987 \times 3.9 \times 2.42\exp(0.23 \times 3.091)}{722.57 \times 1 \times 25}}\cos 12^\circ$$

$$= 2.88(\text{mm})$$

$$m_{n2} = \sqrt{2481.2 \times \overline{Y}_2 / \bar{\sigma}'_{\text{Flim2}}}$$

$$= \sqrt{2481.2 \times 2.28/643.17}$$

$$= 2.97(\text{mm})$$

取 $m_n=3\text{mm}$：

中心距

$$a = \frac{m_n(Z_1+Z_2)}{(2\cos\beta)} = 3 \times \frac{(25+75)}{(2 \times \cos 12^\circ)} = 153.351(\text{mm})$$

取中心距 $a=153.4\text{mm}$，则螺旋角修正为

$$\beta = \arccos\left[\frac{m_n(Z_1+Z_2)}{2a}\right] = \arccos\left[\frac{3 \times (25+75)}{2 \times 153.4}\right] = 12^\circ 5' 8''$$

传统设计结果

$$m_n = m_{nt}\sqrt[3]{\frac{K}{K_t}} = 2.81 \times \sqrt[3]{\frac{2.602}{1.8}} = 3.177(\text{mm})$$

取 $m_n=3.5\text{mm}$：

中心距

$$a = \frac{m_n(z_1+z_2)}{2\cos\beta} = \frac{3.5 \times (25+75)}{2 \times \cos 12^\circ} = 178.9(\text{mm})$$

圆整 $a=180\text{mm}$，螺旋角修正为

$$\beta = \arccos\left[\frac{m_n(z_1+z_2)}{2a}\right] = \arccos\left[\frac{3.5 \times (25+75)}{2 \times 180}\right] = 13.54^\circ$$

6.5 轴的可靠性设计

轴是组成机器的主要零件之一。一切作回转运动的传动零件(如齿轮、带轮、蜗轮等)，都必须安装在轴上才能进行运动及动力的传递。因此轴的主要功用是支承回转零件及传递运动和动力。

按照承受载荷的不同，轴可分为转轴、心轴和传动轴三类。

(1) 转轴：既承受弯矩又承受扭矩的轴。转轴在各种机器中最为常见。

(2) 心轴：只承受弯矩不承受扭矩的轴。按转动与否，心轴又分为转动心轴和固定心轴。

(3) 传动轴：只承受扭矩而不承受弯矩(或弯矩很小)的轴。

轴的设计包括结构设计和工作能力计算两方面的内容。轴的结构设计指的是根据轴上零件的安装、定位以及轴的制造工艺性等方面的要求，合理地确定轴的结构形

式和尺寸。轴的工作能力计算指的是轴的强度、刚度和振动稳定性等方面的计算。在多数情况下，轴的工作能力主要取决于轴的强度，这时只需对轴进行强度计算。而对于机床主轴，还应进行刚度计算。对高速运转的轴，还需进行振动稳定性计算。

轴的可靠性设计程序与常规设计类似，一般先按常规设计法根据扭矩对轴进行初步计算及结构设计，然后再进行疲劳强度及静强度的可靠性计算。如果不能满足规定的可靠性要求，则采用修改结构或改变材料等方法，直到满足规定的可靠性要求为止。

6.5.1 轴的失效模式

轴的失效模式如表 6-29 所示。

表 6-29 轴类零件的故障模式

模式分类		说明
断裂	静载断裂	一次性施加的静载荷过大引起断裂
	冲击断裂	一次性高速冲击载荷引起的断裂
	应力腐蚀及腐蚀疲劳断裂	在腐蚀性介质中使用的零件，在静应力或交变应力作用下产生的断裂
	疲劳断裂	零件在交变应力作下产生的断裂
表面损伤	磨损	零件在交变应力作下产生的表面损伤
	腐蚀	零件表面与周围介质发生化学或电化学反应形成腐蚀导致表面损伤
	接触疲劳	零件在交变接触应力作用下，出现表面剥落现象
塑性变形	超出设计允许的过度的弹性和塑性变形	

6.5.2 转轴的可靠性设计

转轴同时承受弯矩和扭矩作用，强度计算时要采用弯扭合成的强度理论。转轴不仅需要满足疲劳强度的要求，同时还需要满足静强度的要求和刚度要求。

1. 转轴的静强度可靠性设计

在进行轴的设计计算时，以少量出现的峰值载荷进行静强度计算。首先确定轴在运转过程中可能出现最大弯矩和扭矩的危险截面，分别求出相应的弯曲应力与扭转应力，其次根据变形能强度理论求弯扭合成应力。这些分析计算过程可利用常规设计方法得到。但在可靠性设计过程中则要将这些载荷都视为随机变量，确定其均值和标准差。然后根据工作应力和强度分布参数及连接方程设计出转轴的尺寸和允许的尺寸偏差或验证轴的可靠度。现举例说明。

例 6-8 设计一轴。求可靠度 $R(t)=0.999$ 时轴的直径。

已知参数如下：

轴的计算截面上所受的弯矩 M 为

$$M = 1.5 \times 10^7 \pm 4.2 \times 10^6 \text{N} \cdot \text{mm}$$

轴的计算截面上所受的扭矩 T 为

$$T = 1.2 \times 10^7 \pm 36 \times 10^4 \text{N} \cdot \text{mm}$$

轴的材料为钼钢，由手册查得其强度极限均值和标准差为

$$(\bar{\sigma}_B, S_{\sigma_B}) = (93.5, 1.875)\text{MPa}$$

按制造工艺，轴直径的公差为 $0.005\bar{d}$。

解 假设轴上的弯矩和扭矩是相互独立的随机变量，轴直径的公差为 3×标准差，即有：

直径的标准差为

$$S_d = \frac{0.005\bar{d}}{3} = 0.00167\bar{d}$$

弯矩的标准差为

$$S_M = \frac{4.2 \times 10^6}{3} = 1.4 \times 10^6 (\text{MPa})$$

扭矩的标准差为

$$S_T = \frac{36 \times 10^4}{3} = 12 \times 10^4 (\text{MPa})$$

所以有：

弯矩

$$(\overline{M}, S_M) = (1.5 \times 10^7, 1.4 \times 10^6)\text{N} \cdot \text{mm}$$

扭矩

$$(\overline{T}, S_T) = (1.2 \times 10^7, 12 \times 10^4)\text{N} \cdot \text{mm}$$

抗弯截面模量的均值

$$\overline{W} = \frac{\pi}{32}\bar{d}^3 = 0.0982\bar{d}^3$$

抗弯截面模量的标准差

$$S_W = \frac{\pi}{32}(3\bar{d}^2 S_d) = \frac{\pi}{32}(3\bar{d}^2 \times 0.00167\bar{d}) = 0.00049\bar{d}^3$$

抗扭截面模量

$$W_T = 2W$$

弯曲应力为

$$\sigma = \frac{M}{W} = \frac{(1.5 \times 10^7, 1.4 \times 10^6)}{(0.0982\bar{d}^3, 0.00049\bar{d}^3)}\text{MPa}$$

弯曲应力的均值为

$$\bar{\sigma} = \frac{\overline{M}}{\overline{W}} = \frac{1.5 \times 10^7}{0.0982\bar{d}^3} = \frac{1.5275 \times 10^8}{\bar{d}^3}\text{MPa}$$

弯曲应力的标准差为

$$S_\sigma=\frac{1}{\overline{W}^2}\sqrt{\overline{M}^2S_W^2+\overline{W}^2S_M^2}$$

$$=\frac{1}{(0.0982\overline{d}^3)^2}\times\sqrt{(1.5\times10^7)^2(0.00049\overline{d}^3)^2+(0.0982\overline{d}^3)^2(1.4\times10^6)^2}$$

$$=\frac{1.4277\times10^7}{\overline{d}^3}\text{MPa}$$

所以

$$(\bar{\sigma},S_\sigma)=\left(\frac{1.5275\times10^8}{\overline{d}^3},\frac{1.4277\times10^7}{\overline{d}^3}\right)\text{MPa}$$

扭转剪应力为

$$\tau=\frac{T}{W_T}=\frac{(1.2\times10^7,12\times10^4)}{(0.1964\overline{d}^3,0.00098\overline{d}^3)}\text{MPa}$$

扭转剪应力的均值为

$$\bar{\tau}=\frac{\overline{T}}{\overline{W}_T}=\frac{1.2\times10^7}{0.1964\overline{d}^3}=\frac{6.1099796\times10^7}{\overline{d}^3}\text{MPa}$$

扭转剪应力的标准差为

$$S_\tau=\frac{1}{\overline{W}_T^2}\sqrt{\overline{T}^2S_{W_T}^2+\overline{W}_T^2S_T^2}$$

$$=\frac{1}{(0.1964\overline{d}^3)^2}\times\sqrt{(1.2\times10^7)^2(0.00098\overline{d}^3)^2+(0.1964\overline{d}^3)^2(12\times10^4)^2}$$

$$=\frac{6.828385\times10^5}{\overline{d}^3}\text{MPa}$$

所以

$$(\bar{\tau},S_\tau)=\left(\frac{6.1099796\times10^7}{\overline{d}^3},\frac{6.828385\times10^5}{\overline{d}^3}\right)\text{MPa}$$

为了求合成应力 σ_{ca}，先求$(\sigma^2+3\tau^2)$的正态分布参量。

对于 σ^2 有

$$(\sigma^2,S_{\sigma^2})=\left[\left(\frac{1.5275\times10^8}{\overline{d}^3}\right)^2,2\left(\frac{1.5275\times10^8}{\overline{d}^3}\right)\left(\frac{1.4277\times10^7}{\overline{d}^3}\right)\right]$$

这里 $S_{\sigma^2}=2\bar{\sigma}S_\sigma=2\left(\frac{1.5275\times10^8}{\overline{d}^3}\right)\left(\frac{1.4277\times10^7}{\overline{d}^3}\right)$，得

$$(\sigma^2,S_{\sigma^2})=\left(\frac{2.33326\times10^{16}}{\overline{d}^6},\frac{4.3616\times10^{15}}{\overline{d}^6}\right)$$

$$3(\tau^2,S_\tau)=3\left[\left(\frac{6.1099796\times10^7}{\overline{d}^3}\right)^2,2\left(\frac{6.1099796\times10^7}{\overline{d}^3}\right)\left(\frac{6.828385\times10^5}{\overline{d}^3}\right)\right]$$

$$=\left(\frac{1.1199555\times10^{16}}{\overline{d}^6},\frac{2.5032776\times10^{14}}{\overline{d}^6}\right)$$

$$\sigma_{ca}^2=\sigma^2+3\tau^2$$

$$=\left(\frac{2.33326\times10^{16}}{\overline{d}^6},\frac{4.3616\times10^{15}}{\overline{d}^6}\right)+\left(\frac{1.1199555\times10^{16}}{\overline{d}^6},\frac{2.5032776\times10^{14}}{\overline{d}^6}\right)$$

$$\sigma_{ca}^2 \text{ 的均值} = \frac{2.33326 \times 10^{16}}{\bar{d}^6} + \frac{1.1199555 \times 10^{16}}{\bar{d}^6} = \frac{3.4532155 \times 10^{16}}{\bar{d}^6}$$

$$\sigma_{ca}^2 \text{ 的标准差} = \sqrt{\left(\frac{4.3616 \times 10^{15}}{\bar{d}^6}\right)^2 + \left(\frac{2.5032776 \times 10^{14}}{\bar{d}^6}\right)^2} = \frac{4.3687777 \times 10^{15}}{\bar{d}^6}$$

因 $\sigma_{ca} = (\sigma_{ca}^2)^{\frac{1}{2}}$，求其均值 $\bar{\sigma}_{ca}$ 和标准差 $S_{\sigma_{ca}}$ 为

$$\bar{\sigma}_{ca} = \left[\frac{1}{2}\sqrt{4\left(\frac{3.4532155 \times 10^{16}}{\bar{d}^6}\right)^2 - 2\left(\frac{4.3687777 \times 10^{15}}{\bar{d}^6}\right)^2}\right]^{\frac{1}{2}}$$

$$= \left(\frac{3.43937 \times 10^{16}}{\bar{d}^6}\right)^{\frac{1}{2}} = \frac{1.85455 \times 10^8}{\bar{d}^3}$$

$$S_{\sigma_{ca}} = \left(\frac{3.4532155 \times 10^{16}}{\bar{d}^6} - \frac{3.43937 \times 10^{16}}{\bar{d}^6}\right)^{\frac{1}{2}} = \frac{1.17667 \times 10^7}{\bar{d}^3}$$

所以

$$(\bar{\sigma}_{ca}, S_{\sigma_{ca}}) = \left(\frac{1.85455 \times 10^8}{\bar{d}^3}, \frac{1.17667 \times 10^7}{\bar{d}^3}\right)\text{MPa}$$

代入连接方程

$$u_R = \frac{\bar{\sigma}_B - \bar{\sigma}_{ca}}{\sqrt{S_{\sigma_B}^2 + S_{\sigma_{ca}}^2}}$$

有

$$3.091 = -\frac{93.5 - \dfrac{1.85455 \times 10^8}{\bar{d}^3}}{\sqrt{1.875^2 + \left(\dfrac{1.17667 \times 10^7}{\bar{d}^3}\right)^2}}$$

展开后得方程式

$$8708.66\bar{d}^6 - 346.8 \times 10^8 \bar{d}^3 + 3.307 \times 10^{16} = 0$$

解得 $\bar{d} = 133.89\text{mm}$。

直径 d 的标准差

$$S_d = 0.00167\bar{d} = 0.00167 \times 133.89 = 0.224(\text{mm})$$

直径的公差 $= 3S_d = 3 \times 0.224 = 0.672\text{mm}$。

采用轴的直径

$$d = 134.0 \pm 0.7\text{mm}$$

传统设计结果

$$d \geqslant \sqrt[3]{\frac{M_e}{0.1[\sigma_{-1}]_b}} = \sqrt[3]{\frac{\sqrt{M^2 + (\alpha T)^2}}{0.1[\sigma_{-1}]_b}} = \sqrt[3]{\frac{\sqrt{(1.5 \times 10^7)^2 + (0.6 \times 1.2 \times 10^7)^2}}{0.1 \times 93.5}}$$

$$= 143.59(\text{mm})$$

2. 转轴的疲劳强度可靠性设计

当转轴承受等幅交变弯矩和传递不变扭矩的作用时，就应对其进行疲劳强度的

可靠性设计与计算。如减速器中的转轴。下面将通过具体的实例，运用可靠性设计理论和方法，说明转轴的疲劳强度可靠性设计方法。

例 6-9 某减速器主动轴，传递功率 $P=13\text{kW}$，转速 $n=200\text{r/min}$，经传统设计，结构尺寸已定(图 6-6)，危险截面 N-N 的弯曲应力均值 $\bar{\sigma}=28.4\text{MPa}$，剪切应力均值 $\bar{\tau}=7.6\text{MPa}$。轴的材料为 45 钢，强度极限均值 $\bar{\sigma}_B=637\text{MPa}$，疲劳极限均值 $\bar{\sigma}_{-1}=268\text{MPa}$。如果设计要求的可靠度 $R(t)=0.999$，试校核该轴的可靠度。

解 (1) 求工作应力的分布参数，假设强度和应力均值为正态分布。

取材料疲劳极限的变异系数 $C_{\sigma_{-1}}=0.08$，强度极限变异系数 $C_{\sigma_B}=0.05$，假定弯曲应力的变异系数 $C_\sigma=0.15$，剪应力的变异系数 $C_\tau=0.10$。因为标准差等于均值乘变异系数，故应力分布参数如下。

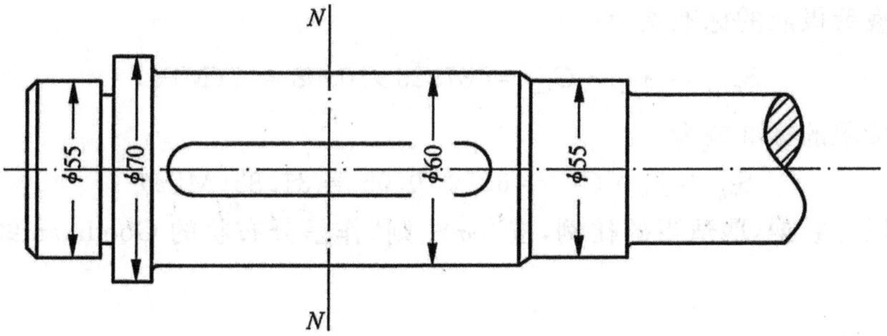

图 6-6 轴的结构尺寸

弯曲应力$(\bar{\sigma},S_\sigma)=(28.4,4.26)\text{MPa}$。

剪切应力$(\bar{\tau},S_\tau)=(7.6,0.76)\text{MPa}$。

应用第四强度理论，求弯扭合成应力

$$\sigma_{\max}=\sqrt{\sigma^2+3\tau^2}$$

由疲劳极限应力线图可知，其合成应力为

$$\sigma_{\max}=\sqrt{\sigma_a^2+\sigma_m^2}$$

比较以上两式，可知应力幅 $\sigma_a=\sigma$，平均应力 $\sigma_m=\sqrt{3}\tau$，即：

应力幅

$$\sigma_a(\bar{\sigma}_a,S_a)=\sigma(\bar{\sigma},S_\sigma)=\sigma(28.4,4.26)\text{MPa}$$

平均应力

$$\sigma_m(\bar{\sigma}_m,S_m)=\sqrt{3}\tau(\bar{\tau},S_\tau)=\tau(13.16,1.32)\text{MPa}$$

工作应力的均值和标准差为

$$\bar{\sigma}_{\max}=\sqrt{\bar{\sigma}_a^2+\bar{\sigma}_m^2}=\sqrt{28.4^2+13.16^2}=31.49(\text{MPa})$$

$$S_{\sigma_{\max}}=\left(\frac{\bar{\sigma}_a^2S_a^2+\bar{\sigma}_m^2S_m^2}{\sigma_a^2+\sigma_m^2}\right)^{\frac{1}{2}}$$

$$=\left(\frac{28.4^2\times4.26^2+13.16^2\times1.32^2}{28.4^2+13.16^2}\right)^{\frac{1}{2}}$$

$$= 3.88(\text{MPa})$$

(2) 绘分布状态的疲劳极限应力线图。

这里绘简化的 Goodman 线图，作为设计之依据。

零件疲劳强度

$$\sigma_{-1e} = \frac{\sigma_{-1}\varepsilon_\sigma\beta}{k_\sigma}$$

根据轴的结构、尺寸和加工状况，查得有效应力集中系数 $\bar{k}_\sigma=2.62$，表面质量系数 $\bar{\beta}=0.92$，绝对尺寸系数 $\bar{\varepsilon}_\sigma=0.93$，则

$$\bar{\sigma}_{-1e} = \frac{268 \times 0.93 \times 0.92}{2.62} = 87.25(\text{MPa})$$

零件疲劳极限的标准差为

$$S_{\sigma_{-1e}} = \bar{\sigma}_{-1e} \cdot C_{\sigma_{-1}} = 87.25 \times 0.08 = 7(\text{MPa})$$

零件强度极限的标准差为

$$S_{\sigma_B} = \bar{\sigma}_B \cdot C_{\sigma_B} = 637 \times 0.05 = 31.85(\text{MPa})$$

运用以上数据，取适当的比例，按“3σ 法则”作呈分布状的 Goodman 线图，如图 6-7 所示。

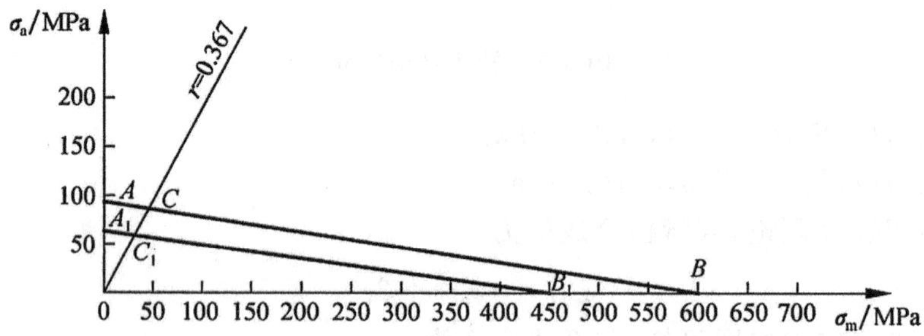

图 6-7　45 钢轴的可靠性设计的 Goodman 线图

(3) 确定工作应力的循环特性 r。

最大应力

$$\sigma_{\max} = \sigma_m + \sigma_a = 13.16 + 28.4 = 41.56(\text{MPa})$$

最小应力

$$\sigma_{\min} = \sigma_m - \sigma_a = 13.16 - 28.4 = -15.24(\text{MPa})$$

应力循环特性

$$r = \frac{\sigma_{\min}}{\sigma_{\max}} = \frac{-15.24}{41.56} = -0.367$$

$$\tan\theta = \frac{\sigma_a}{\sigma_m} = \frac{28.4}{13.16} = 2.158$$

$$\theta = 65.14^\circ$$

(4) 确定 $r=-0.367$ 的强度分布参数。

按 $\theta=65.14°$在图 6-7 上作 $r=-0.367$ 的直线与疲劳极限应力线 AB 和 A_1B_1 分别相交于 C 和 C_1 两点，C 点的坐标为(45.2,80.5)MPa，C_1 点的坐标为(35.2,60.2)MPa。

由"3σ 法则"可知，疲劳极限的应力幅和平均应力的标准差为

$$S'_{ae}=\frac{80.5-60.2}{3}\approx 6.77(\text{MPa})$$

$$S'_{me}=\frac{45.2-35.2}{3}\approx 3.33(\text{MPa})$$

$r=-0.367$ 的疲劳强度的均值和标准差为

$$\bar{\sigma}_r=\sqrt{\bar{\sigma}'^2_{ae}+\bar{\sigma}'^2_{me}}=\sqrt{80.5^2+45.2^2}=92.32(\text{MPa})$$

$$\begin{aligned}S_{\sigma_r}&=\left(\frac{\bar{\sigma}'^2_{ae}S'^2_{ae}+\bar{\sigma}'^2_{me}S'^2_{me}}{\bar{\sigma}'^2_{ae}+\bar{\sigma}'^2_{me}}\right)^{\frac{1}{2}}\\&=\left(\frac{80.5^2\times 6.76^2+45.2^2\times 3.33^2}{80.5^2+45.2^2}\right)^{\frac{1}{2}}\\&=6.12(\text{MPa})\end{aligned}$$

(5) 校核轴的可靠度。

将以上求得的应力循环特性 $r=-0.367$ 的强度与应力的分布参数，代入连接方程求得可靠性指数为

$$u_R=\frac{\bar{\sigma}_r-\bar{\sigma}_{\max}}{\sqrt{S^2_{\sigma_r}+S^2_{\sigma_{\max}}}}=\frac{92.32-31.49}{\sqrt{6.12^2+3.88^2}}=8.414$$

由标准正态分布表可知，当 $u_R=8.414$，轴的可靠度 $R>0.99999999$，这意味着传统设计的轴非常可靠。也就是说，传统设计的轴尺寸是较保守的。根据疲劳强度可靠度计算的方法，可将原设计尺寸适当减小后，按照上述步骤再进行计算，直到轴的可靠度符合设计要求的可靠度 $R(t)=0.999$ 为止。

6.5.3 心轴的可靠性设计

心轴只受弯矩作用，不受扭矩作用，应按弯曲强度进行设计。

设心轴承受的弯矩为$(\overline{M},S_M)$，抗弯截面模量为 W，则弯曲应力为

$$(\bar{\sigma},S_\sigma)=\frac{(\overline{M},S_M)}{W}$$

式中，S_σ、S_M 分别为弯曲应力 σ 和弯矩 M 的标准差。

对于实心圆截面轴

$$W=\frac{\pi}{32}d^3$$

对于空心圆截面轴

$$W = \frac{\pi}{32}d^3\left[1-\left(\frac{d_0}{d}\right)^4\right]$$

式中，d 为轴的直径或空心轴的外径，mm；d_0 为空心轴的内径，mm。

转动心轴，其应力一般为对称循环变化；固定心轴，其应力循环特性 $0\leqslant r\leqslant 1$，视具体的受力情况而异。设计时，若缺少具体的实测数据，可近似地认为应力服从正态分布。

例 6-10 某车轴（图 6-8）两端各受载荷 $\bar{F}=110\text{kN}$，标准差 $S_F=6.5\text{kN}$，车轴材料 35 钢，抗拉强度 $\sigma_B=540\text{MPa}$，疲劳极限 $\sigma_{-1}=235\text{MPa}$。试计算截面 A-A 的疲劳强度可靠度。

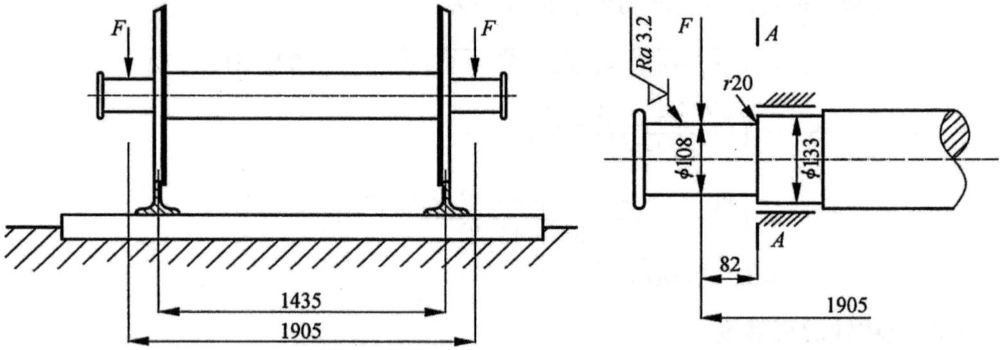

图 6-8 车轴受力图

解 从图 6-8 可知，车轴转动时，载荷 F 的大小及方向不变，因此车轴的应力是对称循环变化的，循环特性 $r=-1$。这是典型的转动心轴。

(1) 计算截面 A-A 的工作应力。

① 截面 A-A 处的弯矩

$$\bar{M}_A = \bar{F}\times 82 = 110\times 82 = 9020(\text{kN}\cdot\text{mm})$$
$$S_{M_A} = S_F\times 82 = 6.5\times 82 = 533(\text{kN}\cdot\text{mm})$$

② 弯曲应力

$$\bar{\sigma}_a = \frac{\bar{M}_A}{W} = \frac{9020\times 10^3}{0.1\times 108^3} = 71.6(\text{MPa})$$

$$S_{\sigma_a} = \frac{S_{M_A}}{W} = \frac{533\times 10^3}{0.1\times 108^3} = 4.23(\text{MPa})$$

$$C_{\sigma_a} = \frac{S_{\sigma_a}}{\bar{\sigma}_a}\frac{4.23}{71.6} = 0.059$$

(2) 计算车轴的疲劳强度。

已知车轴材料为 35 钢，抗拉强度 $\sigma_B=540\text{MPa}$，疲劳极限 $\sigma_{-1}=235\text{MPa}$，$D=133\text{mm}$，$d=108\text{mm}$，$r=20\text{mm}$，$r/d=1.23$。

有关参数：$C_{\sigma_{-1}}=0.078$。

有效应力集中系数：$K_\sigma=1.34$，取 $C_{K_\sigma}=0.057$。

绝对尺寸系数：$\bar{\varepsilon}_\sigma=0.84$，$S_\varepsilon=0.094$，$C_{\varepsilon_\sigma}=0.11$。

表面质量系数：车削表面，表面粗糙度为 $Ra=3.2\mu m$，$\bar{\beta}=0.86$，$S_\beta=0.0406$，则 $C_\beta=\dfrac{0.0406}{0.86}=0.047$。

疲劳强度均值

$$\bar{\sigma}_{-1e}=\frac{\bar{\sigma}_{-1}\bar{\varepsilon}_\sigma\bar{\beta}}{\bar{K}_\sigma}=\frac{235\times0.84\times0.86}{1.34}=126.68(\text{MPa})$$

变异系数

$$C_{\sigma_{-1e}}=\sqrt{C_{\sigma_{-1}}^2+C_{K_\sigma}^2+C_{\varepsilon_\sigma}^2+C_\beta^2}=\sqrt{0.078^2+0.057^2+0.11^2+0.047^2}=0.153$$

标准差

$$S_{\sigma_{-1e}}=0.153\times126.68=19.38(\text{MPa})$$

(3) 计算截面 A-A 的可靠度。

将有关数据代入连接方程得

$$u_R=\frac{n-1}{\sqrt{n^2C_x^2+C_y^2}}=\frac{n-1}{\sqrt{n^2C_{\sigma_{-1e}}^2+C_{\sigma_a}^2}}=\frac{1.77-1}{\sqrt{1.77^2\times0.153^2+0.059^2}}=2.77815$$

查正态分布表，得到可靠度 $R(t)=0.9971$。计算表明车轴具有 99.71% 的可靠度，即 1000 根车轴中大约有 3 根达不到要求。

6.5.4 传动轴的可靠性设计

传动轴只受扭矩，不受弯矩或弯矩很小，可忽略不计，应按扭转强度进行设计。

设传动轴传递的扭矩为$(\bar{T},S_T)$，抗扭截面模量为 W_T，则扭转剪应力为

$$(\bar{\tau},S_\tau)=\frac{(\bar{T},S_T)}{W_T}$$

式中，S_τ、S_T 分别为扭转剪应力 τ 和扭矩 T 的标准差。

对于实心圆截面轴

$$W_T=\frac{\pi}{16}d^3$$

对于空心圆截面轴

$$W_T=\frac{\pi}{16}d^3\left[1-\left(\frac{d_0}{d}\right)^4\right]$$

式中，d 为轴的直径或空心轴的外径，mm；d_0 为空心轴的内径，mm。

例 6-11 设计一空心轴，求可靠度 $R(t)=0.9999$ 时轴的尺寸。已知参数如下：

作用的扭矩

$$(\bar{T},S_T)=(1.4\times10^6,7\times10^4)\text{N}\cdot\text{mm}$$

许用扭转剪应力

$$([\bar{\tau}],S_{[\tau]})=(32,1.5)\text{MPa}$$

解 设$\dfrac{d_0}{d}=\dfrac{2}{3}$，$S_d=0.015\bar{d}$

$$(d^4-d_0^4)=d^4-\left(\frac{2}{3}d\right)^4=0.80247d^4$$

$$W_T=\frac{\pi}{16}(0.80247d^3)=0.1575646d^3$$

$$S_{W_T}=0.157565(3\overline{d}^2S_d)=0.472695\overline{d}^2(0.015\overline{d})=0.0070904\overline{d}^3$$

$$(W_T,S_{W_T})=(0.157565\overline{d}^3,0.0070904\overline{d}^3)$$

$$(\overline{\tau},S_\tau)=\frac{(\overline{T},S_T)}{(W_T,S_{W_T})}=\frac{(1400000,70000)}{(0.157565\overline{d}^3,0.0070904\overline{d}^3)}\text{MPa}$$

式中

$$\overline{\tau}=\frac{\overline{T}}{\overline{W}_T}=\frac{1400000}{0.157565\overline{d}^3}=\frac{8.8852\times10^6}{\overline{d}^3}\text{MPa}$$

$$S_\tau=\frac{1}{(0.157565\overline{d}^3)^2}\times\sqrt{1400000^2\times(0.0070904\overline{d}^3)^2+(0.157565\overline{d}^3)^2\times70000^2}$$

$$=\frac{5.9769\times10^5}{\overline{d}^3}\text{MPa}$$

所以

$$(\overline{\tau},S_\tau)=\left(\frac{8.8852\times10^6}{\overline{d}^3},\frac{5.9769\times10^5}{\overline{d}^3}\right)$$

由标准正态分布表查得，当 $R(t)=0.9999$ 时，$u_R=3.719$。代入连接方程

$$u_R=\frac{[\overline{\tau}]-\overline{\tau}}{\sqrt{S_{[\tau]}^2+S_\tau^2}}$$

得

$$3.719=\frac{32-\dfrac{8.8852\times10^6}{\overline{d}^3}}{\sqrt{1.5^2+\left(\dfrac{5.9769\times10^5}{\overline{d}^3}\right)^2}}$$

展开得方程

$$992.88\overline{d}^6-568.65\times10^6\overline{d}^3+74.01\times10^{12}=0$$

解得

$$\overline{d}=71.97\text{mm},\quad \overline{d}_0=\frac{2}{3}\overline{d}=48.0\text{mm}$$

$$S_d=0.015\overline{d}=0.015\times71.97\approx1.1(\text{mm})$$

壁厚

$$\Delta=\frac{1}{2}(\overline{d}-\overline{d}_0)=\frac{1}{2}(71.97-48.0)=23.97(\text{mm})$$

空心轴的外径

$$d=\bar{d}\pm 3S_d=71.97\pm 3.3(\text{mm})$$

传统设计结果：

设计一空心轴，参数为 $T=1.4\times 10^6\text{N}\cdot\text{mm}$，$[\tau]=32\text{MPa}$。

解 取$\dfrac{d_0}{d}=\dfrac{2}{3}$，则

$$W_T=\frac{\pi d^3}{16}\left[1-\left(\frac{d_0}{d}\right)^4\right]=\frac{\pi d^3}{16}\left[1-\left(\frac{2}{3}\right)^4\right]=0.1575646d^3$$

由扭转强度条件 $\tau=\dfrac{T}{W_T}\leqslant[\tau]$得空心轴的外径为

$$d\geqslant\sqrt[3]{\frac{T}{0.1575646[\tau]}}=\sqrt[3]{\frac{1.4\times 10^6}{0.1575646\times 32}}=65.24(\text{mm})$$

6.5.5 轴的刚度可靠性设计

轴在载荷作用下，将产生弯曲或扭转变形。若变形量超过允许的限度，就会影响轴上零件的正常工作，甚至会丧失机器应有的工作性能。例如，安装齿轮的轴，若弯曲刚度（或扭转刚度）不足而导致挠度（或扭转角）过大时，将影响齿轮的正确啮合，使齿轮沿齿宽和齿高方向接触不良，造成载荷在齿面上严重分布不均。因此，在设计有刚度要求的轴时，必须进行刚度的校核计算。轴的弯曲刚度以挠度或偏转角来度量；扭转刚度以扭转角来度量。轴的刚度校核计算通常是计算出轴在受载时的变形量，并控制其不超过允许值。

1. 弯曲刚度可靠性设计

常规设计刚度条件：

挠度

$$y\leqslant[y]$$

偏转角

$$\theta\leqslant[\theta]$$

式中，$[y]$为轴的允许挠度，mm，见表 6-30；$[\theta]$为轴的允许偏转角，rad，见表 6-30。

表 6-30 轴的允许挠度和偏转角

名　称	允许挠度$[y]$/mm	名　称	允许偏转角$[\theta]$/rad
一般用途的轴	(0.0003～0.0005)L	滑动轴承	0.001
刚度要求较严的轴	0.0002L	向心球轴承	0.005
感应电动机轴	0.1Δ	调心球轴承	0.05
安装齿轮的轴	(0.01～0.03)m_n	圆柱滚子轴承	0.0025
安装蜗轮的轴	(0.02～0.05)m_t	圆锥滚子轴承	0.0016
		安装齿轮处轴的截面	0.001～0.002

注：L 为轴的跨距，mm；Δ 为电动机定子与转子间的气隙，mm；m_n 为齿轮的法面模数，mm；m_t 为蜗轮的端面模数，mm。

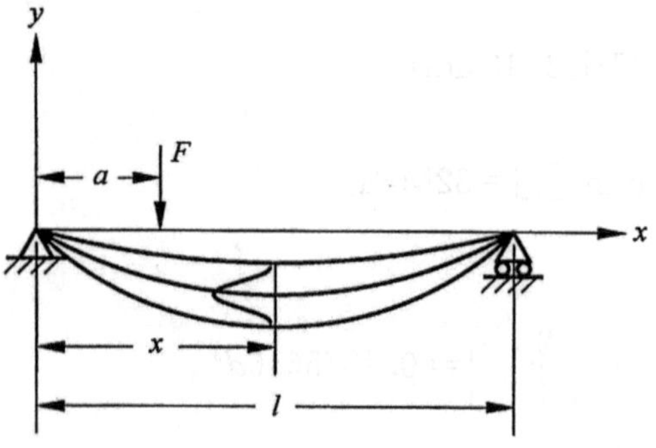

图 6-9 轴的刚度

在轴的刚度可靠性设计中，可将挠度曲线方程表示为

$$y = f(F, l, a, E, I, x)$$

式中，F 为外载荷；l 为轴的支承距离；a 为力 F 作用点到坐标原点的距离；E 为材料的弹性模量；I 为轴截面的极惯性矩；x 为计算截面到坐标原点的距离，见图 6-9。

设上式中的各物理量为独立的随机变量，则挠度 y 的均值和标准差分别为

$$\bar{y} = f(\bar{F}, \bar{l}, \bar{a}, \bar{E}, \bar{I}, \bar{x})$$

$$S_y = \left[\left(\frac{\partial y}{\partial F}\right)^2 S_F^2 + \left(\frac{\partial y}{\partial l}\right)^2 S_l^2 + \left(\frac{\partial y}{\partial a}\right)^2 S_a^2 + \left(\frac{\partial y}{\partial E}\right)^2 S_E^2 + \left(\frac{\partial y}{\partial I}\right)^2 S_I^2 + \left(\frac{\partial y}{\partial x}\right)^2 S_x^2\right]^{\frac{1}{2}}$$

选择适宜的模型计算可靠度。

仿照上述方法，可计算偏转角 θ 的可靠度。

2. 扭转刚度可靠性设计

轴的扭转变形用每米长的扭转角 φ 来表示。

常规设计刚度条件：

扭转角

$$\varphi = 57300 \frac{T}{GI_p} \leqslant [\varphi]$$

式中，T 为轴所受的扭矩，N·mm；G 为轴材料的剪切弹性模量，MPa；I_p 为轴截面的极惯性矩，mm^4；$[\varphi]$为轴每米长的允许扭转角，与轴的使用场合有关。对于一般传动轴，可取$[\varphi]$=0.5～1(°)/m；对于精密传动轴，可取$[\varphi]$=0.25～0.5(°)/m；对于精度要求不高的轴，$[\varphi]$可大于 1(°)/m。

可靠性设计中，设上式中的各物理量为独立的随机变量，则扭转角 φ 的均值和标准差分别为

$$\bar{\varphi} = 57300 \frac{\bar{T}}{\bar{G}\bar{I}_p}$$

$$S_\varphi = \left[\left(\frac{\partial \varphi}{\partial T}\right)^2 S_T^2 + \left(\frac{\partial \varphi}{\partial G}\right)^2 S_G^2 + \left(\frac{\partial \varphi}{\partial I_p}\right)^2 S_{I_p}^2\right]^{\frac{1}{2}}$$

选择适宜的模型计算可靠度。

6.6 滚动轴承的可靠性设计

滚动轴承是现代机器中广泛应用的部件之一，它是依靠主要元件间的滚动接触

来支承转动零件的。滚动轴承已标准化，并实行了专业化生产。滚动轴承的主要失效形式为疲劳点蚀、磨损和塑性变形。滚动轴承的寿命将直接影响着机械的性能。因而，在选择滚动轴承时，常以基本额定寿命作为计算标准。基本额定寿命即按一组轴承中10%的轴承发生点蚀破坏，而90%的轴承不发生点蚀破坏前的转数（以10^6转为单位）或工作小时数作为轴承的寿命。

滚动轴承是最早具有可靠性指标的机械部件。现行的额定动载荷计算方法规定，在基本额定动载荷C的作用下，滚动轴承可以工作一百万转而其中90%不发生疲劳点蚀失效，这意味着其可靠度为90%。

如果要求的可靠度为0.90，则可以按额定动载荷的计算方法计算C，并据以选择轴承。如果要求的可靠度不为0.90，则应当计算出与目标可靠度$R(t)$相应的可靠寿命或额定动载荷，并据以选择可靠度为0.90的轴承。现在分两种情况加以讨论。

6.6.1 滚动轴承的寿命与可靠度之间的关系

大量寿命试验和理论分析证实，滚动轴承的疲劳寿命服从威布尔分布，轴承寿命t的失效概率为

$$F(t) = 1 - e^{-\left(\frac{t}{\eta}\right)^{\beta}}$$

式中，t为轴承寿命；η为尺度参数；β为形状参数。

因$F(t)=1-R(t)$，故可得与t对应的可靠度为

$$R(t) = e^{-\left(\frac{t}{\eta}\right)^{\beta}}$$

上式可改写为

$$t = \eta[-\ln R(t)]^{\frac{1}{\beta}}$$

当$R(t)=0.90$时，轴承的寿命$t=L_{10}$，L_{10}表示失效概率为10%的寿命，于是由上式可得

$$L_{10} = \eta(-\ln 0.9)^{\frac{1}{\beta}}$$

由上述两式，整理可得

$$t = L_{10}\left[\frac{\ln R(t)}{\ln 0.9}\right]^{\frac{1}{\beta}} \tag{6-28}$$

式中，t为与$R(t)$相应的可靠寿命。

实践表明，上式的适用范围为$0.4<R(t)<0.93$。

按轴承类型的不同，形状参数β的值如下：

球轴承　　　$\beta=\frac{10}{9}$

滚子轴承　　$\beta=\frac{3}{2}$

圆锥滚子轴承　　　$\beta=\frac{4}{3}$

β 也称为离散参数，大的 β 值对应于较小的离散寿命。

样本中所列的基本额定动载荷是在不破坏概率(即可靠度)为 90%时的数据。实际上，不同的工作环境要求不同的可靠度，例如航空、航天工业通常要求“无失效”的轴承性能。即要求轴承寿命为 L_0。为了把样本中的基本额定动载荷值用于可靠度不等于 90%的情况，须引入寿命修正系数。

将式(6-28)简化为

$$t = aL_{10} \tag{6-29}$$

式中，L_{10} 为可靠度为 90%(破坏概率为 10%)时的寿命，即基本额定寿命；a 为可靠度不为 90%时的额定寿命修正系数(寿命可靠性系数)，其值见表 6-31。

$$a = \left[\frac{\ln R(t)}{\ln 0.90}\right]^{\frac{1}{\beta}}$$

表 6-31　滚动轴承寿命可靠性系数 a 值

可靠度 $R(t)$/%	50	80	85	90	92	95	96	97	98	99
轴承寿命 L	L_{50}	L_{20}	L_{15}	L_{10}	L_8	L_5	L_4	L_3	L_2	L_1
球轴承	5.45	1.96	1.48	1.00	0.81					
滚子轴承	3.51	1.65	1.34	1.00	0.86	0.62	0.53	0.44	0.33	0.21
圆锥滚子轴承	4.11	1.75	1.38	1.00	0.84					

实际上遇到的问题，常常是给定目标可靠度下的可靠寿命，需要确定其对应的额定寿命 L_{10}，然后据以在目录中选用轴承。

由式(6-29)可得

$$L_{10} = \frac{t}{a} \tag{6-30}$$

例 6-12　一只 209 号径向球轴承在某项应用中得出具有 90%可靠度的疲劳寿命为 100×10^6r，问如果具有 96%的可靠度时，疲劳寿命有多大。

解　由式(6-28)，可得

$$t = L_{10}\left[\frac{\ln 0.96}{\ln 0.90}\right]^{\frac{9}{10}} = 100\times10^6\times0.53 = 53\times10^6(\text{r})$$

例 6-13　用一对滚子轴承的轴，要求在系统可靠度为 0.98 时有 1000h 的可靠寿命，如已知轴的可靠度为 $R_1(t)=0.999$，求在选择这对轴承时应取的额定寿命值。

解　轴与一对轴承属于串联系统，系统的可靠度为

$$R_S(t) = R_1(t)[R_2(t)]^2$$

每个轴承的可靠度应为

$$R_2(t) = \left[\frac{R_S(t)}{R_1(t)}\right]^{\frac{1}{2}} = \left(\frac{0.98}{0.999}\right)^{\frac{1}{2}} = 0.99$$

由表 6-31 查得 $a=0.21$，故应取的额定寿命为

$$L_{10}=\frac{t}{a}=\frac{1000}{0.21}=4762(\mathrm{h})$$

可见，选择一只可靠度为 90%、寿命为 4762h 的轴承，如果用于要求可靠度为 99%的场合，其当量寿命仅为 1000h。所以不应随意提高目标可靠度的要求。

6.6.2 滚动轴承的额定动载荷与可靠度之间的关系

根据疲劳寿命曲线推出的轴承额定动载荷与寿命之间的关系为

$$L_{10}=\left(\frac{C}{P}\right)^{\varepsilon} \tag{6-31}$$

式中，C 为轴承基本额定动载荷，N；P 为当量动载荷，N；ε 为疲劳寿命系数；对于球轴承，$\varepsilon=3$；对于滚子和圆锥滚子轴承，$\varepsilon=10/3$。考虑到不同的可靠度，不同的材料和润滑条件，式(6-31)可表示为

$$t=abc\left(\frac{C}{P}\right)^{\varepsilon} \tag{6-32}$$

式中，a 为寿命可靠性系数，列于表 6-31；b 为材料系数，对于普通轴承钢，$b=1$；c 为润滑系数，一般条件下，$c=1$。

取 $b=c=1$，则式(6-32)可改写为

$$C=a^{-\frac{1}{\varepsilon}}Pt^{\frac{1}{\varepsilon}}=KPt^{\frac{1}{\varepsilon}} \tag{6-33}$$

式中，K 为额定动载荷可靠性系数，列于表 6-32。

$$K=a^{-\frac{1}{\varepsilon}}=\left[\frac{\ln 0.9}{\ln R(t)}\right]^{\frac{1}{\beta\varepsilon}} \tag{6-34}$$

对于球轴承，$\frac{1}{\beta\varepsilon}=\frac{3}{10}$；对于滚子轴承，$\frac{1}{\beta\varepsilon}=\frac{1}{5}$；对于圆锥滚子轴承，$\frac{1}{\beta\varepsilon}=\frac{9}{40}$。

当已知目标可靠度下的轴承寿命，即可由式(6-33)确定相应的基本额定动载荷 C 值，然后据以选择轴承。

例 6-14 有一深沟球轴承，$d=35\mathrm{mm}$，受径向压力 $F_r=6000\mathrm{N}$ 作用，转速 $n=400\mathrm{r/min}$，要求可靠度 $R(t)=0.95$，工作寿命 $t=5000\mathrm{h}$，试选择此轴承。

解 $C=KP\left(\frac{60nt}{10^6}\right)^{\frac{1}{\varepsilon}}=1.155\times6000\times\left(\frac{60\times400\times5000}{10^6}\right)^{\frac{1}{3}}=29139(\mathrm{N})$

故可以选择 6307 轴承。

如只要求可靠度 $R(t)=0.90$，工作寿命 $t=L_{10}=5000\mathrm{h}$，则

$$C=P\left(\frac{60nt}{10^6}\right)^{\frac{1}{\varepsilon}}=6000\times\left(\frac{60\times400\times5000}{10^6}\right)^{\frac{1}{\varepsilon}}=25229(\mathrm{N})$$

故只需选 6207 轴承即可。

如果只有 6207 轴承可用，而又要求可靠度为 0.95，则可以允许的径向力 F_r 便需降低，由

$$C = KP\left(\frac{60nt}{10^6}\right)^{\frac{1}{\varepsilon}} = 1.155 \times P \times \left(\frac{60 \times 400 \times 5000}{10^6}\right)^{\frac{1}{\varepsilon}} = 25500(\mathrm{N})$$

可得

$$P = \frac{25500}{1.155 \times \left(\frac{60 \times 400 \times 5000}{10^6}\right)^{\frac{1}{3}}} = 5251(\mathrm{N})$$

表 6-32　滚动轴承额定动载荷可靠性系数 K 值

可靠度 $R(t)$/%	50	80	85	90	92	95	96	97	98	99
轴承寿命 L	L_{50}	L_{20}	L_{15}	L_{10}	L_8	L_5	L_4	L_3	L_2	L_1
球轴承	0.5683	0.7984	0.8781	1.00	1.073	1.155	1.209	1.282	1.391	1.60
滚子轴承	0.6861	0.8606	0.9170	1.00	1.048					
圆锥滚子轴承	0.6545	0.8446	0.9071	1.00	1.054					

习　题　6

6-1　今设计一静载抗拉螺栓，已知其应力参数为 $\bar{\sigma}=74.3\mathrm{MPa}$，$C_\sigma=0.08$；强度参数为 $C_r=0.07$，求可靠度 $R(t)=0.97$ 时的强度均值。

6-2　某减速器高速级直齿圆柱齿轮传动常规设计参数为 $P=5\mathrm{kW}$，$n_1=960\mathrm{r/min}$，每天 8h，每年工作 300 天，寿命 15 年，电机驱动，工作平稳。齿轮精度等级定为 8 级，$Z_1=24$，45 钢调质，$\mathrm{HBS}_1=240$；$Z_2=115$，45 钢常化，$\mathrm{HBS}_2=200$；$m=2.5$，齿宽 $b=90\mathrm{mm}$，求该对齿轮的可靠度。

6-3　试设计一传动轴，传递扭矩 $T=(10^7 \pm 2\times10^6)\mathrm{N\cdot mm}$，材料强度 $\tau_{-1}=(230\pm50)\mathrm{MPa}$，应保证可靠度 $R(t)=0.999$，求轴的直径多大才能够满足可靠度要求。

6-4　设计一齿轮轴，已知其传递扭矩 $T=12000\mathrm{N\cdot mm}$，$S_T=9000\mathrm{N\cdot mm}$，危险截面弯矩 $M=14000\mathrm{N\cdot mm}$；$S_M=1200\mathrm{N\cdot mm}$，材料强度 $\bar{\sigma}_B=800\mathrm{MPa}$，$S_{\sigma_B}=80\mathrm{MPa}$；要求可靠度 $R(t)=0.999$。求危险截面的尺寸(已知上述各量的分布均为正态分布)。

6-5　某传动轴根据工作条件和结构要求采用 7000AC 型轴承“背对背”地安装，轴径 $d\leqslant 70\mathrm{mm}$。已知该对轴承承受轴向载荷 $F_a=1900\mathrm{N}$，径向载荷 $F_r=9000\mathrm{N}$，转速 $n=400\mathrm{r/min}$，预计寿命 $t=2000\mathrm{h}$，中等冲击，可靠度 $R(t)\geqslant0.99$，选轴承型号。

6-6　设计一圆柱形压缩螺旋弹簧，最大的轴向载荷 $F_{\max}=700\mathrm{N}$，最大轴向变形量 $\lambda_{\max}=(50\pm1.5)\mathrm{mm}$。该弹簧套在一直径为 28mm 的轴上工作。由于结构的限制，弹簧外径不得超过 42mm。要求弹簧的可靠度 $R(t)\geqslant0.99$。

6-7　简述机械零件可靠性设计与传统设计的相同点与不同点。

6-8　试述机械零件可靠性设计的内容和步骤。

第7章　机械可靠性优化设计及可靠性提高

7.1　概　　述

7.1.1　可靠性优化设计的概念

解决机械工程设计和可靠性问题，往往要求兼顾多个目标，如尺寸、质量、可靠度、费用等。这些目标取决于定值和可调的设计参数。优化设计和可靠性设计，都是在常规设计的基础上发展和延伸的一种新的设计。在工程中应用这两种设计已产生了较好的技术经济效果。常规的优化设计把设计变量处理成确定的变量，建立常规的数学模型，这种不够完善的数学处理与先进的优化方法，往往十分不协调，而且设计中未考虑可靠性指标，因此难以反映产品的现实工况。而可靠性设计，把有关的设计变量处理成随机变量，按照可靠性设计准则，建立概率数学模型，这是符合实际工况的。但是，对于某些设计问题，如果不采用优化方法，也难得到满意的设计结果。我们有可能控制某些参数的值，如选取不同的材料、不同的热处理工艺，可以调整强度均值和强度标准差；选取不同的尺寸、公差或改变零件的结构（减少应力集中）等，可以调整应力均值和应力标准差。但不得不为此耗费一定的资源，如费用、原材料、工艺设备、时间等。因此，由此提出了可靠性的优化设计问题，将优化设计与可靠性设计理论相结合，达到相互取长补短的作用。按照这种方法设计的产品，既能定量地回答产品运行中的可靠性问题，又能使产品的功能、安全性、质量、体积以及成本等参数获得优化解，显示出明显的技术经济效益。因此，可靠性优化设计是一种更具有工程实用价值、先进的综合设计方法。

机械可靠性优化设计是指在可靠度满足规定要求的前提下，使机械设计总费用为最小；或是在满足成本、尺寸、质量等指标的规定之下，使可靠度为最高。因此，机械可靠性优化设计可归纳为如下两类型：

(1) 以体积、质量或成本等的界限值为约束条件，以使可靠度 R 尽可能高作为目标函数。

(2) 以给定的可靠度指标为约束条件，以使质量、成本等参数尽可能小作为目标函数。

7.1.2　以可靠度指标为约束条件的可靠性优化设计

已知强度 σ_s 服从正态分布 $N(\bar{\sigma}_s, S_{\sigma_s})$，应力 σ 服从正态分布 $N(\bar{\sigma}, S_\sigma)$，并且相互独立；要求满足的可靠度为[$R$]，即 $R\geqslant$[R]，经统计获得各种费用函数：$c=f(\bar{\sigma}_s, S_{\sigma_s},$

$\bar{\sigma}, S_\sigma$)。求可靠度满足规定设计指标[R]值，总费用为最小时的优化解：$\bar{\sigma}_s^*$，$S_{\sigma_s}^*$，$\bar{\sigma}^*$，S_σ^* 及总费用 TC^* 值。

1. 建立目标函数

目标函数是总费用为最小，即

$$\min TC = c_1(\bar{\sigma}_s) + c_2(S_{\sigma_s}) + c_3(\bar{\sigma}) + c_4(S_\sigma) \tag{7-1}$$

式中，TC 表示总费用为最小。$c_1(\bar{\sigma}_s)$表示强度均值的费用函数。较高的强度均值要求选用较好的材料，采用较好的热处理工艺或要求较高的制造工艺管理，这些当然会增加费用。因此，$c_1(\bar{\sigma}_s)$是 $\bar{\sigma}_s$ 的单调增函数。

$c_2(S_{\sigma_s})$表示强度标准差的费用函数。为了提高可靠度，要求较低的 S_{σ_s} 值。为降低 S_{σ_s}，应控制引起强度变化的因素，如降低表面粗糙度、注意切槽的影响、改善材料的不均匀性与内部缺陷等。因此，费用函数 $c_2(S_{\sigma_s})$是 S_{σ_s} 的单调减函数。

$c_3(\bar{\sigma})$和 $c_4(S_\sigma)$分别为与应力均值和标准差有关的费用函数。$\bar{\sigma}$ 和 S_σ 的值较低，将明显地得到较高的可靠度。为降低这些值，可能需要加大零件的尺寸并减小尺寸公差，控制作用在零件上的载荷等。因此，$c_3(\bar{\sigma})$和 $c_4(S_\sigma)$分别是 $\bar{\sigma}$ 和 S_σ 的单调减函数。

2. 建立约束条件

约束条件为 $R \geqslant [R]$。因为可靠度 R 的计算式为

$$R = \frac{1}{\sqrt{2\pi}}\int_{-\infty}^{u_R} e^{-\frac{u^2}{2}} du = \Phi\left(\frac{\bar{\sigma}_s - \bar{\sigma}}{\sqrt{S_{\sigma_s}^2 + S_\sigma^2}}\right) = \Phi(u_R)$$

$$u_R = \frac{\bar{\sigma}_s - \bar{\sigma}}{\sqrt{S_{\sigma_s}^2 + S_\sigma^2}}$$

u_R 值是与 R 值一一对应的，u_R 值增大，R 值也相应增大，故 $R \geqslant [R]$可改写为 $u_R \geqslant u_{[R]}$。从而可建立约束方程

$$\frac{\bar{\sigma}_s - \bar{\sigma}}{\sqrt{S_{\sigma_s}^2 + S_\sigma^2}} \geqslant u_{[R]} \tag{7-2}$$

式中，$u_{[R]}$值由规定的可靠度指标[R]值查正态分布表求得。

在一些设计问题中，各种费用函数可能是严格单调的，在这种情况下，对于最优解，式(7-2)中的不等式将满足等式的条件，这是因为不等式左边的较高值所花费用较大，因此最优化过程将把它降到最低的规定 $u_{[R]}$ 值。

3. 建立拉格朗日函数

$$L(\bar{\sigma}_s, S_{\sigma_s}, \bar{\sigma}, S_\sigma, \lambda) = c_1(\bar{\sigma}_s) + c_2(S_{\sigma_s}) + c_3(\bar{\sigma}) + c_4(S_\sigma) + \lambda[\bar{\sigma}_s - \bar{\sigma} - u_R(S_{\sigma_s}^2 + S_\sigma^2)^{\frac{1}{2}}]$$

4. 求局部最优解

为求局部最优解，将拉格朗日函数对各变量进行微分并令其等于零，即

$$\frac{\partial L}{\partial \bar{\sigma}_s} = \frac{\partial c_1(\bar{\sigma}_s)}{\partial \bar{\sigma}_s} + \lambda = 0 \tag{7-3}$$

$$\frac{\partial L}{\partial \bar{\sigma}} \frac{\partial c_3(\bar{\sigma})}{\partial \bar{\sigma}} - \lambda = 0 \tag{7-4}$$

$$\frac{\partial L}{\partial S_{\sigma_s}} = \frac{\partial c_2(S_{\sigma_s})}{\partial S_{\sigma_s}} - \lambda u_{[R]} S_{\sigma_s} (S_{\sigma_s}^2 + S_\sigma^2)^{\frac{1}{2}} = 0 \tag{7-5}$$

$$\frac{\partial L}{\partial S_\sigma} = \frac{\partial c_4(S_\sigma)}{\partial S_\sigma} - \lambda u_{[R]} S_\sigma (S_{\sigma_s}^2 + S_\sigma^2)^{\frac{1}{2}} = 0 \tag{7-6}$$

$$\frac{\partial L}{\partial \lambda} = \bar{\sigma}_s - \bar{\sigma} - u_{[R]} (S_{\sigma_s}^2 + S_\sigma^2)^{\frac{1}{2}} = 0 \tag{7-7}$$

上述 5 个方程包含 5 个未知数($\bar{\sigma}_s, S_{\sigma_s}, \bar{\sigma}, S_\sigma, \lambda$)，对它们联立求解可得到所有的局部最优解。

5. 求全局最优解

为求全局最优解，可将已求得的各局部最优解代入目标函数式(7-1)，计算出各点的总费用 TC 值，其中总费用 TC 值最小的一组解($\bar{\sigma}_s, S_{\sigma_s}, \bar{\sigma}, S_\sigma$)即为所求的全局最优解。

7.1.3 以总费用指标为约束条件的可靠性优化设计

已知强度 σ_s 服从正态分布 $N(\bar{\sigma}_s, S_{\sigma_s})$，应力 σ 服从正态分布 $N(\bar{\sigma}, S_\sigma)$，且相互独立；规定要求满足的总共费用指标为 TC≤TCC，TCC 表示可用资源的总数。求总费用满足规定设计指标 TCC 值，可靠度 R 为最大时的最优解：$\bar{\sigma}_s^*, S_{\sigma_s}^*, \sigma^*, s_\sigma^*, R^*$。

(1) 建立目标函数。

目标函数是可靠度为最大

$$R = \frac{1}{\sqrt{2\pi}} \int_{-\infty}^{u_R} e^{-\frac{u^2}{2}} du = \Phi(u_R) \tag{7-8}$$

知 u_R 值是与 R 值一一对应的，u_R 值增大，R 值也相应增大

$$u_R = \frac{\bar{\sigma}_s - \bar{\sigma}}{\sqrt{S_{\sigma_s}^2 + S_\sigma^2}}$$

由此可建立目标函数

$$\max u_R = (\bar{\sigma}_s - \bar{\sigma})(S_{\sigma_s}^2 + S_\sigma^2)^{-\frac{1}{2}} \tag{7-9}$$

(2) 建立约束条件

$$c_1(\bar{\sigma}_s) + c_2(S_{\sigma_s}) + c_3(\bar{\sigma}) + c_4(S_\sigma) \leqslant \text{TCC} \tag{7-10}$$

(3) 建立拉格朗日函数

$$L(\bar{\sigma}_s, S_{\sigma_s}, \bar{\sigma}, S_\sigma, \lambda) = (\bar{\sigma}_s - \bar{\sigma})(S_{\sigma_s}^2 + S_\sigma^2)^{-\frac{1}{2}} + \lambda[c_1(\bar{\sigma}_s) + c_2(S_{\sigma_s}) + c_3(\bar{\sigma}) + c_4(S_\sigma) - \mathrm{TCC}] \tag{7-11}$$

(4) 为求局部最优解,需解下列方程组:

$$\frac{\partial L}{\partial \bar{\sigma}_s} = (S_{\sigma_s}^2 + S_\sigma^2)^{-\frac{1}{2}} + \lambda \frac{\partial c_1(\bar{\sigma}_s)}{\partial \bar{\sigma}_s} = 0 \tag{7-12}$$

$$\frac{\partial L}{\partial \bar{\sigma}_s} = -(S_{\sigma_s}^2 + S_\sigma^2)^{-\frac{1}{2}} + \lambda \frac{\partial c_1(\bar{\sigma}_s)}{\partial \bar{\sigma}_s} = 0 \tag{7-13}$$

$$\frac{\partial L}{\partial S_{\sigma_s}} = -S_{\sigma_s}(S_{\sigma_s}^2 + S_\sigma^2)^{-\frac{3}{2}} + \lambda \frac{\partial c_2(S_{\sigma_s})}{\partial S_{\sigma_s}} = 0 \tag{7-14}$$

$$\frac{\partial L}{\partial S_\sigma} = -S_\sigma(S_{\sigma_s}^2 + S_\sigma^2)^{-\frac{3}{2}} + \lambda \frac{\partial c_4(S_\sigma)}{\partial S_\sigma} = 0 \tag{7-15}$$

$$\frac{\partial L}{\partial \lambda} = c_1(\bar{\sigma}_s) + c_2(S_{\sigma_s}) + c_3(\bar{\sigma}) + c_4(S_\sigma) - \mathrm{TCC} = 0 \tag{7-16}$$

如前所述,将最优化问题化为单一变量的搜索问题。先固定 $\bar{\sigma}_s$ 值,由式(7-16)和式(7-12)得

$$\frac{\partial c_1(\bar{\sigma}_s)}{\partial \bar{\sigma}_s} = -\frac{\partial c_3(\bar{\sigma})}{\partial \bar{\sigma}} \tag{7-17}$$

由此可求出 $\bar{\sigma}$ 值。再由式(7-13)和式(7-14)得

$$\frac{1}{S_{\sigma_s}} \frac{\partial c_2(S_{\sigma_s})}{\partial S_{\sigma_s}} = \frac{1}{S_\sigma} \frac{\partial c_4(S_\sigma)}{\partial S_\sigma} \tag{7-18}$$

将已确定的 $\bar{\sigma}_s$ 和 $\bar{\sigma}$ 值代入式(7-16),可求出 S_{σ_s} 和 S_σ 值。最后得一组值($\bar{\sigma}_s, S_{\sigma_s}, \bar{\sigma}, S_\sigma$)。

将已求得的 $\bar{\sigma}_s$、S_{σ_s}、$\bar{\sigma}$、S_σ 值代入式(7-9),计算出该点的 u_R 值,查正态分布表即得 R 值。对不同的 $\bar{\sigma}_s$ 值,可以通过上述方法求出与之相应的可靠度 R 值,然后用各种已知搜索方法的任何一种,搜索出最优值。

(5) 求全局最优值。

为保证任何局部最优解都是全局最优解,须证明目标函数(7-9)是凹函数(过程略)。在这种情况下,局部最优值将是全局最优值。

7.1.4 机械可靠性优化设计实例

1. 齿轮传动的可靠性优化设计

1) 建立齿轮目标函数,确定设计变量

一般来说,齿轮传动失效形式主要有轮齿折断和齿面的点蚀、胶合、磨损及塑性变形等,每种失效都应有相应的准则,但通常按齿面接触疲劳强度和轮齿齿根弯曲疲劳强度计算,因此,齿轮的可靠度由齿面接触疲劳强度和齿根弯曲疲劳强度决定。

$$R = R_H \cdot R_f \tag{7-19}$$

式中，R 为齿轮总的可靠度；R_H 为齿面接触疲劳强度可靠度；R_f 为齿根弯曲疲劳强度可靠度。

通常要根据齿轮实际失效的危害程度来决定哪种强度占到主要位置，大多数情况下齿面接触疲劳强度的可靠度要取得稍大些。

(1) 齿轮齿面的接触应力分布参数的确定。

接触应力

$$X_m = Z_H Z_E Z_\varepsilon Z_\beta (4KT_1 \cos^3\beta / \Phi_a m_n^3 Z_1^3 u)^{\frac{1}{2}} \tag{7-20}$$

(2) 齿根弯曲应力分布乘数的确定。

齿根弯曲应力

$$X_F = [4KT_1 \cos^3\beta / \Phi_a m_n^3 Z_1^2 (u \pm 1)] Y_{fa} Y_{sa} Y_\beta \tag{7-21}$$

2) 齿轮传动的可靠性优化设计

在进行可靠性优化设计时，应首先确定设计变量，并建立优化设计目标及对应的各个设计变量的约束条件。考虑可靠性的要求，将可靠度作为追求的目标，使它作为设计变量并建立相应的数学模型。

(1) 设计变量。

齿轮的设计可由以下四个参数确定：齿轮的模数 m_n、齿轮的齿数 Z_1、齿轮的宽度系数 Φ_a、齿轮的螺旋升角 β。

设计变量为

$$X = [m_n \quad z_1 \quad \Phi_a \quad \beta]^T = [x_1 \quad x_2 \quad x_3 \quad x_4]^T \tag{7-22}$$

(2) 目标函数。

考虑齿轮传动的中心距在工程应用中的重要意义，因此，这里以传动中心距的最小值为齿轮传动优化设计追求的目标。

中心距

$$a = (u+1) m_n z_1 / (2\cos\beta)$$

优化设计的目标函数

$$F = \min\{(u+1) x_1 x_2 / (2\cos x_4)\} \tag{7-23}$$

(3) 约束条件。

① 齿数约束。

通常，闭式齿轮传动 $z_1 \geqslant 20 \sim 30$，开式齿轮传动 $z_1 = 18 \sim 20$。由此可得

$$g_1(x) = 20 - x_2 \leqslant 0 \quad 或\ g_1(x) = 18 - x_2 \leqslant 0 \tag{7-24}$$

$$g_2(x) = x_2 - 30 \leqslant 0 \quad 或\ g_1(x) = 20 - x_2 \leqslant 0 \tag{7-25}$$

② 模数约束。

一般动力传动的模数 $m_n \geqslant 2$ mm，但考虑齿轮模数需向上圆整，因此在进行优化

设计可让模数约小于 2 mm

$$g_3(x) = 2 - \Delta - m_n \leqslant 0 \quad (\Delta \text{设计的误差许用误差范围值}) \tag{7-26}$$

③ 齿宽系数的约束。

齿宽系数一般情况下取 $\Phi_a=0.2-1.4$，增大齿宽系数，可以使中心距减少，但齿宽增大后会使齿轮上的受载沿齿宽方向的分布更趋于不均匀，因此闭式软齿面的齿宽系数 $\Phi_a=0.3-1.4$，而闭式硬齿面的齿宽系数 $\Phi_a=0.2-0.9$

$$g_4(x) = 0.3 - x_3 \leqslant 0 \quad \text{或}\ g_4(x) = 0.2 - x_3 \leqslant 0 \tag{7-27}$$

$$g_5(x) = x_3 - 1.4 \leqslant 0 \quad \text{或}\ g_5(x) = 0.2 - x_3 \leqslant 0 \tag{7-28}$$

④ 螺旋角的约束。

一般螺旋角可取 $\beta=8°-25°$，角若过大就会造成齿轮上的轴向力过大，所以螺旋角常取 $\beta=8°-15°$

$$g_6(x) = 8° - x_4 \leqslant 0 \tag{7-29}$$

$$g_7(x) = x_4 - 15° \leqslant 0 \tag{7-30}$$

⑤ 强度约束。

由于中心距的大小取决于齿轮齿面的接触疲劳强度，考虑能同时满足接触齿面疲劳强度和轮齿的弯曲疲劳强度时，应增大齿数 z_1，模数 m_n，以提高齿轮轮齿的切削量，因此，主要对弯曲疲劳强度可靠性加以限制，则能够得到

$$g_8(x) = R_{F0} - R_F \leqslant 0 \tag{7-31}$$

$$g_9(x) = R_F - (R_{F0} + \Delta R) \leqslant 0 \tag{7-32}$$

$$g_{10}(x) = R_F - (R_{F0} + \Delta R) \tag{7-33}$$

式中，R_{F0} 为弯曲强度的可靠度；ΔR 为可靠度的变化量。

3) 不等式约束最优化问题的解法

对于具有不等式约束或不等式兼有等式的多变量函数的最优化问题，可采用不等式约束最优化问题的间接求解法，即按照一定的原则构造一个包含目标函数和约束函数的新目标函数，使新目标函数的无约束最优化等于原目标函数的约束的最优解。常用拉格朗日乘子法、惩罚函数法等都可以解这类问题。

由以上建立的模型可以看出，它是一个具有四个设计量，十个约束线性化问题，故采用 SUMT 惩罚函数法数内点法求解。

内点法是求解不等式最优解的一种很有效的方法，其特点是将构造的新的无约束目标函数—惩罚函数法定义于可行域内，并在可行域内点惩罚函数的极值点。惩罚函数的一般表达式为

$$\varphi(X, r^{(k)}) = f(X) \pm r^{(k)} \sum (1/g_u(X)) \tag{7-34}$$

式中，$r^{(k)}$ 为惩罚因子，是递减的正数序列，即 $r^{(0)} > r^{(1)} > r^{(2)} > \cdots > r^{(k)} > r^{(k+1)} \cdots > 0$，$\lim r^{(k)} = 0$，通常取 $r^{(k)} = 1.0, 0.1, 0.01, 0.001, \cdots$，$g_u(X)$ 为已知的约束条件。

对于目标函数 $f(X)$ 受约束于 $g_u(X)$ 取值的影响，若 $g_u(X) \geqslant 0(u=1,2,3,4,\cdots)$ 时取一值，进行最优化问题求解。

在内点法求解最优解，随着惩罚函数 $r^{(k)}$ 的递减序列，使惩罚因子的无约束极值。

点 $X^*(r^{(k)})$ 从可行域的内部向原目标函数的约束最优点逼近，直到最优点。

4）设计举例及结果分析

设计一对齿轮传动，设计已知条件：输入功率 $P_1=2.9\text{kW}$，输入轴转速 $n_1=780\text{r/min}$，传动比 $i=3.46$，每天工作 16h，工作平稳，工作可靠度 $R_0=0.999$，$R_{H0}=0.998$，$R_{F0}=0.999$。

设计结果如表 7-1 所示。从设计结果看出，该优化设计方案比常规设计有明显改善，中心距减少了 39.025mm(23.33%)且减少了模数，弯曲可靠度也能满足设计要求。通过可靠性优化设计使得在齿轮外观尺寸不变的条件下，现在系统的可靠度大有提高。特别对多变量设计，通过对其多目标变量的降维处理，使得可靠性优化设计成为一种有效的设计方法。

表 7-1 齿轮传动设计结果

参数	计算值 m_n/mm	圆整后 m_n/mm	齿数 z_1	齿宽系数 Φ_a	中心距 a/mm	R_H	R_F	R
常规设计	2.87	3.0	25	0.4	167.25	0.9^8	0.9^8	0.9^7
可靠性优化设计	2.41	2.5	23	0.43	128.255	0.999	0.999	0.999

2. 行星减速器的可靠性优化设计

1）目标函数的确定和优化变量的选取

以提高行星齿轮传动效率、减少摩擦及节省能耗是工程中的首要追求，所以以提高传动效率为目标进行优化设计。

设 η_{1n}^H 为转化轮系的效率，即把行星轮系视为定轴轮系时由轮 1 到轮 n 的传动总效率。η_p 为轴承润滑等其他传动效率。

太阳轮主动时

$$\eta_{1H} = [1 - | 1 - 1/i_{1H} | (1 - \eta_{1n}^H)] \times \eta_p \tag{7-35}$$

太阳轮从动时

$$\eta_{H1} = \{1/[1 + | 1 - 1/i_{H1} | (1 - \eta_{1n}^H)]\} \times \eta_p \tag{7-36}$$

根据传动比的特点，得到 $i_{1H}=1+z_3/z_1$，从而得到行星轮系的传动效率为

$$\eta_{1H} = \left[1 - \left|1 - \frac{z_1}{z_1 + z_3}\right| (1 - \eta_{1n}^H)\right] \times \eta_p \tag{7-37}$$

在已知载荷、工作条件及选定材料的情况下，选取中间的太阳轮和 c 个行星轮体积之和来代表行星轮系的质量指标，目标函数为

$$V = \frac{\pi}{4}Bm^2(z_1^2 + cz_2^2) \tag{7-38}$$

选取行星齿轮的齿数 z_1、z_2、z_3，模数 m 和齿宽 B 为变量，即

$$x = [x_1 \quad x_2 \quad x_3 \quad x_4 \quad x_5]^T = [z_1 \quad z_2 \quad z_3 \quad B \quad m]^T \tag{7-39}$$

从而得到优化目标函数

$$f_1(x) = \left[1 - \left|1 - \frac{x_1}{x_1 + x_3}\right|(1 - \eta_{1n}^H)\right] \times \eta_p \tag{7-40}$$

$$f_2(x) = \frac{\pi}{4}x_4 x_5^2[x_1^2 + cx_2^2] \tag{7-41}$$

根据统一目标函数法中的加权线性组合法，最终得到优化模型为

$$\Phi(x) = \frac{\omega_1}{f_1(x)} + \omega_2 \cdot f_2(x) \to \min \tag{7-42}$$

$$X = [x_1 \quad x_2 \quad x_3 \quad x_4 \quad x_5]^T = [z_1 \quad z_2 \quad z_3 \quad B \quad m]^T \tag{7-43}$$

2）约束条件的确定

（1）常规优化设计方法中约束条件的确定。

行星轮系的约束条件为：

① 最小齿轮齿数不发生根切的条件约束

$$g_1(x) = x_2 - 17 \geqslant 0 \tag{7-44}$$

② 传动比限制条件约束，根据结构和速度限制确定传动比范围

$$g_2(x) = 12 - x_3/x_1 \geqslant 0 \tag{7-45}$$

③ 根据齿宽系数限制齿宽，按设计要求的约束

$$g_3(x) = x_4 - 17x_5 \leqslant 0 \tag{7-46}$$

$$g_4(x) = 5x_5 - x_4 \leqslant 0 \tag{7-47}$$

④ 邻接条件，为保证各行星轮之间齿顶不相碰撞，应满足这样的约束

$$g_5(x) = (x_1 + x_2)\sin(\pi/c) - x_2 - 2 \times h_a^* \geqslant 0 \tag{7-48}$$

⑤ 满足同心条件约束

$$h_7 = x_1 + 2x_2 - x_3 = 0 \tag{7-49}$$

⑥ 满足装配条件

$$h_8(x) = (x_1 + x_3)/c = \text{正整数} \tag{7-50}$$

⑦ 轮齿齿面接触强度约束。

设 K、Z_H、Z_E、Z_ε、u 分别为综合系数、节点区域系数、弹性系数重合度系数、齿数比，本文只考虑承载较大的外啮合齿轮对的强度条件。

$$g_9(x) = [\sigma_H] - Z_H Z_E Z_\varepsilon \sqrt{\frac{2KT_1}{x_4 x_1^2 x_5^2} \cdot \frac{u+1}{u}} \geqslant 0 \tag{7-51}$$

⑧ 齿根弯曲疲劳强度。

设 Y_{Fa1}、Y_{sa1}、Y_ε 分别为齿形系数、应力修正系数、重合度系数

$$g_{10}(x) = [\sigma_F]_1 - \frac{2KT_1}{x_4 x_1 x_5^2} \cdot Y_{Fa1} Y_{sa1} Y_\varepsilon \geqslant 0 \tag{7-52}$$

$$g_{11}(x) = [\sigma_F]_2 - \frac{2KT_1}{x_4 x_1 x_5^2} \cdot Y_{Fa2} Y_{sa2} Y_\varepsilon \geqslant 0 \tag{7-53}$$

(2) 基于可靠性理论优化设计约束条件的确定。

①～⑧约束条件不变，只是强度约束发生了变化。由齿轮接触强度的公式，两边取对数，可得

$$\begin{aligned} \ln \sigma_H = & \ln Z_H + \ln Z_E + \ln Z_\varepsilon + \ln Z_\beta + \frac{1}{2}[\ln K_A \\ & + \ln K_V + \ln K_{H\beta} + \ln K_{H\alpha} + \ln F_t - \ln d_1 \\ & - \ln b + \ln(u \pm 1) - \ln u] \end{aligned} \tag{7-54}$$

根据中心极限定理可知其强度应力满足对数正态分布，可得齿面接触应力的均值

$$\bar{\sigma}_H = Z_H \bar{Z}_E \bar{Z}_\varepsilon \bar{Z}_\beta \sqrt{\frac{\overline{K}\overline{K}_A \overline{K}_V \overline{K}_{H\beta} \overline{K}_{H\alpha} F_t}{d_1 B} \cdot \frac{u \pm 1}{u}} \tag{7-55}$$

变异系数

$$\begin{aligned} C_{\sigma_H} = & [C_{Z_E}^2 + C_{Z_\varepsilon}^2 + C_{Z_\beta}^2 + \frac{1}{4}(C_K^2 + C_{K_A}^2 + C_{K_V}^2 \\ & + C_{K_{H\beta}}^2 + C_{K_{H\alpha}}^2 + C_{F_t}^2)]^{\frac{1}{2}} \end{aligned}$$

标准差

$$S_{\sigma_H} = \bar{\sigma}_H C_{\sigma_H}$$

同时

$$\bar{\sigma}_{HS} = \bar{\sigma}_{H\lim} \bar{Z}_N \bar{Z}_L \bar{Z}_V \bar{Z}_R \bar{Z}_W \bar{Z}_X$$

$$C_{\sigma_{HS}} = (C_{\sigma_{H\lim}}^2 + 2_{Z_N}^2 + C_{Z_L}^2 + C_{Z_V}^2 + C_{Z_R}^2 + C_{Z_W}^2 + C_{Z_X}^2)^{\frac{1}{2}}$$

当齿面接触应力服从对数正态分布，连接方程

$$u_{R_H} = \frac{\ln \frac{\bar{\sigma}_{HS}}{\bar{\sigma}_H}}{(C_{\sigma_{HS}}^2 + C_{\sigma_H}^2)^{\frac{1}{2}}} \tag{7-56}$$

由此可以查取正态分布表，求得 $R_H = \Phi(u_{R_H})$，得到接触应力的约束条件 $R_H - [R_H] \geqslant 0$，同理可求取齿根弯曲应力的均值、变异系数和标准差，各个参数和均值系数全可根据具体的情况按国际规定方法确定。同样可查得 $R_F = \Phi(u_{R_F})$，得到齿轮齿根弯曲应力的约束条件 $R_F - [R_F] \geqslant 0$。

3) 优化算法

采用约束优化计算方法，即根据本设计优化的特点，选取混合惩罚函数法，求得

总的优化模型为

$$\Phi[x,r^{(k)}] = f(x) - r^{(k)}\sum_{u\in I_1} g_u(x) + \frac{1}{r^{(k)}}\sum_{u\in I_2}[g_u(x)]^2 + \frac{1}{r^{(k)}}\sum_{v=1}[h_v(x)]^2 \tag{7-57}$$

$$I_1 = \{u \mid g_u(x) \leqslant 0, u = 1,2,\cdots,m\}$$
$$I_2 = \{u \mid g_u(x) \leqslant 0, u = 1,2,\cdots,m\}$$
$$r^{(0)} > r^{(1)} > r^{(2)} > \cdots > r^{(k)}, \quad \lim r^{(k)} > 0$$

混合惩罚函数法属于序列无约束极小化方法中的一种，其初始点 $x^{(0)}$ 可任意选取，而 $r^{(0)}$ 值可参考外点法选取，由于本方法具有内、外点惩罚函数法的求解特点，应用比较普遍。

4）计算实例

选取应用极其广泛的行星轮系为算例，进行了可靠性多目标优化设计。太阳轮的输入转矩为 $T_1=144\text{N}\cdot\text{m}$，$\omega_1=24\text{rad/s}$，太阳轮与内齿圈选用 ZG310-570，正火处理，齿面硬度 162-185HBS；行星轮采用 40Cr 钢，调质处理，齿面硬度 250-280HBS，齿轮采用 7 级精度，$[R_H]=[R_F]=0.9999$，$\varepsilon_1=\varepsilon_2=10^{-3}$，$c=3$，$r^{(0)}=1$，$r^{(k+1)}=\alpha r^{(k)}$，$\alpha=0.7$，$x^{(0)}=[z_1 \quad z_2 \quad z_3 \quad B \quad m]^{\mathrm{T}}=[36 \quad 27 \quad 90 \quad 25 \quad 5]^{\mathrm{T}}$，根据工程实践选取加权因子 $\omega_1=\omega_2=0.5$。

应用惩罚函数法和 Powell 法优化设计的计算结果如表 7-2 所示。比较可知以提高传动效率，具有质量轻、体积小等多目标可靠性优化设计，优化结果满意。可见，将优化技术与可靠性设计理论相结合，在多目标优化设计中是可行性的。

表 7-2　行星齿轮减速器可靠性优化设计结果比较

设计项目	z_1	z_2	z_3	B/mm	m/mm	V/mm^3	η/%
常规设计	36	27	90	25	5	1.72×10^6	93.3
常规设计	40	24	88	24	5	1.56×10^6	93.4
可靠性优化	42	19	80	20	4.5	0.72×10^6	93.9

将优化技术与可靠性设计理论相结合，通过优化程序的多次迭代的方法不仅可用于行星轮系减速器的多目标优化，而且还可用于各类常用减速器的优化计算中，为减速器的实际应用提供了可靠的理论依据，具有重要的工程实用价值。

7.2　可靠性提高

7.2.1　可靠性增长概述

机械产品固有可靠性是由设计确定并通过制造实现的。由于产品复杂性的不断增加和新技术的应用，机械产品设计需要有一个不断认识，逐步改进、完善的过程，样机在试验或运行中，根除故障产生的原因，从而提高产品的可靠性水平，逐步达到预期的目标。这种通过系统地、永久地消除故障机理而积极地提高产品可靠性的过程称为可靠性增长，可靠性增长就是一个通过逐步改正产品设计和制造中的缺陷，不断提高产品可靠性的过程，它贯穿于产品的寿命周期内。可靠性增长过程如图 7-1 所示，可靠性增长分为三个阶段。

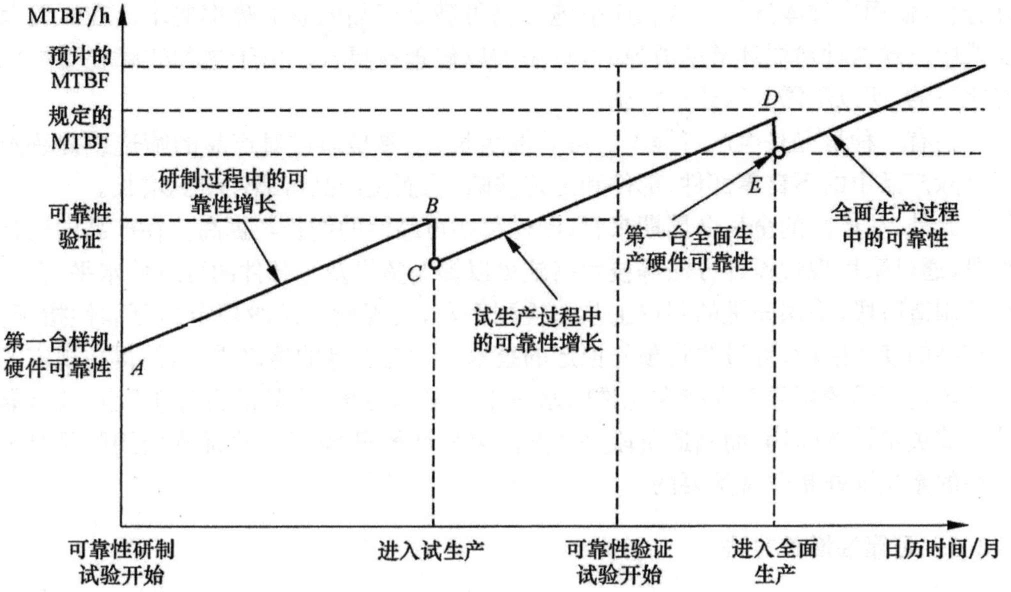

图 7-1　可靠性增长过程

第一阶段——研制过程中的可靠性增长(*AB*)阶段。*A* 点是样机原有可靠性的水平，可认为是研制开始时的技术水平。在这个阶段，由于排除了设计和试制两方面的各种缺陷，消除薄弱环节，可靠性一直在增长，达到预定的水平 *B* 点。

第二阶段——试生产过程中的可靠性增长(*CD*)阶段。在这个阶段开始，由于试生产的设备、技术和工人不够熟练等原因，增长可能会受到某些挫折，使可靠性水平从 *B* 点下降到 *C* 点。随着采取措施，使增长得以恢复。

第三阶段——全面生产过程中的可靠性增长(*EF*)阶段。在这个阶段开始，由于大量生产制造因素的影响，已达到的可靠性水平 *D* 可能会下降到 *E* 点。然而，随着这些问题的解决，增长会重新出现。并且在产品投入现场使用时，增长应当达到规定的水平，或在理想条件下达到固有的或预计的水平。

可靠性增长是反复设计的结果，随着设计的成熟，研究确定实际存在(通过试验)或潜在(通过分析)的故障源，进一步的设计工作应当放在改正这些问题上。这种设计工作可用于产品设计，也可用于制造过程设计(如工艺设计等)，可靠性增长可分为研制过程中的可靠性增长和生产过程中的可靠性增长两种情况。

研制过程中的可靠性增长主要通过改进设计来达到。产品的可靠性薄弱环节有两种，一种是系统性薄弱环节。这是由于设计、工艺、管理、包括批次性的零部件材料缺陷造成的，只有用改进措施才能排除或减少故障出现概率。例如，设计时没有很好进行电磁兼容设计，产品的抗干扰能力太差，只有修改设计才能纠正；对于这类系统性薄弱环节而言，如果只就事论事作修理更换，则同样的故障失效很可能再现，不能从根本上予以解决。另一种是在控制下的残余性薄弱环节。例如，限于条件，使用了失效率较高的零部件。尽管这种零部件的失效率不理想，但暂时已不能改进，总体设计分析，使用这种零部件采取相应措施后仍可满足产品的总故障率要求。在试验及实践中出现这种薄弱环节的故障时，只需加以修理或更换。由于这种故障在受控状态之下的，所以不需采取改进措施。

还有一种情况是生产过程中的可靠性增长，主要是通过对产品的筛选或提练过程排除产品中的不良零部件、部件和工艺缺陷，从而使产品可靠性得到增长。

此外，从产品的全生命周期来看，同样存在可靠性的增长与提高。在产品的设计阶段，通过采用现代设计方法等技术措施可以提高整机及零部件的可靠性水平；在产品的制造阶段，采用先进的制造工艺和检测手段，实现设计阶段规定的可靠性指标；在产品的使用阶段，通过执行预先拟定的技术维护与先进的检修措施，使得在规定的时间内把产品的可靠度保持在允许的水平上。可以看出，产品的设计阶段对其可靠性起着决定性的作用，而制造阶段是对产品可靠性的根本保证，产品在使用阶段对可靠性的影响同样是非常重要的。

7.2.2 可靠性增长方法

实现产品的可靠性增长主要有三个基本要素，即

(1) 故障源的检测(通过分析和试验)；

(2) 发现问题的反馈；

(3) 根据发现的问题进行有效的再设计。

可靠性增长速度取决于这个链式环路里的活动完成的快慢、所发现问题的真实性，以及再设计工作解决这些问题有彻底程度。这些影响增长的活动对不同的研制大纲来说可能是不同的。甚至在一个大纲之内，在不同的研制阶段影响增长的活动也可能是不同的。然而，在大多数情况下，故障源是通过试验检测出来的，并且试验过程有效地控制着增长速度。因此，可靠性增长过程就成为众所周知的试验—分析—改进(TAAF)过程，为达到预期的可靠性所拟定的并经验证的必须更改，被适当地和全部地纳入生产硬件的技术状态控制文件的时候，通过增长而达到的可靠性才有意义。

原则上讲，只要对产品缺陷、故障采取有效的设计、工艺、制造改进措施，均可使产品的可靠性得到增长。下面介绍几种常用的可靠性增长方法。

1. 依靠分析、设计实施可靠性增长

在设计阶段，在详细地了解产品的工作情况、环境和使用条件的基础上，利用已有的或专门开发的可靠性设计分析技术(如预计、FMEA、FTA 等)，再加上良好的信息库支持，可以发现设计中的隐患或薄弱环节，进行改进设计，提高产品的可靠性，这种方法花费最少，收效很大。

2. 依靠试验实施可靠性增长

通过试验可以暴露问题，找出故障源，进而采取改进措施，使产品可靠性得到增长。试验可以有许多类型：

(1) 专门安排的在实验室中做的可靠性增长试验，这类试验能及早发现问题，但费用相对较高。

(2) 利用性能试验、功能试验、环境试验、环境应力筛选等试验，发现问题。由于这种试验不是专门为可靠性而设置，因而往往会忽略一些暴露出的问题，且反馈不够及时。应大力推进"试验的综合利用"，以达到可靠性增长的目的。但为此必须建立健全的信息闭环系统，实施有效的故障收集、反馈和监控。

(3) 内场试验与外场使用相结合。这种试验较适合于"在研"和"在役"装备的可靠性增长。对安全性和任务成功影响较大的产品，在实验室中进行增长试验。其他产品在外场使用中进行增长。

3. 依靠生产经验实施可靠性增长

生产过程及质量控制是影响产品可靠性的主要因素。事实上从研制过渡到生产的过程中，产品出现可靠性下降(图 7-1)是一种较为普遍的现象。所以要运用工艺技术研究、最坏情况分析以及可生产性有关的技术，对生产过程进行不断改进，并加强质量控制以实现可靠性增长。

4. 依赖使用经验进行可靠性增长

通过产品在外场使用，发现问题，进行改进来提高可靠性。这种方法是不理想的，往往需要花费比图纸上更改高几百倍的投资，才能得到增长。但应指出，在产品试生产、初期试用阶段，利用"使用经验"实施可靠性增长也是必要的。

7.2.3 人-机-环境系统可靠性

研究机械的可靠性时，考虑人及环境对系统的影响是十分重要的。人机工程学(ergonomics)是一门多学科的交叉学科，研究的核心问题是不同的作业中人、机器及环境三者间的协调，研究方法和评价手段涉及心理学、生理学、医学、人体测量学、美学和工程技术等多个领域，研究的目的是通过各学科知识的应用来指导工作器具、工作方式和工作环境的设计和改造，使得作业在效率、安全、健康、舒适等几个方面的特性得以提高。

人机工程学起源于英国，形成于美国，作为一门独立的学科在形成与发展中，大致经历了经验人机工程学、科学人机工程学、现代人机工程学三个阶段。其中，科学人机工程学从 20 世纪 60 年代发展至今，充分运用控制论信息论、系统论和人体科学等学科中的新理论，所涉及的研究和应用领域不断扩大，已经充分渗透到国防、交通、工业与工业工程、工作研究、农业、建筑与照明、管理工程等专业领域，国外已经建立人机工程学在企业安全管理上的模式，包括针对作业场所选样正确规范、应用人机工程学安全管理模式、剖析人机工程学的风险因素等等。

在机械产品的造型设计方面，解决设计中的人-机-环境协调，使机器与设备适合人的生理和心理需求以及其他因素，从而达到工作环境舒适安全、操作准确、省力简便、减轻操作疲劳和提高工作效率的目的。

1. 人-机-环境系统工程理论

人-机-环境系统工程是运用系统科学理论和系统工程方法，正确处理人、机、环境三大要素的关系，深入研究人-机-环境系统最优组合的一门科学。其研究对象为人-机环境系统。系统中的"人"，是指作为工作主体的人（操作人员或决策人员）；"机"是指人所控制的一切对象（汽车、飞机、轮船、生产过程等）的总称；"环境"是指人、机共处的特定工作条件（温度、噪声、振动、有害气体等）。

人-机-环境系统工程的最大特点是把人、机、环境看成是一个系统的三大要素，在深入研究三者各自性能的基础上，强调从全系统的整体性能出发，通过三者间的信息传递、加工和控制，形成一个相互关联的复杂系统，并运用系统工程方法，使系统具有安全、高效、经济等综合效能。所谓安全，是指不出现人体的生理危害或伤害，并尽量减少事故；所谓高效是指全系统具有最好的工作性能或最高的工作效率；所谓经济，就是在满足系统技术要求的提前下，系统的建立要投资最少，也即保证系统的经济性。此外，人-机-环境系统工程还抛弃了以往把环境作为干扰因素的消极观点，积极主张把环境作为系统的一个环节，并按系统的总体要求对其进行全面的规划和控制，这样一来，人-机-环境系统工程不仅把人的因素、人体工程学、工程心理学、工效学、人的因素工程、人-机系统等学科纳入一个统一的科学框架，避免概念和术语的混乱，而且从系统的总体高度研究人-机-环境系统各种组合方案的优劣，改变以往分散孤立的研究局面，把人们设计和研制人-机-环境系统的实践活动推向一个崭新阶段。

人-机-环境系统工程的研究内容包括以下七个方面。

1）人的特性的研究

主要包括人的工作能力研究、人的基本素质的测试与评价、人的体力负荷和智力负荷和心理负荷研究、人的可靠性研究等。

2）机器特性研究

主要包括被控对象动力学的建模技术、机器的防错设计研究、机器特性对系统性能影响的研究。

3）环境特性研究

主要包括环境检测技术研究、环境控制技术研究和环境建模技术的研究等。

4）人-机关系研究

主要包括静态人-机关系研究，动态人-机关系研究和多媒体技术在动态人-机关系研究中的应用等三个方面。静态人-机关系研究主要有作业域的布局与设计；动态人-机关系研究主要有人、机功能分配研究等。

5）人-环境关系研究

主要包括环境因素对人的影响，个体防护措施的研究。

6）机-环境关系研究

主要包括环境因素对机器性能的影响，机器对环境的影响。

7）人-机-环境系统总体性能研究

主要包括人-机-环境系统总体数学模型的研究，人-机-环境系统全数学模拟、半物理模拟和全物理模拟技术研究，人-机-环境系统总体性能研究（安全、高效、经济）的分析、设计和评价，虚拟现实（virtual reality）技术在人-机-环境系统总体性能研究中的应用。

人-机-环境系统工程是一门综合性边缘科学，它从一系列基础科学中吸取了丰富营养，并奠定了自身的基础理论。人-机-环境系统工程基础理论可以概括为控制论、模型论和优化论。

控制论的根本贡献在于用系统、信息、反馈等一般概念和术语，打破了有生命与无生命的界限，使人们能用统一的观点和尺度来研究人、机、环境这三个物质属性截然不同、互不相关的对象，使其成为一个密不可分的有机整体。模型论能为人-机-环境系统工程研究提供一套完整的数学分析工具。显然，人-机-环境系统工程不仅要定性地而且要求定量地刻画全系统的运动规律。因此，就必须针对不同客观对象，引入适当模型，并通过建模、参数辨识、模拟和检验等步骤，用数学语言阐明真实客观世界的客观规律。

优化论的基本观点是在人-机-环境系统的最优组合中，一般总有多种互不相同的方法和途径，而其中必有一种或几种最好或较好的，这样一种寻求最优途径的观点和思路是人-机-环境系统工程的精髓。优化论正是体现这一精髓的数学手段。因此，在人-机-环境系统工程研究中，人们在设计和建立人-机-环境系统时，总希望在安全、高效，经济等方面达到最优化，事实上要同时满足这些要求是不可能的，而必须从总体上对这三个目标进行权衡，使目标函数的总和达到最优化。根据优化论，选择人-机-环境系统的最优组合方案。

2. 可靠性工程的人-机-环境设计

1）人对产品可靠性的影响分析

研究机械产品的环境条件时，多数集中在气候条件、机械条件、生物条件、电及辐射条件，很少考虑人本身的条件，而人对产品的可靠性有很大的影响。

由于人的因素不可能100%可靠，因此，在产品的设计过程中必须充分考虑这种人的因素，把人机工程列为可靠性考虑的参数之一。

从人的生理和心理方面看，人处于不安静的状态，健康状态不佳，情绪不好，或出现错觉时，极易发生差错。即使在正常情况下，人也会有失误。各种研究表明，系统失效的很大一部分是由人的差错造成的，不仅系统中的机械零部件存在可靠性问题，人在工作中同样存在可靠性问题。

人的可靠性是指在系统工作的任何阶段上，操作者在规定的时间里成功完成规定作业的概率，是人的自然属性之一。在各种系统设计中，人的可靠性的主要依据之一，只有这样才能保证系统的可靠性。

影响人的可靠性的因素极为复杂，但总可以归结为人的内在状态和外部因素相互作用的结果，对人影响的因素主要有以下几个方面。

(1) 工业疲劳。

工业疲劳大概有四种现象：①随着劳动的进展，劳动者身体内逐渐累积起疲劳物质，引起疲劳。②劳动者在劳动过程中需要付出能量，为此逐步消耗体内可转化的能源物质。随着这些能源物质的耗竭，疲劳现象就加重。③劳动者在劳动过程中，生理化学状态发生变化，产生疲劳。④劳动者在劳动过程中，其中枢系统的功能发生变化，产生疲劳。

(2) 温湿度影响。

温湿度过高或过低都会使人感到不舒服，容易分散注意力及产生不安心动作。有人分析，以环境温度17～22.5℃时的事故率最低，算作100％，如环境温度升高到25.3℃时，事故率男工为140％，女工为108％，而环境温度下降到11.4℃，事故率男工为138％，女工为132％。

(3) 照明环境的影响。

照明环境对产品成品率有很大关系。据西德某研究所调查，当室内照明度从100lx提高到1000lx时，生产效率可提高5％，废品率可下降20％。为了保护劳动者的视力，提高产品质量，不同工种都有不同的照明要求。

(4) 噪声环境影响。

机械产品在生产过程中的手工工具、气动设备、电动设备、仪器仪表以及生产中的产品都有可能产生噪声。强烈的噪声会使工作人员产生烦恼和疲劳，容易造成工作差错。有人曾做过试验，在噪声A级80～85dB时，神经衰弱患者为16.2％；在90～95dB时，神经衰弱患者为20.8％；在100～105dB时，神经衰弱患者为28.3％。不接触噪声的对比者仅为11％。据调查，我国部分机械工业及电器电子工业生产车间的噪声级(A级)达到90～105dB。

为了提高机械产品及设备的可靠性，在设计过程中要进行人机设计。从人机工程角度，应考虑以下因素：①人生理特性极限；②人-机之间的信息传递；③尽量减少人操作机器的疲劳；④尽可能地给予人与机器以最佳的环境。

2) 人-机-环境系统的可靠度

根据人-机-环境系统工程的理论，在机械产品设计中，要综合考虑人、机器、工作环境及整个工作系统问题，根据人的特性、人-机关系、环境条件、与作业有关的其他问题，正确分配三者的可靠度。

由于人-机系统不仅由机器和程序构成，而且也包括使用机器和程序的人，因此要研究人的可靠性因素及其对系统可靠性的影响。

仿照机器可靠性的量化，人为差错也可以量化，如人为差错率、首次人为差错前平均时间(MTTFHE)、人为差错间平均工作时间(MTBHE)、人为故障前平均时间(MTTHIF)及人的动作可靠度等。

美国在人为差错率方面做过大量的统计分析,其数据如表 7-3 所示。

表 7-3 美国的人为差错率统计数据

人为差错率	活动内容
2.8×10^{-2}	转动开关并观察信号
2.7×10^{-2}	定性的观察并读出仪表刻度
1.1×10^{-2}	观察雷达荧光屏并描出目标位置
4.0×10^{-2}	转动一个开关到规定的位置
3.6×10^{-1}	观察指示器并确定机器工作是否正常
2.9×10^{-1}	用一维控制器跟踪迅速移动的雷达目标
1	在一个极端应急情况出现前 60s,操作者发出正确动作
9.0×10^{-1}	在一个极端应急情况出现后 5min,操作者发出正确动作
1.0×10^{-1}	在一个极端应急情况出现后 30min,操作者发出正确动作
1.0×10^{-2}	在一个极端应急情况出现后几小时,操作者发出正确动作
2.5×10^{-2}	读压力
2.5×10^{-2}	读温度
1.0×10^{-1}	平静下来

人-机系统可靠性传统计算方法是将具有可靠度 R_H 的人和具有可靠度 R_M 的机器看成是相互串联的系统,则系统可靠度 R_s 为

$$R_s = R_H \cdot R_M \tag{7-58}$$

考虑人的出错率

$$R_H = 1 - p_H \tag{7-59}$$

式中,p_H 为人为差错率。

3. 人的可靠性预测

对于机械产品的人-机-环境系统来说,系统可靠性可由三个子系统可靠性组成,即人员子系统的可靠性、机器子系统的可靠性和环境子系统的可靠性。比较而言,人员子系统的可靠性居主要地位。例如,在设备可靠性设计中对设备要进行可靠性预计和分配一样,在人-机-环境系统可靠性设计中必须对人-机-环境系统进行可靠性预测。即利用过去积累的可靠性数据资料(用户、工厂、实验室的可靠性数据),综合零部件的失效数据,较为迅速地预测。而对人-机-环境系统进行可靠性预测比较困难,也缺乏足够的经验。其中主要的原因是由于缺乏大量的、系统的人、环境的可靠性数据,从而导致人-机-环境系统可靠性分析方法的不完善。

所谓人的可靠性是指人在规定条件下和规定时间内,完成规定功能的能力。可靠度是指人在规定条件下和规定时间内,完成规定功能的概率。可靠度是对人的可

靠性的度量，阐明人的可靠度的研究，称为人的可靠性研究。为了说明人的可靠度，许多学者提出一些人的可靠度计算方法，但由于人的可靠度往往受人自身生理和心理状态、工作性质及环境因素等影响，因此这些计算方法只能作为参考，尚待进一步完善。目前最常用的方法有以下几种。

1）操作性数据表预测法

操作性数据表最早由美国测量学会（American Institute of Measurement，AIP）提出。他们认为，无论是连续性操作或间断性操作，都可分解为若干个操作成分（task elements，或称作业元素、操作单元），如果操作成分的差错因素是相互独立的，那么操作成分的可靠度就等于这些差错因素的乘积。学会组织了一批专家对电子设备行业进行了观察和评估，共观察和评比了 164 种主要部件操作的可靠度，将所获数据进行统计处理，列成“操作性数据表”，根据该表所列参数，即可算出电子设备行业某种作业的可靠度和操作该作业的平均需要时间。

2）人为差错率预测法

用于预测和评价与系统特性有关的人员差错所造成的系统差。人为差错率预测法就是将作业人员的作业工序分解成基本作业因素，求出基本作业的作业因素可靠度，根据作业因素可靠度，求出作业工序的操作可靠度，即可求出人为差错率（操作不可靠度）。人为差错率预测法（technique for human error rate prediction，THERP）法包括五个阶段：

（1）赋予系统故障具体定义；

（2）确定人的操作与系统功能之间的关系；

（3）分别估计每种操作成分的可靠度；

（4）确定人的差错后果造成系统故障的概率；

（5）提出把系统故障率降低到最低允许范围的措施。

3）行为主义心理学可靠度估量法

人的可靠度与输入的可靠度、判断决策的可靠度以及输出的可靠度有关。此外人的可靠度还受许多因素的影响，如作业紧程度、单调性、不安全感、生理和心理状况、训练和教育情况、社会影响及环境因素等。因此，对人的可靠度必须采用一个修正系数加以修正，才能更符合实际。

4）操作人员动作树模型（OAT 法）

该法根据事件发生后，人员对异常事件的认知、判断、动作选择及实施等一系列事件序列的进程，来估计人员在事件序列中成功的概率。

5）人体生物三节律法

20 世纪初，德国医生费里斯和奥地利心理学家斯沃特博同时发现一个奇怪的现象，有一些病人因头痛、精神疲倦等原因，每隔 23 天或 28 天就需治疗一次。于是他们就将 23 天称为“体力定律”，将 28 天称为“情绪定律”。20 年后，特里舍尔发现学生的智力是以 33 天为周期进行变化的，于是他就将其称为“智力定律”。后来，人们就将“体力定律”、“智力定律”和“情绪定律”总称为生物三节律。在 1937

年，国际上召开了首届生物节律会议。到了1960年，在美国召开了专门讨论生物节律的国际会议，生物节律为一门新的学科正式问世。1981年，《科学画报》杂志刊登《揭开生物节奏的秘密》的文章（1981年2月号），将奇妙的生物节律介绍给国内读者，引起大家很大兴趣。以后，我国不少地方和部门也开展了生物节律的应用研究工作。

人的一生，生物三节律一般没有变化，而且不受任何后天影响。三种节律都有自己的高潮期、低潮期和临界期。人的体力、情绪和智力的周期性变化，都可以用曲线来表示。这三条曲线都是从出生日算起，起点在中线，先进入高潮期，再经历临界期，而后转入低潮期，如此周而复始。曲线处于中线以上的日子是高潮期，相反，处于中线以下的日子是低潮期（高潮期和低潮期的天数是相等的），而和中线相交的那天（严格讲包括其前后1天）则是临界期。在体力高潮期，人的精力旺盛，体力充沛，而在低潮期，则疲劳乏力、无精打采；在情绪高潮期，人的心情舒畅、情绪高昂，一切活动都被愉悦的心境所笼罩。而在低潮期则心情烦躁、情绪低落反应迟钝，一切活动都被一种抑郁的心境所笼罩；在智力高潮期，人的头脑灵敏记忆力强，而在低潮期，则迟钝健忘、理解力差。在生物节律的临界期，身体处在不稳定的过渡状态，自我感觉特别不好，健康水平下降，心情烦躁，容易莫名其妙地发火，此时人的有关能力和机体协调性较差，做事易出错，身体易患病，在活动中容易发生事故。三种节律周期不同，但有时会重合在一天，即双重临界日或三重临界日。临界日的重合加剧了事故发生的可能性，因此，在国际上人们将双重临界日和三重临界日称为一个人的“危险日”。

根据瑞典学者施唯恩对1000例车祸统计分析的结果，事故发生在肇事者生物节律临界期的是非临界期的11倍。原联邦德国农业机械部对497件事故统计分析发现，发生在肇事者生物节律临界期的占97.8%。我国邯郸钢铁总厂对1973～1986年的13年中发生的174件事故分析统计，结果表明66%发生在当事人的生物节律临界期。上海铁合金厂的安全技术科对105件工伤事故分析统计结果表明，有63.8%事故的当事人处于其生物节律的临界期和低潮期。

4. 人的可靠性提高

人的可靠性可以通过技术培训、选择最佳工作时间和改善工作环境的方法加以提高。从人-机-环境系统的观点以及控制论的观点出发，在系统的正常工作过程中，存在着信息流的特征，其中人是接受信息、传输信息、发送信息和利用信息的主体，因此通过刺激输入、内部响应、对策输出和信息反馈措施来提高人的可靠性。其中刺激输入是指有良好的、准确的、及时的信息输入；内部响应是指操作人员对机械与环境系统发出的信息能够正确、科学、迅速地识别、分析，并做出能动性的判断；对策输出是指操作人员的对策和输出响应；而信息反馈是指能够对输出做出正确的判断。

习 题 7

7-1 简述机械可靠性优化设计的基本概念。

7-2 简述机械可靠性优化设计的内容和方法。

7-3 简述可靠性增长的三个阶段及其意义。

7-4 简述人-机系统可靠性的模型。

第 8 章　可靠性试验

8.1　概　　述

广义而言，凡是为了验证、测定、评价、分析和提高产品可靠性而进行的试验都可以称之为可靠性试验。通过可靠性试验及对试验结果的统计处理，可以获得受试产品在各种环境下工作时真实的可靠性指标（可靠度 $R(t)$，失效概率 $F(t)$，平均寿命 θ，失效率 $\lambda(t)$ 等），为设计、生产、使用产品提供可靠性数据。此外，还可以揭示产品在材料选择、制造工艺，设计等方面存在的问题，通过对受试产品的失效分析，找出薄弱环节和原因，制定改进措施，控制质量，可达到提高产品可靠性的目的。所以，可靠性试验是研究产品可靠性的一个基本环节，也是机械产品可靠性设计和预测的基础。

按试验性质可靠性试验可分为：寿命试验、环境试验和现场使用试验等。

1. 寿命试验

寿命试验是可靠性试验的主要内容。一般来说，可靠性试验往往是指寿命试验，它是评价、分析产品寿命特征的试验，一般是在试验室里模拟实际使用工况进行试验。虽然具有一定的近似性，但试验条件稳定，容易获得良好的试验结果，可以获得产品的寿命特征、失效规律，计算出产品的平均寿命和失效率等可靠性指标，用来作为可靠性设计、可靠性预测、改进产品质量的依据。因此，它是可靠性设计的基础工作。

2. 环境试验

环境试验是指额定负载条件下，考虑各种环境条件：温度、湿度、振动、冲击、含沙量、电磁、辐射、腐蚀介质等对产品可靠性的影响，然后确定产品可靠性指标的一种试验方法。

汽车在热带，寒带，雪地，高原，沙漠，含尘量大、腐蚀介质、多雨潮湿等地区的试验，都属于环境试验。环境条件也可是人造的，如在试验场增设盐水池等进行汽车及其零件的耐腐蚀试验等。

3. 现场使用试验

现场使用试验是指在使用现场对产品工作可靠性进行的测量、试验。试验条件就是实际产品的使用条件，它比较符合产品真实使用状况。一般试验中要填写设备履历表，包括使用环境条件、使用工作时间、维修保养记录、发生故障记录与故障原因分析等。然后通过统计分析，就可以得到产品的失效率、平均寿命与有效度等可靠性指标，同时找出失效原因，采取改进措施，提高产品的可靠性。

可靠性试验的方法和试验的规模由试验的对象及要求来决定。对于机械和电子产品主要进行寿命试验。

8.2 寿命试验设计

8.2.1 寿命试验的目的

寿命试验用来评价分析产品的寿命特征。它是可靠性试验的一个重要项目，概括起来寿命试验的目的有以下三点。

1. 获得产品的各项可靠性指标

通过寿命试验可以获得产品的可靠性指标，如失效率、失效概率、可靠度、平均寿命、寿命方差等，用来评价产品的质量。

2. 弄清产品的寿命分布

通过寿命试验找出产品的寿命分布，这对设计和应用都有重要意义。如轴承的寿命符合威布尔分布、电子元件的寿命一般符合对数正态分布和威布尔分布、合金钢的高温持久寿命则符合对数正态分布、有大量电子元件组成的系统则符合指数分布等。

3. 研究产品失效机理

通过寿命试验可以找到产品失效的原因，并在此基础上建立产品失效的物理或数学模型，弄清楚其失效机理，并能用模型进行可靠性研究和理论预测工作。

8.2.2 寿命试验的分类

1. 按寿命试验的性质分类

1）储存寿命试验

产品在规定的环境条件下进行非工作状态（不加载）的存放试验称为储存试验。存放的条件可以是室温、高温或者潮湿环境等。它的目的是了解产品在特定的环境条件下储存的可靠度。产品在制造出来后，有时需要在仓库内储存一段时间。为了掌握产品在储存期内参数变化的规律，观测它能否保持原有的可靠性指标，测定产品实际有效的储存期，就需要进行储存试验。

由于在储存期间产品处于非工作状态，失效率较低，通常要选取较多的样品作较长时间的试验，才能对产品的可靠性作出比较确切的预测与评价。

2) 工作寿命试验

产品在规定的条件下带负荷的试验称为工作寿命试验。其又分为静态和动态两种试验。

静态试验就是加额定载荷的寿命试验，通过静态试验，可以了解产品在额定载荷下工作的可靠性。不过此项试验难以反映产品在实际工作状态下的可靠性。

动态试验是模拟产品实际工作状态的试验。由于这种试验与产品的实际工作状态非常接近，所以它的准确度比静态试验高，但动态试验设备比较复杂，费用较高。

3) 加速寿命试验

由于目前产品的可靠性水平迅速提高，工作寿命会很长，为了缩短试验周期，节约费用，快速对产品的可靠性作出评价，就要作加速寿命试验。

加速寿命试验就是在既不改变产品的失效机理又不增加新的失效因素的前提下，提高试验应力，加速产品的失效过程，促使产品在短期内大量失效。根据试验中应力施加的方式，加速寿命试验可分为：恒定应力加速寿命试验、步进应力加速寿命试验、序进应力加速寿命试验、变应力加速寿命试验等。根据试验结果，可以预测正常应力的产品寿命。

2. 按寿命试验的进行方式分类

1) 完全寿命试验

指进行到投试样本全部失效为止的试验。一般机械零件的常规疲劳试验就是这种试验。投入的时间和费用较多。

2) 截尾试验

又叫不完全寿命试验，设投试样本数为 n，截尾试验指达到规定的失效数 $r(r<n)$ 或达到规定的试验时间 t_0 就停止的试验。可见它可以分为两种：

(1) 定数截尾试验。指试验进行到规定的失效数 r 时停止，即 r 和 n 是常数，而失效时间 t_0 是随机变量。

(2) 定时截尾试验。指试验进行到规定时间 t_0 时停止，即 n 和 t_0 是定值，而 r 是随机变量。但在规定的时间 t_0 内要保证产品有足够的失效数 r。

采用截尾试验的原因很明显，如果试验到全部样本 n 都失效，需要相当长的时间。若按截尾规定的方法试验，同样也可以了解产品的可靠性水平，同时节约了时间和费用。但是，这种试验得到的是一组不完全的寿命数据，因而不能用一般的估计方法求得可靠性指标，而必须采用另外的统计分析方法求得。

截尾寿命试验按照试验中是否替换失效样本又可分为有替换试验和无替换试验两种情况：

(1) 有替换试验。试验过程中每发生一个样本失效，就换上一个新的样本继续试验，这样可充分利用试验台，并且试验自始至终保持样本数 n 不变。

(2) 无替换试验。试验过程中样本失效后将失效的样本取下以后不再补充，该试验台即停止工作。

综上所述，可以把截尾寿命试验细分为以下四种类型：

无替换定时截尾试验，记作$[n,无,t_0]$；

有替换定时截尾试验，记作$[n,有,t_0]$；

无替换定数截尾试验，记作$[n,无,r]$；

有替换定数截尾试验，记作$[n,有,r]$；

在截尾试验中，估计值的精度是试验截止数 r 的函数，而不是投试样本数 n 的函数。如投放 r 个产品直至全部失效与投放 n 个产品$(n>r)$当有 r 个产品失效时停止，这两种情况将给出相同的估计精度。虽然截尾试验要多用试验台数，但可以节省试验时间，如有 14 个样本投入试验，当第 7 个失效后就停止试验，和 7 个样本投入试验到全部失效给出相同的估计精度，但前者所需的试验时间只有后者所需时间的 25.4%，即试验台数虽增加了一倍，但时间却只需原来的 1/4。

截尾试验一般主要用于电子产品，也用在滚动轴承的寿命试验，一般机械产品的可靠性试验则很少采用。

8.2.3 寿命试验的设计方案

可靠性寿命试验方案应根据被试产品的性质和试验目的来设计。但无论试验是否加速，有无替换，定数还是定时截尾，一般均应包括下列基本内容。

1. 明确试验对象

寿命试验的样本必须在经过严格的质量检验和例行试验的合格品中抽取。

2. 确定试验条件

要根据试验目的确定施加哪种应力条件。若了解产品的储存寿命，需要施加一定的环境应力；若了解产品的工作寿命，需要施加一定的环境应力和负载应力。试验条件要严格控制，以保证试验结果的有效性。

3. 拟定失效标准

失效标准是判断产品失效的技术指标。一个产品往往有好几项技术指标，在寿命试验中，通常规定某一项或几项指标超出了标准就判为失效。

4. 选定测试周期

在没有自动记录失效设备的场合下，要合理选择测试周期，周期太密会增加工作量，太疏又会失掉一些有用的信息量。一般的原则是使每个测试周期内测得的失效样本数比较接近，并且要有足够的测试次数。

当产品寿命为指数分布时，累计失效分布函数为

$$F(t)=1-e^{-t/T} \tag{8-1}$$

式中，T 为平均寿命；t 为失效时间随机变量。

根据式(8-1)，则测试时间 $t_i(i=1,2,3,\cdots)$ 可按下式得出：

$$t_i = T\ln\frac{1}{1-F(t_i)} \tag{8-2}$$

式中，$F(t_i)$ 可按等间隔取值，如 3%，6%，9%，…。对于预计累积失效概率较低时就停止的试验，$F(t_i)$ 的间隔可取密些，反之则取疏些。实际安排测试时间时，对平均寿命 T 及其分布往往不了解，这时 T 可估计得略小些，以便使开始的测试点前移，然后可根据实际情况适当调整。

5. *确定投试样本数*

投试样本数的确定既要考虑到保证统计分析的正确性，又要考虑到试验的经济性，同时还要为试验设备条件所容许。另外投试样本数还与产品种类和价值有关。一般来说，对于复杂的大型机械产品，因生产数量少，价格高，投试量应少些。大批量生产的简单产品价格便宜，可以多投试一些。投试样本数 n 可按秩的估计法由下式算出：

当 $n>20$ 时，用秩的公式计算

$$n = \frac{r}{F(t)} \tag{8-3}$$

当 $n\leqslant 20$ 时，用秩的公式计算

$$n = \frac{r}{F(t)} - 1 \tag{8-4}$$

式中，r 为结束试验时的失效个数；$F(t)$ 为结束试验时的失效概率。

例 8-1 已知某种产品寿命服从指数分布，估计它的平均寿命约为 3000h，希望 1000h 左右的试验中，能观测到 $r=10$ 个失效，试问应投试多少样本？

解 首先计算 $T=3000\text{h}$，$t=1000\text{h}$ 时的失效概率，因产品寿命服从指数分布，由指数分布失效概率计算式(8-1)得

$$F(t) = 1-\exp\left(-\frac{t}{T}\right) = 1-\exp\left(-\frac{1000}{3000}\right) = 0.2835$$

估计 $n>20$，用式(8-3)代入 $r=10$，$F(t)=0.2835$ 算出投试样本数 n

$$n = \frac{r}{F(t)} = \frac{10}{0.2835} \approx 35.27$$

取 $n=36$。

从上面的计算结果可以看出投试样本数 n，失效数 r 和测试时间 t 三者关系，要在规定的时间 t 内观察到较多的失效数 r，则应增加投试样本数 n。若要求观测到的失效数 r 不变，如能增加投试样品数 n，则可以缩短时间。

6. *确定试验截止时间*

试验截止时间与投试样本数 n 及希望达到的失效数 r 有关。当产品的寿命为指

数分布时，试验中累积失效概率 $F(t)\approx r/n(\%)$达到某规定值就截止试验时，将 $F(t)\approx r/n$ 代入式(8-2)，就可求得试验截止时间即试验时间约为

$$t_0 = T\ln\frac{n}{n-r} \tag{8-5}$$

这里需要估计一下产品在该试验条件下的平均寿命 T。

同理，当产品的寿命为其他分布时，对定时截尾试验，在已知 n 与 r 后可按式(8-3)或式(8-4)求出失效概率 $F(t)$的值，按不同分布函数 $F(t)$的类型可反解出达到 $F(t)$就停止的时间 t_0。

8.3 寿命试验结果的统计分析及参数估计

8.3.1 一般分布完全寿命试验的数据处理

对 n 个随机抽取的样本进行寿命试验，直到全部样本失效为止，这样的试验称为完全寿命试验。

n 个随机样本的寿命是 n 个独立同分布的随机变量。将全部样本失效时间从小到大顺序排列，其顺序统计量为

$$t_1 \leqslant t_2 \leqslant \cdots \leqslant t_n$$

根据伯努利(Bernoulli)大数定律，若一事件在 n 次试验中出现 r 次，则有

$$P\left\{\lim_{n\to\infty}\frac{r}{n} = p\right\} = 1 \tag{8-6}$$

再根据格里汶科(Glivenko)定理，若样本量 n 的不断增大，当 $n\to\infty$，经验分布函数 $F_n(t)$收敛于真实分布函数 $F_0(t)$。$F_n(t)$是一个阶梯形单调非降函数

$$F_n(t) = \begin{cases} 0, & t < t_1 \\ r/n, & t_r \leqslant t < t_{r+1} \\ 1, & t \geqslant t_n \end{cases} \tag{8-7}$$

1. 未知分布的试验数据处理

1) 当 $n>20$ 时

把顺序排列的样本失效时间 $0\leqslant t_1\leqslant t_2\leqslant\cdots\leqslant t_n$ 的时间区间$[0,t_n]$等分(或不等分)成 m 组，为了保证精度，m 一般不小于 8。然后统计各时间区间末端时刻的累积失效数 $n_f(t)$及剩余的未失效数 $n_s(t)$。必定有

$$n_f(t) + n_s(t) = n \tag{8-8}$$

其他可靠性指标可按如下相应公式计算：

可靠度

$$R(t) \approx \frac{n_s(t)}{n} \tag{8-9}$$

累积失效概率(不可靠度)

$$F(t) \approx \frac{n_f(t)}{n} \tag{8-10}$$

失效概率密度

$$f(t) \approx \frac{\Delta n_f(t)}{n \cdot \Delta t} \tag{8-11}$$

式中

$$\Delta n_f(t) = n_f(t + \Delta t) - n_f(t)$$

失效率

$$\lambda(t) \approx \frac{\Delta n_f(t)}{n_s(t) \cdot \Delta t} = \frac{\Delta n_f(t)}{n \cdot \Delta t} \cdot \frac{n}{n_s(t)} = \frac{f(t)}{R(t)} \tag{8-12}$$

平均寿命

$$T = \frac{1}{n} \sum_{i=1}^{m} t_i \cdot \Delta n_{fi} \tag{8-13}$$

式中,t_i 为第 i 组时间区间的中值;Δn_{fi}为落到第 i 组中的失效数,称为频数。

2) 当 $n \leqslant 20$ 时

因为数据比较少,所以不分组而采用逐个计算法,对于每一个 t_i 算出相应的累积失效概率 $F(t_i)$。因 n 不大,运用格里汶科定理会引起较大误差,这时采用按平均秩或中位秩来计算 $F(t_i)$:

按平均秩

$$F(t_i) \approx \frac{n_f(t_i)}{n+1} \tag{8-14}$$

按中位秩

$$F(t_i) \approx \frac{n_f(t_i) - 0.3}{n + 0.4} \tag{8-15}$$

或直接采用中位秩表,表中第一行表示样本容量 n,左起第一列是顺序统计量的序号 i。表中的中位秩可作为累积失效概率 $F(t_i)$的估计值 $\hat{F}(t_i)$。例如,当 $n=18$,$i=6$时,查得 $\hat{F}(t_i)=30.97\%$

2. 已知分布的试验数据处理

如果样本寿命(母体)的分布已知而某些参数未知,则可根据样本数据对母体的分布参数作出估计,这样利用分布模型则可求出各种可靠性指标,如可靠度 $R(t)$、失

效概率 $F(t)$、平均寿命 θ、失效率 $\lambda(t)$ 等。

8.3.2 指数分布截尾寿命试验及参数的点估计

1. 按失效时间的统计分析

一般产品在偶然失效期的寿命接近指数分布。设投试样本数为 n，在试验结束时有 r 个样本失效，并且失效时间分别为 $t_1,t_2,\cdots,t_r$。现分别讨论4种截尾试验平均寿命 T 和失效率 λ 的点估计。

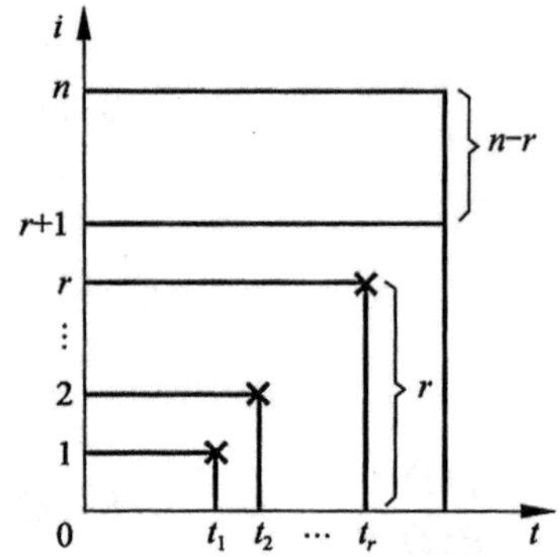

图 8-1 [n,无;t_0]试验示意图

1) [n,无,t_0]截尾寿命试验

对无替换定时截尾寿命试验，当 n 个样本到规定试验时间 t_0 时停止试验，有 r 个失效（r 是随机的），得到顺序统计量为：$t_1\leqslant t_2\leqslant\cdots\leqslant t_r$ 如图 8-1 所示。则 n 个样本总的试验时间为

$$t[n,无,t_0]=\sum_{i=1}^{r}t_i+(n-r)t_0 \tag{8-16}$$

这时平均寿命 T 的估计值为

$$\hat{T}=\frac{t[n,无,t_0]}{r}=\frac{1}{r}\left[\sum_{i=1}^{r}t_i+(n-r)t_0\right] \tag{8-17}$$

失效率的估计值为

$$\hat{\lambda}=\frac{1}{\hat{T}}=\frac{r}{\left[\sum_{i=1}^{r}t_i+(n-r)t_0\right]} \tag{8-18}$$

2) [n,有,t_0]截尾寿命试验

对有替换定时截尾寿命试验，当 n 个样本同时进行试验，若有样本发生失效立即更换，一直试验到规定时间 t_0 时停止，此时发生 r 个样本失效，此时投入样本总数为 $n+r$，如图 8-2 所示。则 n 个样本总的试验时间为

$$t[n,有,t_0]=nt_0 \tag{8-19}$$

这时平均寿命 T 的估计值为

$$\hat{T}=\frac{t[n,有,t_0]}{r}=\frac{nt_0}{r} \tag{8-20}$$

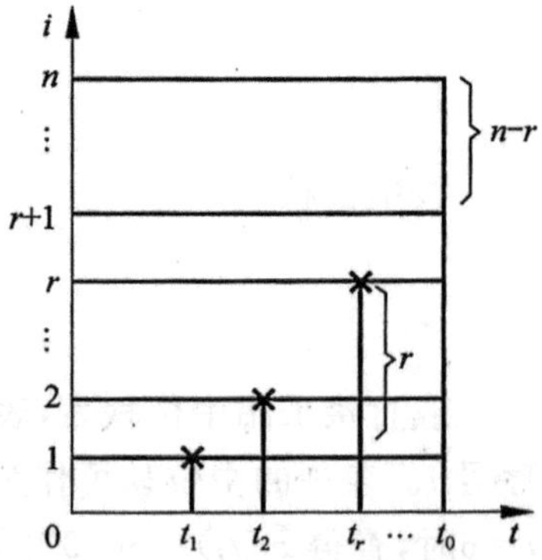

图 8-2 [n,有,t_0]试验示意图

失效率的估计值为

$$\hat{\lambda}=\frac{1}{\hat{T}}=\frac{r}{nt_0} \tag{8-21}$$

3) [n,无,r]截尾寿命试验

对无替换定数截尾寿命试验，当 n 个样本到规定的失效数 r 时停止试验，得到顺序统计量为：$t_1 \leqslant t_2 \leqslant \cdots \leqslant t_r$，剩下的 $n-r$ 个样本未失效，如图 8-3 所示。则 n 个样本总的试验时间为

$$t[n,无,r] = \sum_{i=1}^{r} t_i + (n-r)t_r \qquad (8\text{-}22)$$

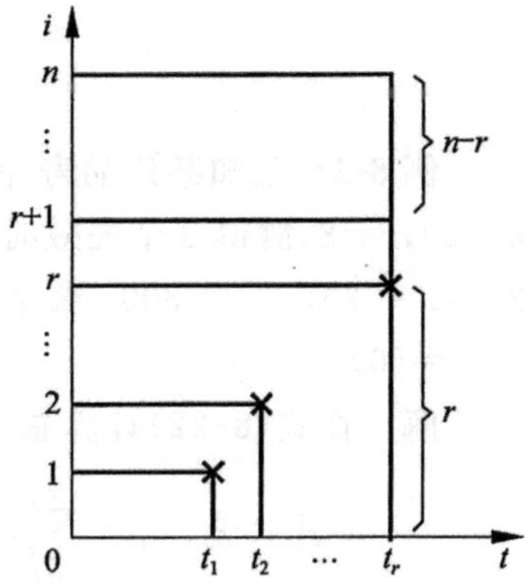

图 8-3 [n,无,r]试验示意图

这时平均寿命 T 的估计值为

$$\hat{T} = \frac{t[n,无,r]}{r} = \frac{1}{r}\left[\sum_{i=1}^{r} t_i + (n-r)t_r\right] \qquad (8\text{-}23)$$

失效率的估计值为

$$\hat{\lambda} = \frac{1}{\hat{T}} = \frac{r}{\left[\sum_{i=1}^{r} t_i + (n-r)t_r\right]} \qquad (8\text{-}24)$$

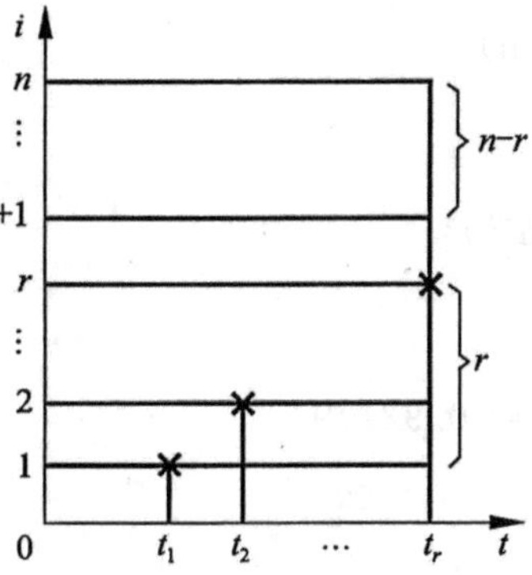

图 8-4 [n,有,r]试验示意图

4) [n,有,r]截尾寿命试验

对有替换定数截尾寿命试验，当 n 个样本同时进行试验，若有样本发生失效立即更换，一直试验到预先规定的失效数 r 时停止，此时投入样本总数为$n+r$，如图 8-4 所示。则 n 个样本总的试验时间为

$$t[n,有,r] = nt_r \qquad (8\text{-}25)$$

这时平均寿命 T 的估计值为

$$\hat{T} = \frac{t[n,有,r]}{r} = \frac{nt_r}{r} \qquad (8\text{-}26)$$

失效率的估计值为

$$\hat{\lambda} = \frac{1}{\hat{T}} = \frac{r}{nt_r} \qquad (8\text{-}27)$$

若投试样本实际试验时间的总和用 t_{Σ} 表示，失效样本数为 r，则上述四种截尾寿命试验的平均寿命 T 的估计值可统一表示为

$$\hat{T} = \frac{总试验时间}{失效样本数} = \frac{t_{\Sigma}}{r} \qquad (8\text{-}28)$$

失效率的估计值可统一表示为

$$\hat{\lambda} = \frac{1}{\hat{T}} = \frac{r}{t_{\Sigma}} \qquad (8\text{-}29)$$

其中总试验时间，对不同类型的截尾寿命试验，分别按式(8-16)、式(8-19)、式

(8-22)、式(8-25)计算。

可靠度 $R(t)$ 的估计值为

$$\hat{R}(t)=\mathrm{e}^{-\hat{\lambda}t}=\exp\left(-\frac{t}{\hat{T}}\right) \tag{8-30}$$

例 8-2 已知某产品寿命分布为指数分布，在无替换定数截尾寿命试验时，规定 $n=20$，$r=8$，测得 8 个失效时间为(h)：$t_1=35$，$t_2=65$，$t_3=100$，$t_4=150$，$t_5=185$，$t_6=220$，$t_7=257$，$t_8=300$；求平均寿命 T，失效率 λ 及 $t=50\text{h}$ 时的可靠度估计值 $\hat{R}(t=50)$。

解 按式(8-22)计算总试验时间

$$\begin{aligned}t[n,无,r]&=\sum_{i=1}^{r}t_i+(n-r)t_r\\&=(35+65+100+150+185+220+257+300)\\&\quad+(20-8)\times 300=4912(\text{h})\end{aligned}$$

按式(8-23)计算平均寿命 T 的估计值

$$\hat{T}=\frac{t[n,无,r]}{r}=\frac{4912}{8}=614(\text{h})$$

失效率 λ 为

$$\hat{\lambda}=\frac{1}{\hat{T}}=\frac{1}{614}=1.629\times 10^{-3}(\text{h}^{-1})$$

按式(8-30)估算可靠度

$$\hat{R}(t=50)=\exp\left(-\frac{t}{\hat{T}}\right)=\exp\left(-\frac{50}{614}\right)=0.92179$$

2. 按失效数的统计分析

在产品寿命试验中，有时只有到试验结束后才知道样本是否失效，所以不知道每个样本的具体失效时间，只是知道试验时间 t 后，n 个样本有 r 个失效了。这时当 n 足够大时($n>50$)，可以用下式近似估计计算。

估计可靠度的近似公式

$$\hat{R}(t)=\exp\left(-\frac{t}{\hat{T}}\right)\approx\frac{n-r}{n} \tag{8-31}$$

对式(8-31)两边取对数后变换可得到平均寿命 T 的近似估计式

$$\hat{T}=\frac{t}{\ln(n)-\ln(n-r)} \tag{8-32}$$

8.3.3 正态分布寿命试验及参数的点估计

如果已知总体为正态分布，对 n 个样本进行相同试验条件的完全寿命试验，其失效时间分别为：$t_1,t_2,\cdots,t_n$，则总体数学期望 μ(即平均寿命 T)与标准差 S 的估计值

分别为

$$\hat{\mu} = \hat{T} = \frac{1}{n}\sum_{i=1}^{n} t_i \tag{8-33}$$

$$\hat{S} = \sqrt{\frac{1}{n-1}\sum_{i=1}^{n}(t_i - \hat{\mu})^2} \tag{8-34}$$

例 8-3 已知某种弹簧寿命服从正态分布，抽取 10 个样本，在同一应力水平下进行试验，得出其寿命循环为：360，180，210，390，280，240，420，260，340，320(单位：千周)，计算其数学期望(平均寿命)与标准差的估计值。

解 利用式(8-33)计算数学期望(平均寿命)的估计值

$$\begin{aligned}\hat{\mu} = \hat{T} &= \frac{1}{n}\sum_{i=1}^{n} t_i \\ &= \frac{360+180+210+390+280+240+420+260+340+320}{10} \\ &= 300(\text{千周})\end{aligned}$$

用式(8-34)计算标准差的估计值

$$\begin{aligned}\hat{S} &= \sqrt{\frac{1}{n-1}\sum_{i=1}^{n}(t_i - \hat{\mu})^2} \\ &= \left\{\frac{1}{10-1}[(360-300)^2+(180-300)^2+(210-300)^2+(390-300)^2 \right. \\ &\quad +(280-300)^2+(240-300)^2(420-300)^2 \\ &\quad \left. +(260-300)^2+(340-300)^2+(320-300)^2]\right\}^{\frac{1}{2}} \\ &= 79.022(\text{千周})\end{aligned}$$

8.3.4 威布尔分布寿命试验及参数的点估计

如果已知总体为两参数的威布尔分布(位置参数为零)，对 n 个样本进行相同试验条件的完全寿命试验，其失效时间分别为：$t_1, t_2, \cdots, t_n$，其形状参数 β 与尺度参数 η(此时特征寿命)用式(8-35)、式(8-36)估计

$$\hat{\beta} = \frac{\sigma_n}{2.30258 S_{\lg t}} \tag{8-35}$$

$$\lg\hat{\eta} = \overline{\lg t} + \frac{y_n}{2.30258\hat{\beta}} \tag{8-36}$$

式中，σ_n、y_n 为与样本 n 有关的系数，见表 8-1；$\overline{\lg t}$ 为对数均值：$\overline{\lg t} = \frac{1}{n}\sum_{i=1}^{n}\lg t_i$；$S_{\lg t}$ 为对数标准差：$S_{\lg t} = \sqrt{\frac{n}{n-1}[(\overline{\lg t)^2} - (\overline{\lg t})^2]}$，其中 $\overline{(\lg t)^2} = \frac{1}{n}\sum_{i=1}^{n}(\lg t_i)^2$。

表 8-1 系数 σ_n、y_n 值

n	σ_n	y_n	n	σ_n	y_n	n	σ_n	y_n
8	0.9043	0.4843	17	1.0411	0.5181	26	1.0961	0.5320
9	0.9288	0.4902	18	1.0496	0.5202	27	1.1004	0.5332
10	0.9497	0.4952	19	1.0566	0.5220	28	1.1047	0.5343
11	0.9676	0.4996	20	1.0628	0.5236	29	1.1086	0.5353
12	0.9883	0.5035	21	1.0696	0.5252	30	1.1124	0.5362
13	0.9972	0.5070	22	1.0754	0.5268	40	1.1413	0.5436
14	1.0095	0.5100	23	1.0811	0.5283	50	1.1607	0.5485
15	1.0206	0.5128	24	1.0864	0.5296	60	1.1747	0.5521
16	1.0316	0.5157	25	1.0915	0.5309			

例 8-4 滚动轴承在等幅变应力作用下，其接触疲劳寿命近似服从二参数威布尔分布。投入 25 个滚动轴承进行疲劳寿命试验，测得其失效时间(h)分别为：162，173，181，197，213，220，237，263，280，302，330，350，382，428，458，530，555，596，658，696，750，844，890，936，987。试估计其威布尔分布的形状参数与尺度参数。

解 (1) 计算对数均值与对数标准差

$$\overline{\lg t}=\frac{1}{n}\sum_{i=1}^{n}\lg t_i=\frac{1}{25}(\lg 162+\lg 173+\cdots+\lg 987)=2.5980$$

$$\overline{(\lg t)^2}=\frac{1}{25}[(\lg 162)^2+(\lg 173)^2+\cdots+(\lg 987)^2]=6.8113$$

$$S_{\lg t}=\sqrt{\frac{n}{n-1}[\overline{(\lg t)^2}-(\overline{\lg t})^2]}=\sqrt{\frac{25}{25-1}[6.8113-(2.5980)^2]}=0.2535$$

(2) 查出 σ_n、y_n 值：样本 $n=25$，查表 8-1 得：$\sigma_n=1.0915$，$y_n=0.5309$。

(3) 计算形状系数与尺度参数的估计值。

由式(8-35)估计形状参数

$$\hat{\beta}=\frac{\sigma_n}{2.30258S_{\lg t}}=\frac{1.0915}{2.30258\times 0.2535}=1.86995\approx 1.87$$

由式(8-36)估计尺度参数

$$\lg\hat{\eta}=\overline{\lg t}+\frac{y_n}{2.30258\hat{\beta}}=2.5980+\frac{0.5309}{2.30258\times 1.87}=2.7213$$

所以 $\hat{\eta}=10^{2.7213}=526.38\text{h}$。

8.4 加速寿命试验

无论完全寿命试验还是截尾寿命试验，都是在正常试验条件下进行的寿命试验，称为常规可靠性试验方法。对于高可靠性的产品，如果采用常规可靠性试验方法来估计产品的可靠性寿命特征，往往需要耗费很长的时间，甚至来不及做完寿命试验，

该产品就会因为性能落后而被淘汰。所以，作为寿命试验的一种，加速寿命试验受到人们的关注。

8.4.1 加速寿命试验的原理与类型

加速寿命试验就是在保持原有失效机理、故障模式和不增加新的失效因素的前提下，提高试验应力，强化试验条件，使受试样本加速失效，缩短试验时间，以便在较短时间内预测或估计产品在正常工作条件下的可靠性或寿命指标。

1. 制定加速可靠性试验方法遵循的基本原则

(1) 故障机理要与实际使用或常规试验保持一致。这是加速试验最重要的原则。如实际使用或常规试验中齿轮是齿面剥落，而加速试验中却是轮齿弯曲疲劳折断，这是不正确的。

(2) 故障分布规律要大致相同。这需要满足两个方面：一是同一种故障模式的分布规律要大体相近。二是从整个系统来看，各子系统、各部件及零件所发生故障模式的比例、前后次序也要尽量相近。

(3) 要有一定的加速系数。否则就失去了加速试验的意义。定义加速系数为正常应力作用下的寿命 L_0 与加大应力下元件的寿命 L 之比，即

$$\tau=\frac{L_0}{L}>1 \tag{8-37}$$

一般加速系数可达 5～20。

2. 加速寿命试验分类

加速寿命试验根据应力施加的方法，分为恒定应力、步进应力、序进应力和变应力四种加速寿命试验。

1) 恒定应力加速寿命试验

将 n 个样本试件分组 h 组样本，每组样本固定在一个应力水平下作寿命试验，如第一组固定在应力水平 S_1 上，以此类推，第 h 组固定在应力水平 S_h 上作寿命试验。设 S_0 为正常应力，则应取 $S_h>S_1>\cdots>S_0$，所选用的最高应力水平应保证失效机理不变，最低应力水平要高于正常工作条件下的应力水平。试验做到各组样本均有一定数量的试件发生失效为止(图 8-5)。这种方法较成熟，它的试验因素单一，数据容易处理，外推精度较高，故常用。但需要大量的试验样本和试验时间。

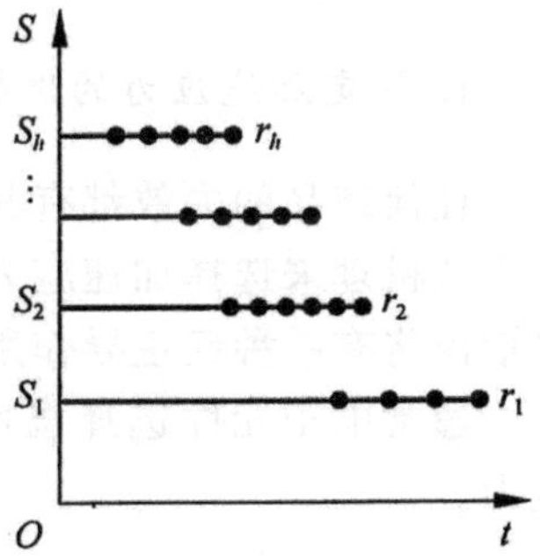

图 8-5 恒定应力加速寿命试验

2) 步进应力加速寿命试验

试验开始在应力水平 $S_1(S_1>S_0)$ 下 n 个样本全部参加试验，t_1 时刻把应力水平

提高到 S_2，t_2 时刻再把应力水平提高到 S_3，依次加大应力，应力大小以阶梯形式逐步升高，并且规定各步加载的时间，一直做到一定数量的样本失效为止(图 8-6)。它是以积累损伤失效物理模型为理论依据，一般假定前面低一级试验对本级试验的影响可以忽略不计，实际上往往不可忽略，所以试验的预计精度较低，并且施加应力与实际应力有一定的距离。但试验周期短，试件少，通常用在工艺对比，筛选摸底定型分析场合。

3) 序进应力加速寿命试验

对样本数为 n 的试件施加应力的方式是随时间等速直线上升($S=S_0+at$)或按一定规律($S=f(t)$)变化(图 8-7)。可看成是步进应力的每级应力差很小的极限情况。优点是需要的试件可更少，试验周期可更短。但进行这种试验需要专门的程序控制，且施加应力与实际应力同样有一定的距离，一般很少使用。

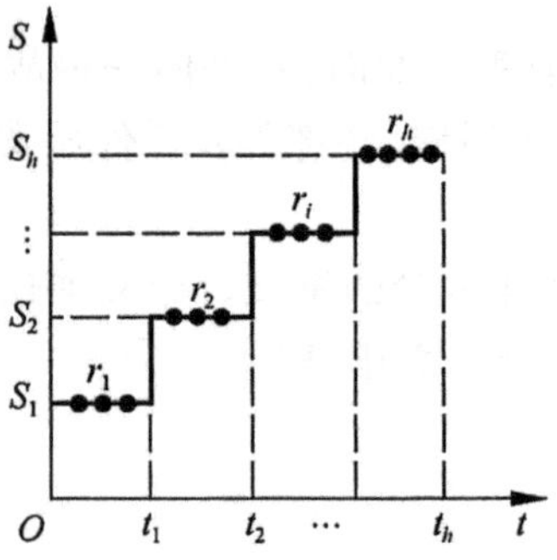

图 8-6　步进应力加速寿命试验

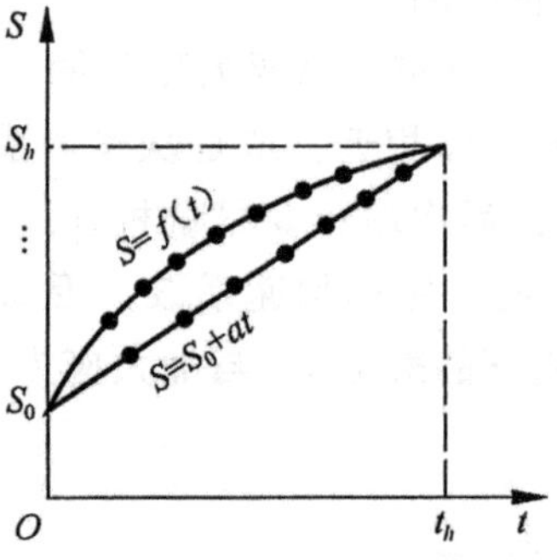

图 8-7　序进应力加速寿命试验

4) 变应力加速寿命试验

对样本容量为 n 的试件施加的应力是任意变动的应力载荷谱，因为产品实际承受的应力常是变应力，所以可以直接采用实际应力-时间载荷谱试验，使产品寿命估计更贴近实际情况，并且可减少样本量。所以是加速寿命试验的方向。

8.4.2　恒定应力加速寿命试验设计

1. 恒定加速应力的选择

任何产品的失效都有其失效机理，不同的应力对失效机理的影响不同，因此应根据失效机理来选择加速应力。另外一种产品的失效可能有多种失效机理，但在一定时期内将有一种起主导作用，所以选择加速应力应按主要的失效机理。

通常电子元件选择温度作为加速应力，机械部件一般多选择交变载荷为加速应力。

2. 加速应力水平和应力级数的选择

设加速应力水平取 h 个 $|S_1|<|S_2|<\cdots<|S_h|$，h 不得少于 4 个。其中，最低应力水平 $|S_1|$ 应选得既高于又接近实际工作时的应力水平，这样可提高依据试验结果

推算正常应力水平下的寿命特征的准确性；但$|S_1|$又不能太接近正常条件的应力，否则将影响节省试验时间的效果。最高应力水平$|S_h|$应不改变产品失效机理的前提下尽量取得高一些，达到最佳的加速效果；但选择最高应力水平时还要考虑试验时的测试条件和能力，避免因为失效过快引起测试困难。应力水平之间常取等间隔分配

$$\Delta = \frac{S_h - S_1}{h-1} \tag{8-38}$$

以温度为加速应力时各应力间隔可按它们的倒数成等间隔的原则选取，即

$$\Delta = \left(\frac{1}{T_1} - \frac{1}{T_h}\right) \Big/ (h-1) \tag{8-39}$$

以电应力为加速应力时各应力间隔可按它们的对数成等间隔的原则选取，即

$$\Delta = \frac{\ln S_h - \ln S_1}{h-1} \tag{8-40}$$

3. 试验样本容量的选取和分组

整个恒定应力加速寿命试验由 h 个应力水平组成，假定应力水平 S_i 下投入 n_i 个试验样本，则整个恒定应力加速寿命试验投入的样本容量为

$$N = \sum_{i=1}^{h} n_i$$

在选取样本 N 时，必须在同一批合格产品中随机选取，然后随机地分为 h 份，各应力水平下试验样品数 n_i 可以相等，也可以不相等，但都不应少于 5 个。一般 n_1 与 n_h 数目多些，以保证这两个应力水平下寿命试验的精度。

4. 测试周期的确定

在寿命试验中最好有自动检测设备，这样能准确地得到各试样的失效时间。如果在费用和技术上有困难，就需要对试样作周期性的定时检测，测试周期越短，次数越多，得到的失效时间就越准确，但工作量加大，成本增加，且可能有的周期内会没有失效试样。另外，为了不使失效样本过于集中在几个测试周期内，最好使一个周期内都有一两个样本失效，所以测试时间间隔一般不等，测试时间的确定与产品的寿命分布和筛选情况有关。当产品的寿命为指数分布时，按式(8-2)确定，且使每个测试周期内测到的失效试样数比较接近。对经过严格筛选的产品，开始测试时间选的可长些，以后逐渐缩短，然后又逐渐加长；对筛选不好的产品，开始测试时间要短，然后逐渐加长。

5. 试验停止时间的确定

如果某类产品是初次作加速寿命试验，由于对产品失效分布不了解，最好进行完全寿命试验，即做到样本全部失效为止。如果确实做不到全部失效时，则要求较高应

力水平的寿命试验做到全部失效，对低应力水平下的样本可作截尾寿命试验。

如果试验前已知产品寿命分布类型，为了缩短试验时间和节约试验费用，对每组样本常采用截尾寿命试验。根据数理统计要求，一般要求每组试验的截尾数 r_i 占该组投试样本数 n_i 的 50%以上，如达不到，至少也要达到 30%以上，且截尾数 $r_i \geqslant 5(i=1,2,3,\cdots,h)$，否则影响统计分析精度。

8.4.3 加速寿命曲线与方程

根据恒定应力加速试验取得的数据，即各级应力水平 $S_i(i=1,2,\cdots,h)$下试验样品的失效时间 $t_{i1}\leqslant t_{i2}\leqslant\cdots\leqslant t_{ir}(i=1,2,\cdots,h)$，绘制出加速寿命曲线(图 8-8)，它反映了寿命与应力水平间的关系，利用回归法用数学方程式表示出来就是加速寿命方程，可用于推算正常应力条件下的寿命特征。

通常，对于机械产品，都以机械应力作为加速应力进行恒定应力加速寿命试验。这时其加速寿命曲线为如图 8-9 所示，加速寿命方程为

$$N_i = N_j\left(\frac{S_j}{S_i}\right)^m \tag{8-41}$$

式中，N_j、S_j 为表示曲线上某已知点；N_i 为已知应力水平 S_i 相对应的待求的循环次数。

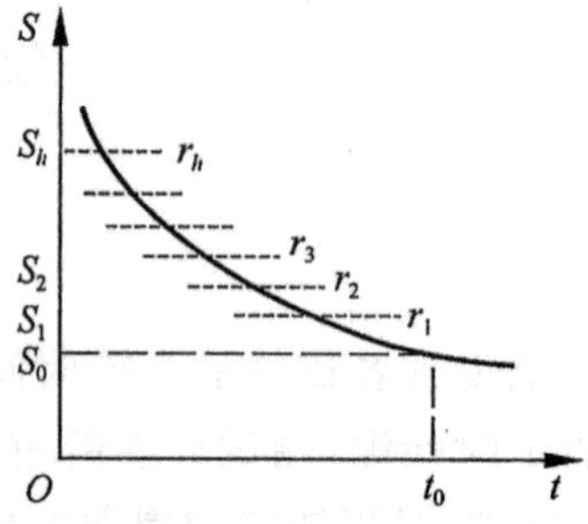

图 8-8 加速寿命曲线

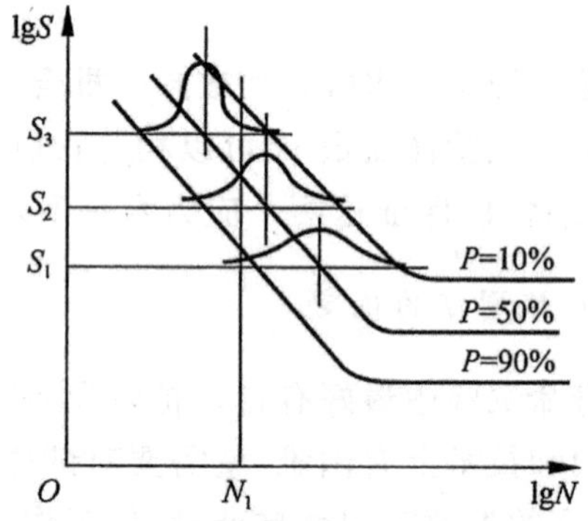

图 8-9 机械应力下的加速寿命曲线

通过加速寿命试验得到数据后，可利用上述方法获得加速寿命曲线和方程，然后可外推出正常应力条件下产品的寿命特征数据。

8.4.4 影响加速寿命试验三个因素之间的关系

从以上分析可知，支配加速寿命试验效果的主要因素有环境应力、样本容量及试验时间，下面分析三个之间的关系。

1. 试验时间与环境应力的关系

前已所述，产品在使用过程中影响其性能和寿命的任何工作条件，如载荷、温度、

速度、振动、腐蚀等，我们统称为环境应力，即广义应力，也简称应力。

图 8-10 为机械零件的 S-N 疲劳曲线(即为应力与寿命关系曲线)。通过它就可以预测在规定的试验加速时间内应选择的应力水平，或在规定的应力水平下所需试验的时间。显然，提高应力水平，可减少应力循环次数，也即缩短试验时间。根据S-N疲劳曲线确定应力水平，可以保证失效机理不变。

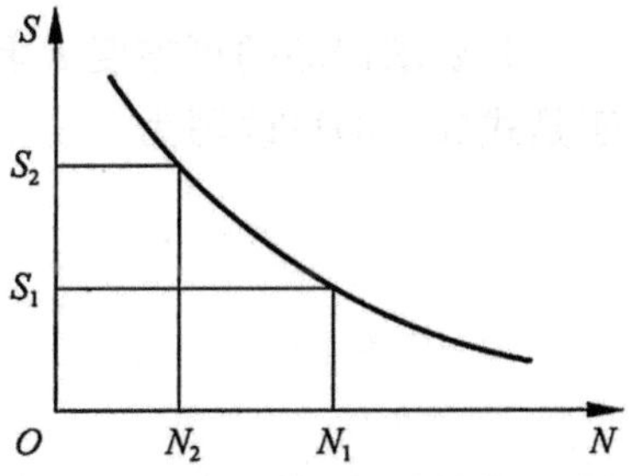

图 8-10　机械零件的 S-N 曲线

另外，要对试验的两个机械零件在加速条件下进行寿命比较，这两个零件的曲线必须相似，如图 8-11 所示。否则不能进行比较，如图 8-12 所示。因为试验在加速条件下会得到与实际运行相反的结论。

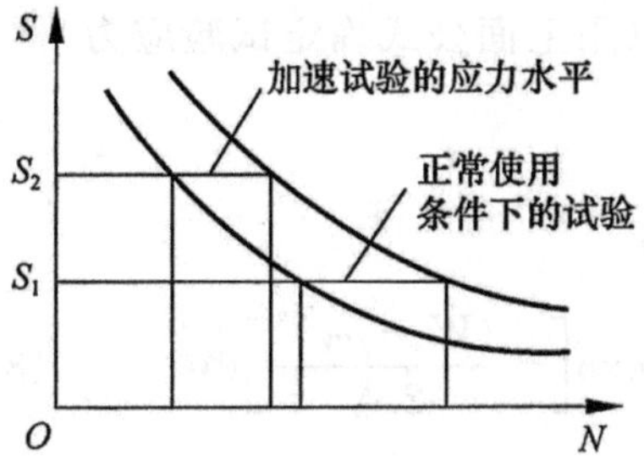

图 8-11　两个 S-N 疲劳曲线相似图

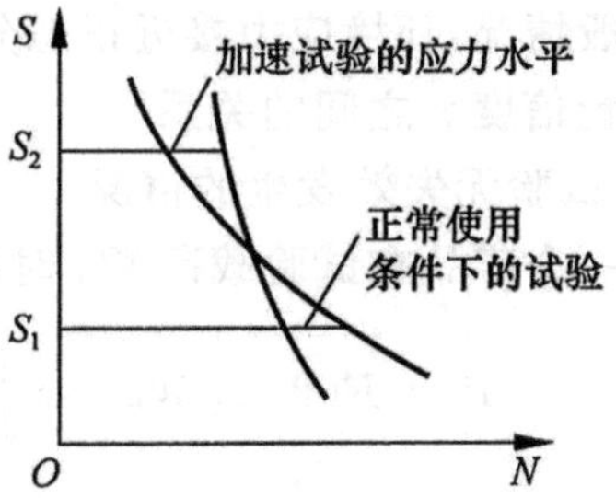

图 8-12　两个 S-N 疲劳曲线不相似

2. 样本容量与环境应力的关系

对于结构复杂且价格昂贵的产品，宜采用小样本，主要靠加大环境应力来达到加速的目的。反之，结构简单，价格低廉且生产量大的产品，就可以增加样本容量 n 来达到加速试验的目的。

在进行试验时，为了获得产品的可靠数据，需要对产品的可靠度，提出置信度的要求。这就需要研究置信度 γ，可靠度 R 与样本容量 n 的关系。

设产品的失效概率为 p，可靠度为 R(也是无故障运行概率 q)，则 $p+q=1$。若随机抽取容量为 n 的样本，按预定的目标进行试验，发现多于 r 个产品不合格，在这批产品将被拒收；反之，只有 r 件或少于 r 件的不合格品，则这批产品将被接受。

n 件样本试验中恰好有 k 件失效的概率，可由二项分布近似求得

$$P_n(k) = \mathrm{C}_n^k p^k q^{n-k} \tag{8-42}$$

式中，$\mathrm{C}_n^k = \dfrac{n!}{(n-k)!\ k!}$。

当失效产品数 k 为 $0\sim r$ 中的任一整数时，产品被接受，可见接受概率为

$$P_n(k \leqslant r) = \sum_{k=0}^{r} \mathrm{C}_n^k p^k q^{n-k} \tag{8-43}$$

若要求产品的可靠度 R 具有置信度 γ，那么，接受概率应满足 $P_n(k\leqslant r)=1-\gamma$，于是式(8-43)可改写为

$$1-\gamma=\sum_{k=0}^{r}C_n^k p^k q^{n-k} \tag{8-44}$$

$$\gamma=1-\sum_{k=0}^{r}C_n^k p^k q^{n-k} \tag{8-45}$$

其表示受试产品不大于 r 个失效时的产品置信度 γ、可靠度 R(故障运行概率 q)与样本容量 n 的关系。

如果受试产品无失效发生，即 $k=0$，则有

$$\gamma=1-q^n=1-R^n \tag{8-46}$$

表示受试产品无失效时的置信度 γ、可靠度 R 与样本容量 n 的关系。

一般情况，环境应力接近正态分布，所以可以用上面公式确定试验应力，样本容量 n 及置信度 γ 之间的关系。

1) 试验无失效发生的情况

设一个产品在试验载荷 W_0 时的失效概率为

$$P=F(W\leqslant W_0)=\int_{-\infty}^{W_0}\frac{1}{S_W\sqrt{2\pi}}\exp\left[-\frac{(W-\mu_W)^2}{2S_W^2}\right]\mathrm{d}W \tag{8-47}$$

式中，W_0 为试验载荷；μ_W 为导致失效的平均载荷；S_W 为载荷标准差。

令 $Z=\dfrac{W-\mu_W}{S_W}$，则式(8-47)转化为标准正态分布

$$P=F(W\leqslant W_0)=\int_{-\infty}^{W_0}\frac{1}{\sqrt{2\pi}}\exp\left(-\frac{Z^2}{2}\right)\mathrm{d}Z=\phi\left(\frac{W_0-\mu_W}{S_W}\right)$$

将 P 代入式(8-46)，可以得到 n 个受试产品无失效时产品可靠度 R 的置信度

$$\gamma=1-R^n=1-(1-P)^n=1-\left[1-\phi\left(\frac{W_0-\mu_W}{S_W}\right)\right]^n \tag{8-48}$$

可见，在给定置信度 γ 的条件下，利用式(8-48)就可以确定受试产品失效时的样本容量 n 与载荷的定量关系。

例 8-5 设计一机械零件，要它能承受平均载荷 $\mu_W=15000\mathrm{N}$。因此对其进行可靠性试验：

(1) 样本容量取 $n=6$，要求置信度为 90%，在试验过程中零件不发生失效。如果载荷呈正态分布，标准差 $S_W=0.1\mu_W=1500\mathrm{N}$，那么试验载荷应为多少？

(2) 若样本容量取 $n=1$，则相同条件试验载荷应为多少？

解 (1) 要求试验中不发生失效，置信度为 90%，则可由式(8-48)把已知数据 $n=6$，$\mu_W=15000\mathrm{N}$，$S_W=0.1\mu_W=1500\mathrm{N}$ 代入得到

$$\gamma=1-\left[1-\phi\left(\frac{W_0-\mu_W}{S_W}\right)\right]^n$$

$$0.9 = 1 - \left[1 - \phi\left(\frac{W_0 - 15000}{1500}\right)\right]^6$$

$$\phi\left(\frac{W_0 - 15000}{1500}\right) = 0.3187$$

查正态分布表，得 $Z = -0.4714$，由此得到

$$\frac{W_0 - 15000}{1500} = -0.4714$$

所以

$$W_0 = 15000 - 0.4714 \times 1500 = 14292.9(\text{N})$$

所以需要加的载荷 $W_0 = 14292.9$N。说明被试的 6 个零件如果能承受 14292.9N 的载荷而不发生失效，我们就有 90%的把握说这批零件可以承受平均载荷为 15000N 而不失效。

(2) 试件 $n=1$，其他条件同 1。由式(8-48)得

$$0.9 = 1 - \left[1 - \phi\left(\frac{W_0 - 15000}{1500}\right)\right]$$

$$\phi\left(\frac{W_0 - 15000}{1500}\right) = 0.9$$

查正态分布表，得 $Z = 1.2817$，由此得到

$$\frac{W_0 - 15000}{1500} = 1.2817$$

所以

$$W_0 = 15000 + 1.2817 \times 1500 = 16922.55(\text{N})$$

即试件应在载荷 $W_0 = 16922.55$N 下试验不发生失效，才能有 90%的把握相信这批零件可以承受 15000N 的平均载荷。

可见，要得到同样的结论，试件数越少，所加的试验载荷就越大。

2) 试验中有失效发生的情况

如果在试验中，有产品出现失效，则只要将产品在试验载荷 W_0 时的失效概率 p 代入式(8-45)，就可以求得 n 个受试产品当出现 r 个失效时的置信度 γ。

例 8-6 例 8-5 中，若 6 个样本在试验载荷 $W_0 = 14292.9$N 下有一个失效，求实现平均设计载荷为 15000N 的可能性(置信度)有多大？

解 一个零件的失效概率为

$$P = \phi\left(\frac{W_0 - \mu_W}{S_W}\right) = \phi\left(\frac{14292.9 - 15000}{1500}\right) = \phi(-0.4714)$$

由表查的 $P = 0.3187$，然后把 $n = 6$，失效数 $r = 1$，由式(8-45)得

$$\gamma = 1 - \sum_{k=0}^{r} C_n^k p^k q^{n-k}$$

$$= 1 - \left[\frac{6!}{(6-0)!0!} \times 0.3187^0 \times (1-0.3187)^{6-0} \right.$$
$$\left. + \frac{6!}{(6-1)!1!} \times 0.3187^1 \times (1-0.3187)^{6-1} \right]$$
$$= 0.6193$$

即实际平均载荷超过设计平均载荷 $\mu_W = 15000$ 的可能性(置信度)为 61.93%。

3. 样本容量与试验时间的关系

在进行寿命试验时,经常需要在样本容量和试验时间之间进行协调。若产品复杂,价格昂贵,就可以采用小样本进行试验,用延长试验时间的方式来加快试验。当然通过增大应力也可以缩短试验时间。如果产品简单,价格低廉,就采用大样本来缩短试验时间。在一般情况下,复杂系统采用小样本试验,简单元件采用大样本试验。

1) 对于系统

对于复杂系统,组成元件数很多,其寿命基本上属于指数分布,下面讨论两种情况。

(1) 无失效发生的情况。

对于一台样机试验至时间 t_0,其失效概率和可靠度分别为

$$P_F = P(t_0) = 1 - \exp\left(-\frac{t_0}{T}\right) \quad 和 R = 1 - P_F = \exp\left(-\frac{t_0}{T}\right)$$

式中,t_0 为试验时间;T 为平均失效时间(平均寿命)。

若 n 台样机进行相同时间 t_0 的独立试验,并且无失效发生,则由式(8-48)可得

$$\gamma = 1 - R^n = 1 - (1-P)^n = 1 - \left\{1 - \left[1 - \exp\left(-\frac{t_0}{T}\right)\right]\right\}^n = 1 - \exp\left(-\frac{nt_0}{T}\right) \tag{8-49}$$

如果 n 次独立试验时间长度不同,且无失效发生,则置信度为

$$\gamma = 1 - \exp\left(-\frac{t_1 + t_2 + \cdots + t_n}{T}\right) \tag{8-50}$$

例 8-7 对新设计的齿轮减速器进行加速寿命试验。减速器的设计寿命为 1500h,只有一台样机可供试验。如果要求设计寿命 1500h 的置信度是 95%,那么减速器在不发生失效的情况下,需要试验多长时间?

解 已知样机数 $n=1$,平均寿命 $T=1500$h,置信度 $\gamma=95\%$。

由式(8-49)可得

$$\gamma = 1 - \exp\left(-\frac{nt_0}{T}\right)$$

代入已知条件可得

$$0.95 = 1 - \exp\left(-\frac{1 \times t_0}{1500}\right)$$

所以

$$t_0 = 2.9957 \times 1500 = 4494(\text{h})$$

即一台减速器需运行 4494h 不发生失效，才能保证 95%的把握说该减速器具有 1500h 的平均寿命。

可见，当样本容量 $n=1$ 时，寿命试验的时间很长。如果适当增加样本容量，可以明显地缩短试验时间。现假设 $n=6$，则试验时间为

$$t_0 = \frac{2.9957 \times 1500}{6} = 749(\text{h})$$

可见，试验时间是原来的 1/6。因此，必须在样本容量与试验时间之间权衡得失。

(2) 有失效发生的情况。

如果从总体中随机抽取一个系统进行试验，由于随机的原因，系统发生失效。经修理后，该系统继续投入试验，功能上仍和新的系统一样，而且修理并不改变整个系统的失效机理。因为指数分布的失效是随机失效，修理过的系统也仍然受到随机失效因素的控制，即系统的失效率是常数。可见，在系统试验中，对一台经过 k 次修理的样机的试验，相当于 $k+1$ 台样机，其中 k 台样机已失效，还有一台样机在继续试验。

设投入试验的样机为 n 台，修理了 k 次，则由式(8-45)可求得试验的置信度为

$$\gamma = 1 - \sum_{r_i=0}^{k} \frac{N!}{r_i!(n-r_i)!}\left[1-\exp\left(-\frac{t_0}{T}\right)\right]^{r_i}\left[\exp\left(-\frac{t_0}{T}\right)\right]^{N-r_i} \tag{8-51}$$

式中，N 为统计样本量，$N=n+k$；t_0 为试验时间；T 为平均失效时间，即平均寿命；r_i 为失效样机数目，$i=0,1,2,\cdots,k$。

例 8-8 对两台齿轮箱进行寿命试验，其中一台在 1750h 前发生失效，经修理后继续试验，随后两台齿轮箱不再发生失效。若每台齿轮箱总共试验了 3450h。求齿轮箱的平均寿命 $T=1500$ 的置信度。

解 修理次数 $k=1$，样机数 $n=2$，所以统计样本量 $N=n+k=2+1=3$。试验时间$=3450$h，$T=1500$h，将如上已知数据代入式(8-51)得

$$\begin{aligned}\gamma &= 1 - \sum_{r_i=0}^{k} \frac{N!}{r_i!(1-r_i)!}\left[1-\exp\left(-\frac{t_0}{T}\right)\right]^{r_i}\left[\exp\left(-\frac{t_0}{T}\right)\right]^{N-r_i} \\ &= 1 - \frac{3!}{0!(3-0)!}\left[1-\exp\left(-\frac{3450}{1500}\right)\right]^{0}\left[\exp\left(-\frac{3450}{1500}\right)\right]^{3-0} \\ &\quad - \frac{3!}{1!(3-1)!}[1-\exp(-2.3)]^{1}[\exp(-2.3)]^{3-1} \\ &= 0.9719\end{aligned}$$

即两台(一台经过修理和一台未修过)齿轮箱都要试验到 3450h，且不再发生失效，才可以 97.19%的置信度，说明齿轮箱具有 1500h 的平均寿命。

2）对于元件

如果被试验元件（零件或部件）的寿命分布服从指数分布，可以用前述系统的方法进行计算。如果被试验元件的失效是时间的函数，一般用威布尔分布来描述其寿命分布。

（1）无失效发生的情况。

对于两参数威布尔分布，其平均寿命（数学期望）为

$$T = \eta \Gamma\left(1+\frac{1}{\beta}\right) \tag{8-52}$$

式中，β 为形状参数；η 为尺度参数，对两参数威布尔分布，因位置参数为零，所以尺度参数即特征寿命；$\Gamma\left(1+\frac{1}{\beta}\right)$ 为 Γ 函数，可查 Γ 函数表。

如果试验时间为 t_0，则元件的失效概率按两参数威布尔分布为

$$P_F = P(t_0) = 1 - \exp\left[-\left(\frac{t_0}{\eta}\right)^{\beta}\right] \tag{8-53}$$

对 n 个元件进行独立试验不发生失效时，其置信度 γ 为

$$\gamma = 1 - (1 - P_F)^n$$

把式(8-53)代入上式，得置信度 γ 为

$$\gamma = 1 - \exp\left[-n\left(\frac{t_0}{\eta}\right)^{\beta}\right] \tag{8-54}$$

例 8-9 一种新的表面处理方法用于齿轮，如果使其平均寿命能达到 1000h 就可以被采用。现在用四个样本进行寿命试验，四个样本都运转了 1200h 而没有发生失效。根据经验得知为两参数威布尔分布，其形状参数 $\beta=2$。计算平均寿命 $T=$ 1000h 的置信度。

解 由题知，样本数 $n=4$，试验时间 $t_0=1200$h，无失效发生，平均寿命 $T=$ 1000h，位置参数是零，形状参数 $\beta=2$，按式(8-52)求出尺度参数

$$\eta = \frac{T}{\Gamma\left(1+\frac{1}{\beta}\right)} = \frac{1000}{\Gamma\left(1+\frac{1}{2}\right)}$$

$\Gamma\left(1+\frac{1}{2}\right)=\Gamma(1.5)$ 查 Γ 函数表得

$$\Gamma(1.5) = 0.88623$$

$$\eta = \frac{1000}{\Gamma\left(1+\frac{1}{2}\right)} = \frac{1000}{0.88623} = 1128(\text{h})$$

把以上数据代入式(8-54)得

$$\gamma = 1 - \exp\left[-n\left(\frac{t_0}{\eta}\right)^{\beta}\right] = 1 - \exp\left[-4\left(\frac{1200}{1128}\right)^{2}\right] = 0.9892$$

平均寿命 T=1000h 的置信度为 98.92%。

(2) 有失效发生的情况。

在试验过程中有失效发生时，其置信度按下式计算：

$$\gamma = 1 - \sum_{r_i=0}^{k} \frac{N!}{r_i!(n-r_i)!} \left\{1 - \exp\left[-\left(\frac{t_0}{\eta}\right)^\beta\right]\right\}^{r_i} \left\{\exp\left[-\left(\frac{t_0}{\eta}\right)^\beta\right]\right\}^{N-r_i} \quad (8\text{-}55)$$

式中，k 为修理次数；N 为统计样本量，$N=n+k$(n 为样本数)；t_0 为试验时间；r_i 为失效样本数，$i=0,1,2,\cdots,k$。

如果形状参数 $\beta=1$，$\eta=T$，则式(8-55)与式(8-51)相同。因为指数分布是威布尔分布的特例。

例 8-10 一种新设计的机构寿命服从威布尔分布，形状参数 $\beta=2$，位置参数等于零，尺度参数(特征寿命)η=4000h。现在对 5 台机器进行寿命试验，每台试验时间 t_0=5000h，试验中有两台发生了失效，经修理后再继续试验。求平均寿命及其置信度。

解 由式(8-52)求出平均寿命

$$T = \eta\Gamma\left(1+\frac{1}{\beta}\right) = 4000\Gamma\left(1+\frac{1}{2}\right) = 4000\Gamma(1.5)$$

同前查 Γ 函数表得

$$\Gamma(1.5) = 0.88623$$
$$T = 4000 \times 0.88623 = 3545(\text{h})$$

因样机 $n=5$，修理次数 $k=2$，统计样本容量为 $N=5+2=7$。将这些数据代入式(8-55)得

$$\begin{aligned}\gamma &= 1 - \sum_{r_1=0}^{k} \frac{N!}{r_i!(n-r_i)!} \left\{1 - \exp\left[-\left(\frac{t_0}{\eta}\right)^\beta\right]\right\}^{r_i} \left\{\exp\left[-\left(\frac{t_0}{\eta}\right)^\beta\right]\right\}^{N-r_i} \\ &= 1 - \frac{7!}{0!(7-0)!}\left\{1-\exp\left[-\left(\frac{5000}{4000}\right)^2\right]\right\}^0 \left\{\exp\left[-\left(\frac{5000}{4000}\right)^2\right]\right\}^{7-0} \\ &\quad - \frac{7!}{1!(7-1)!}\{1-\exp[-1.25^2]\}^1\{\exp[-1.25^2]\}^{7-1} \\ &\quad - \frac{7!}{2!(7-2)!}\{1-\exp[-1.25^2]\}^2\{\exp[-1.25^2]\}^{7-2} \\ &= 0.9942\end{aligned}$$

即该机构平均寿命 T=3454h 的置信度为 99.42%。

习 题 8

8-1 为查明一批零件的寿命，试验 10 个样本到 4000h 时 6 个失效，它们的失效时间分别为 780,1124,1853,2456,2651,3948(h)，试估算这批零件的平均寿命。如果试验到第四个失效时就停止，则这时平均寿命估计值又是多少。

8-2 对两台变速箱进行加速寿命试验，其中一台因为滚动轴承失效而停机，更换轴承后继续试验，每台变速箱运转了 2000h 就停止试验，再没有发生故障。求变速箱的平均寿命 T=1000h 的

置信度。

8-3　生产一批新型滚动轴承，现抽取 5 个样本进行加速寿命试验，试验时间$t_0=3000$h，试验中，有一个轴承因点蚀失效后更换一个新样本，继续试验再无失效发生，据经验估计，寿命服从两参数威布尔分布，形状参数 $\beta=2$，尺度参数 $\eta=2000$h，求平均寿命和置信度。

8-4　设计一个能承受平均载荷 $\mu_W=6000$N 的零件。如果抽取 5 个进行试验，试验载荷是 8000N，载荷呈正态分布，标准差 $S_W=0.1\mu_W$。当有一个试件发生失效时，求零件实现承受平均载荷 $\mu_W=6000$N 的置信度有多大。

8-5　设某产品寿命服从指数分布，现抽取 20 件进行无替换寿命试验。已知在 3000h 以内只有 1 件失效，问该产品在置信度 0.9 之下，θ 与 $R(50)$的单侧下限是多少？

参考文献

陈信,袁修干.2000.人-机-环境系统工程.北京:北京航空航天大学出版社
陈屹,谢华.2004.现代设计方法及其应用.北京:国防工业出版社
高社生,张玲霞.2002.可靠性理论与工程应用.北京:国防工业出版社
郭永基.2002.可靠性工程原理.北京:清华大学出版社
黄洪钟.1995.机械传动可靠性理论与应用.北京:中国科学技术出版社
姜兴渭,宋政吉,王晓晨.2005.可靠性工程技术.哈尔滨:哈尔滨工业大学出版社
金伟娅,张康达.2005.可靠性工程.北京:化学工业出版社
金星,洪延姬,沈怀荣等.2002.工程系统可靠性数值分析方法.北京:国防工业出版社
李良巧.1998.机械可靠性设计与分析.北京:国防工业出版社
李毅华,汪正俊.2002.机械设计中安全系数与可靠性的研究.煤矿机械,(1):22-24
刘混举.2009.机械可靠性设计.北京:国防工业出版社
刘维信.1996.机械可靠性设计.北京:清华大学出版社
陆延孝.1995.可靠性设计与分析.北京:国防工业出版社
莫黎.2004.可靠性增长设计技术.舰船电子工程,24(6):139-142
牟致忠,朱文予.1993.机械可靠性设计.北京:机械工业出版社
钱松容,姚丽华,赵亮.2004.齿轮传动的可靠性优化设计.贵州工业大学学报,33(5):13-15
芮延年,傅戈雁.2007.现代可靠性设计.北京:国防工业出版社
苏德清.1994.可靠性技术标准手册.北京:中国标准出版社
孙志礼,陈良玉.2003.实用机械可靠性设计理论与方法.北京:科学出版社
孙志礼,李昌,韩兴.2007.基于行星减速器的多目标可靠性优化设计方法研究.机械与电子,(10):15-17
汪胜陆.2007.机械产品可靠性设计方法及其发展趋势的探讨.机械设计,24(5):1-3
王启,王文博.1996.常用机械零部件可靠性设计.北京:机械工业出版社
吴波,黎明发.2003.机械零件与系统可靠性模型.北京:化学工业出版社
谢黎明.2005.机械工程与技术创新.北京:化学工业出版社
曾声奎,赵延弟,张建国等.2001.系统可靠性设计分析教程.北京:北京航空航天大学出版社
曾天翔.1994.可靠性及维修性工程手册.北京:国防工业出版社
张炜,李文钊.2002.人-机-环境系统的可靠性设计.南华大学学报,16(1):78-83
张训浩,肖德辉.1991.可靠性及其应用.北京:兵器工业出版社
张亚,徐建军,赵河明.2001.弹药可靠性技术与管理.北京:兵器工业出版社
张义民.2000.汽车零部件可靠性设计.北京:北京理工大学出版社

附　　录

附录1　标准正态分布数值表

$$\Phi(Z)=\frac{1}{\sqrt{2\pi}}\int_{-x}^{x}e^{-\frac{x^2}{2}}\mathrm{d}Z$$

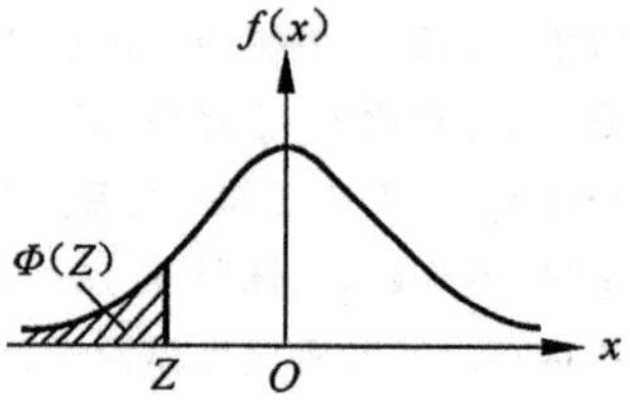

Z	0.00	0.01	0.02	0.03	0.04	0.05	0.06	0.07	0.08	0.09	Z
−0.0	0.5000	0.4960	0.4920	0.4880	0.4840	0.4801	0.4761	0.4721	0.4681	0.4641	−0.0
−0.1	0.4602	0.4562	0.4522	0.4483	0.4443	0.4404	0.4364	0.4325	0.4286	0.4247	−0.1
−0.2	0.4207	0.4168	0.4129	0.4090	0.4052	0.4013	0.3974	0.3936	0.3897	0.3859	−0.2
−0.3	0.3821	0.3783	0.3745	0.3707	0.3669	0.3632	0.3594	0.3557	0.3520	0.3483	−0.3
−0.4	0.3446	0.3409	0.3372	0.3336	0.3300	0.3264	0.3228	0.3192	0.3156	0.3121	−0.4
−0.5	0.3085	0.3050	0.3015	0.2981	0.2946	0.2912	0.2877	0.2843	0.2810	0.2776	−0.5
−0.6	0.2743	0.2709	0.2676	0.2643	0.2611	0.2578	0.2546	0.2514	0.2483	0.2451	−0.6
−0.7	0.2420	0.2389	0.2358	0.2327	0.2297	0.2266	0.2236	0.2206	0.2177	0.2148	−0.7
−0.8	0.2119	0.2090	0.2061	0.2033	0.2005	0.1977	0.1949	0.1922	0.1894	0.1867	−0.8
−0.9	0.1841	0.1814	0.1788	0.1762	0.1736	0.1711	0.1685	0.1660	0.1635	0.1611	−0.9
−1.0	0.1587	0.1562	0.1539	0.1515	0.1492	0.1469	0.1446	0.1423	0.1401	0.1379	−1.0
−1.1	0.1357	0.1335	0.1314	0.1292	0.1271	0.1251	0.1230	0.1210	0.1190	0.1170	−1.1
−1.2	0.1151	0.1131	0.1112	0.1093	0.1075	0.1056	0.1038	0.1020	0.1003	0.09853	−1.2
−1.3	0.09680	0.09510	0.09342	0.09176	0.09012	0.03851	0.08691	0.08534	0.08379	0.08226	−1.3
−1.4	0.08076	0.07927	0.07780	0.07636	0.07493	0.07353	0.07215	0.07078	0.06944	0.06811	−1.4
−1.5	0.06681	0.06552	0.06426	0.06301	0.06178	0.06057	0.05938	0.05821	0.05705	0.05592	−1.5
−1.6	0.5480	0.05370	0.05262	0.05155	0.05050	0.04947	0.04846	0.04746	0.04648	0.04551	−1.6
−1.7	0.04457	0.04363	0.04272	0.04152	0.04093	0.04006	0.03920	0.03836	0.03754	0.03673	−1.7
−1.8	0.03593	0.03515	0.03438	0.03362	0.03288	0.03216	0.03144	0.03074	0.03005	0.02938	−1.8
−1.9	0.02872	0.02807	0.02743	0.02680	0.02619	0.02559	0.02500	0.02442	0.02385	0.02330	−1.9
−2.0	0.02275	0.02222	0.02169	0.02118	0.02068	0.02018	0.01970	0.01923	0.01876	0.01831	−2.0

续表

Z	0.00	0.01	0.02	0.03	0.04	0.05	0.06	0.07	0.08	0.09	Z
−2.1	0.01786	0.01743	0.01700	0.01659	0.01618	0.01578	0.01539	0.01500	0.01463	0.01426	−2.1
−2.2	0.01390	0.01355	0.01321	0.01287	0.01255	0.01222	0.01191	0.01160	0.01130	0.01101	−2.2
−2.3	0.01072	0.01044	0.01017	$0.0^{2}9903$*	$0.0^{2}9642$	$0.0^{2}9387$	$0.0^{2}9137$	$0.0^{2}8894$	$0.0^{2}8656$	$0.0^{2}8424$	−2.3
−2.4	$0.0^{2}8198$	$0.0^{2}7976$	$0.0^{2}7760$	$0.0^{2}7549$	$0.0^{2}7344$	$0.0^{2}7143$	$0.0^{2}6947$	$0.0^{2}6756$	$0.0^{2}6569$	$0.0^{2}6387$	−2.4
−2.5	$0.0^{2}6210$	$0.0^{2}6037$	$0.0^{2}5868$	$0.0^{2}5703$	$0.0^{2}5543$	$0.0^{2}5386$	$0.0^{2}5234$	$0.0^{2}5085$	$0.0^{2}4940$	$0.0^{2}4799$	−2.5
−2.6	$0.0^{2}1661$	$0.0^{2}4527$	$0.0^{2}4396$	$0.0^{2}4269$	$0.0^{2}4145$	$0.0^{2}4025$	$0.0^{2}3907$	$0.0^{2}3793$	$0.0^{2}3681$	$0.0^{2}3573$	−2.6
−2.7	$0.0^{2}3467$	$0.0^{2}3364$	$0.0^{2}3264$	$0.0^{2}3167$	$0.0^{2}3072$	$0.0^{2}2930$	$0.0^{2}2890$	$0.0^{2}2803$	$0.0^{2}2718$	$0.0^{2}2635$	−2.7
−2.8	$0.0^{2}2555$	$0.0^{2}2477$	$0.0^{2}2401$	$0.0^{2}2327$	$0.0^{2}2256$	$0.0^{2}2186$	$0.0^{2}2118$	$0.0^{2}2052$	$0.0^{2}1938$	$0.0^{2}1926$	−2.8
−2.9	$0.0^{2}1866$	$0.0^{2}1807$	$0.0^{2}1750$	$0.0^{2}1695$	$0.0^{2}1641$	$0.0^{2}1589$	$0.0^{2}1538$	$0.0^{2}1489$	$0.0^{2}1441$	$0.0^{2}1395$	−2.9
−3.0	$0.0^{2}1350$	$0.0^{2}1306$	$0.0^{2}1264$	$0.0^{2}1223$	$0.0^{2}1183$	$0.0^{2}1144$	$0.0^{2}1107$	$0.0^{2}1070$	$0.0^{2}1035$	$0.0^{2}1001$	−3.0
−3.1	$0.0^{3}9626$	$0.0^{3}9354$	$0.0^{3}9043$	$0.0^{3}8740$	$0.0^{3}8447$	$0.0^{3}8164$	$0.0^{3}7888$	$0.0^{3}7622$	$0.0^{3}7364$	$0.0^{3}7114$	−3.1
−3.2	$0.0^{3}6871$	$0.0^{3}6637$	$0.0^{3}6410$	$0.0^{3}6190$	$0.0^{3}5976$	$0.0^{3}5770$	$0.0^{3}5571$	$0.0^{3}5377$	$0.0^{3}5190$	$0.0^{3}5009$	−3.2
−3.3	$0.0^{3}4834$	$0.0^{3}4665$	$0.0^{3}4501$	$0.0^{3}4342$	$0.0^{3}4189$	$0.0^{3}4041$	$0.0^{3}3897$	$0.0^{3}3758$	$0.0^{3}3624$	$0.0^{3}3495$	−3.3
−3.4	$0.0^{3}3369$	$0.0^{3}3248$	$0.0^{3}3131$	$0.0^{3}3018$	$0.0^{3}2909$	$0.0^{3}2803$	$0.0^{3}2701$	$0.0^{3}2602$	$0.0^{3}2507$	$0.0^{3}2415$	−3.4
−3.5	$0.0^{3}2326$	$0.0^{3}2241$	$0.0^{3}2158$	$0.0^{3}2078$	$0.0^{3}2001$	$0.0^{3}1926$	$0.0^{3}1854$	$0.0^{3}1785$	$0.0^{3}1718$	$0.0^{3}1653$	−3.5
−3.6	$0.0^{3}1591$	$0.0^{3}1531$	$0.0^{3}1473$	$0.0^{3}1417$	$0.0^{3}1363$	$0.0^{3}1311$	$0.0^{3}1261$	$0.0^{3}1213$	$0.0^{3}1166$	$0.0^{3}1121$	−3.6
−3.7	$0.0^{3}1078$	$0.0^{3}1036$	$0.0^{4}9961$	$0.0^{4}9574$	$0.0^{4}9201$	$0.0^{4}3842$	$0.0^{4}8496$	$0.0^{4}8162$	$0.0^{4}7841$	$0.0^{4}7532$	−3.7
−3.8	$0.0^{4}7235$	$0.0^{4}6948$	$0.0^{4}6673$	$0.0^{4}6407$	$0.0^{4}6152$	$0.0^{4}5906$	$0.0^{4}5669$	$0.0^{4}5442$	$0.0^{4}5223$	$0.0^{4}5012$	−3.8
−3.9	$0.0^{4}4810$	$0.0^{4}4615$	$0.0^{4}4427$	$0.0^{4}4247$	$0.0^{4}4074$	$0.0^{4}3908$	$0.0^{4}3747$	$0.0^{4}3594$	$0.0^{4}3446$	$0.0^{4}3304$	−3.9
−4.0	$0.0^{4}3167$	$0.0^{4}3036$	$0.0^{4}2910$	$0.0^{4}2789$	$0.0^{4}2673$	$0.0^{4}2561$	$0.0^{4}2454$	$0.0^{4}2351$	$0.0^{4}2252$	$0.0^{4}2157$	−4.0
−4.1	$0.0^{4}2066$	$0.0^{4}1978$	$0.0^{4}1894$	$0.0^{4}1814$	$0.0^{4}1737$	$0.0^{4}1662$	$0.0^{4}1591$	$0.0^{4}1523$	$0.0^{4}1458$	$0.0^{4}1395$	−4.1
−4.2	$0.0^{4}1385$	$0.0^{4}1277$	$0.0^{4}1222$	$0.0^{4}1168$	$0.0^{4}1118$	$0.0^{4}1069$	$0.0^{4}1022$	$0.0^{5}9774$	$0.0^{5}9345$	$0.0^{5}8934$	−4.2
−4.3	$0.0^{5}8540$	$0.0^{5}8163$	$0.0^{5}7801$	$0.0^{5}7455$	$0.0^{5}7124$	$0.0^{5}6807$	$0.0^{5}6503$	$0.0^{5}6212$	$0.0^{5}5934$	$0.0^{4}5668$	−4.3
−4.4	$0.0^{5}5418$	$0.0^{5}5169$	$0.0^{5}4985$	$0.0^{5}4712$	$0.0^{5}4498$	$0.0^{5}4294$	$0.0^{5}4093$	$0.0^{5}3911$	$0.0^{5}3732$	$0.0^{5}3561$	−4.4
−4.5	$0.0^{5}3398$	$0.0^{5}3241$	$0.0^{5}3092$	$0.0^{5}2949$	$0.0^{5}2813$	$0.0^{5}2682$	$0.0^{5}2558$	$0.0^{5}2439$	$0.0^{5}2325$	$0.0^{5}2216$	−4.5
−4.6	$0.0^{5}2112$	$0.0^{5}2013$	$0.0^{5}1919$	$0.0^{5}1828$	$0.0^{5}1742$	$0.0^{5}1660$	$0.0^{5}1581$	$0.0^{5}1506$	$0.0^{5}1434$	$0.0^{5}1366$	−4.6
−4.7	$0.0^{5}1301$	$0.0^{5}1239$	$0.0^{5}1179$	$0.0^{5}1123$	$0.0^{5}1069$	$0.0^{5}1017$	$0.0^{6}9680$	$0.0^{6}9211$	$0.0^{6}8765$	$0.0^{6}8339$	−4.7
−4.8	$0.0^{6}7933$	$0.0^{6}7547$	$0.0^{6}7178$	$0.0^{6}6827$	$0.0^{6}6492$	$0.0^{6}6173$	$0.0^{6}5869$	$0.0^{6}5580$	$0.0^{6}5304$	$0.0^{6}5042$	−4.8
−4.9	$0.0^{6}4792$	$0.0^{6}4554$	$0.0^{6}4327$	$0.0^{6}4111$	$0.0^{6}3906$	$0.0^{6}3711$	$0.0^{6}3525$	$0.0^{6}3348$	$0.0^{6}3179$	$0.0^{6}3019$	−4.9

注：0^{2} 表示 00；

0^{3} 表示 000，……，以此类推。

附表 2　χ^2 分布的分位数表

$(\chi^2 \geqslant \chi^2_\alpha(v)) = \alpha$

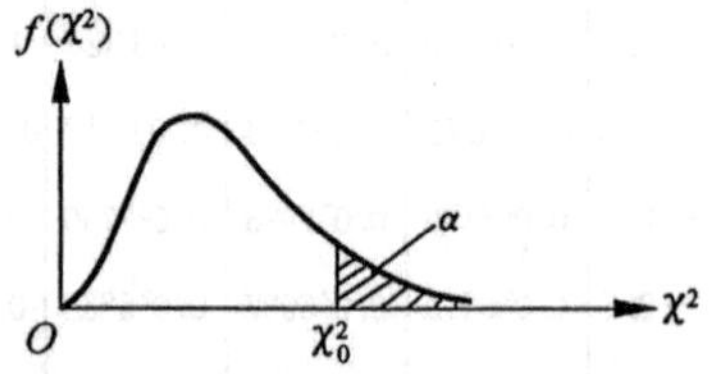

α / v	0.99	0.95	0.90	0.80	0.50	0.20	0.10	0.05	0.01	α / v
1	0.0^3157	0.0^2393	0.0158	0.0642	0.455	1.642	2.706	3.841	6.635	1
2	0.0201	0.103	0.211	0.446	1.386	3.219	4.605	5.991	9.210	2
3	0.115	0.352	0.584	1.005	2.366	4.642	6.251	7.815	11.345	3
4	0.297	0.711	1.064	1.649	3.357	5.989	7.779	9.488	12.277	4
5	0.554	1.145	1.610	2.343	4.351	7.289	9.236	11.070	15.068	5
6	0.872	1.635	2.204	3.070	5.348	8.558	10.645	12.592	16.812	6
7	1.239	2.167	2.833	3.822	6.346	9.803	12.017	14.067	18.475	7
8	1.646	2.733	3.490	4.594	7.344	11.030	13.362	15.507	20.090	8
9	2.088	3.325	4.168	5.380	8.343	12.242	14.634	16.919	21.666	9
10	2.558	3.940	4.865	6.179	9.342	13.442	15.987	18.307	23.209	10
11	3.053	4.575	5.578	6.989	10.341	14.631	17.275	19.675	24.725	11
12	3.571	5.226	6.304	7.807	11.340	15.812	18.549	21.026	26.217	12
13	4.107	5.892	7.042	8.634	12.340	16.985	19.812	22.362	27.688	13
14	4.660	6.571	7.790	9.467	13.339	18.151	21.064	23.635	29.141	14
15	5.229	7.261	8.547	10.307	14.339	19.311	22.307	24.996	30.578	15
16	5.812	7.962	9.312	11.152	15.338	20.465	23.542	26.296	32.000	16
17	6.408	8.672	10.085	12.002	16.338	21.615	24.769	27.587	33.409	17
18	7.015	9.390	10.865	12.857	17.338	22.760	25.989	28.869	34.805	18
19	7.633	10.117	11.651	13.716	18.338	23.900	27.204	30.144	36.191	19
20	8.260	10.851	12.443	14.578	19.337	25.038	28.412	31.410	37.566	20
21	8.897	11.591	13.240	15.445	20.337	26.171	29.615	32.671	38.932	21
22	9.542	12.338	14.041	16.314	21.337	27.301	30.813	33.924	40.289	22
23	10.196	13.091	14.848	17.187	22.337	28.429	32.007	35.172	41.638	23
24	10.856	13.848	15.659	18.062	23.337	29.553	33.196	36.415	42.980	24
25	11.524	14.611	16.473	18.940	24.337	30.675	34.382	37.652	44.314	25
26	12.198	15.379	17.292	19.820	25.336	31.795	35.563	38.885	45.642	26
27	12.879	16.151	18.114	20.703	26.336	32.912	36.741	40.113	46.963	27
28	13.565	16.928	18.939	21.588	27.336	34.027	37.916	41.337	48.278	28
29	14.256	17.708	19.768	22.475	28.336	35.139	39.087	42.557	49.588	29
30	14.953	18.493	20.599	23.364	29.336	36.250	40.256	43.773	50.892	30
40	22.164	26.509	29.051	32.352	39.335	37.263	51.805	55.758	63.691	40
60	37.485	43.188	46.459	50.647	59.335	38.969	74.397	79.082	88.379	60
80	53.540	60.391	64.278	69.213	79.334	90.403	96.578	101.879	112.329	80
100	70.065	77.929	82.358	87.950	99.334	111.667	118.498	123.342	135.807	100
200	156.432	168.279	174.835	183.006	199.333	216.618	226.021	233.994	249.445	200
Z_α	−2.33	−1.64	−1.28	−0.84	0.00	0.84	1.28	1.64	2.32	Z_α

注：$\chi^2_\alpha(r) = \frac{1}{2}(Z_\alpha + \sqrt{2v-1})^2$，

例如$\chi^2_{0.9}(30) = \frac{1}{2}(-1.28 + \sqrt{60-1})^2 = 20.487$

附录3 Γ函数表

$$\Gamma(x)=\int_0^{\infty} t^{x-1}\mathrm{e}^{-1}\mathrm{d}t(x>0)$$

x	$\Gamma(x)$	x	$\Gamma(x)$	x	$\Gamma(x)$	x	$\Gamma(x)$
1.00	1.00000	1.26	0.90440	1.52	0.88704	1.78	0.92623
1.01	0.99433	1.27	0.90250	1.53	0.88757	1.79	0.92877
1.02	0.98884	1.28	0.90072	1.54	0.88818	1.80	0.93138
1.03	0.98355	1.29	0.89904	1.55	0.88887	1.81	0.93408
1.04	0.97844	1.30	0.89747	1.56	0.88964	1.82	0.93685
1.05	0.97350	1.31	0.89600	1.57	0.89049	1.83	0.93969
1.06	0.96874	1.32	0.89464	1.58	0.89142	1.84	0.94261
1.07	0.96415	1.33	0.89338	1.59	0.89243	1.85	0.94561
1.08	0.95973	1.34	0.89222	1.60	0.89352	1.86	0.94869
1.09	0.95546	1.35	0.89115	1.61	0.89468	1.87	0.95184
1.10	0.95135	1.36	0.89018	1.62	0.89592	1.88	0.95507
1.11	0.94740	1.37	0.88931	1.63	0.89724	1.89	0.95338
1.12	0.94359	1.38	0.88854	1.64	0.89864	1.90	0.96177
1.13	0.93993	1.39	0.88785	1.65	0.90012	1.91	0.96523
1.14	0.93642	1.40	0.88726	1.66	0.90167	1.92	0.96877
1.15	0.93304	1.41	0.88676	1.67	0.90330	1.93	0.97240
1.16	0.92980	1.42	0.88636	1.68	0.90500	1.94	0.97610
1.17	0.92670	1.43	0.88604	1.69	0.90678	1.95	0.97983
1.18	0.92373	1.44	0.88581	1.70	0.90864	1.96	0.98374
1.19	0.92089	1.45	0.88566	1.71	0.91057	1.97	0.98768
1.20	0.91817	1.46	0.88560	1.72	0.91258	1.98	0.99171
1.21	0.91558	1.47	0.88563	1.73	0.91467	1.99	0.99581
1.22	0.91311	1.48	0.88575	1.74	0.91683	2.00	1.00000
1.23	0.91075	1.49	0.88595	1.75	0.91906		
1.24	0.90852	1.50	0.88623	1.76	0.92137		
1.25	0.90640	1.51	0.88659	1.77	0.92376		

注：1. $\Gamma(x)=\Gamma(x+1)/x$；

2. $\Gamma(x+1)=x\Gamma(x)$.

例1. $\Gamma(0.8)=\dfrac{\Gamma(0.8+1)}{0.8}=\dfrac{0.93138}{0.8}=1.164225$；

例2. $\Gamma(2.5)=1.5\Gamma(1.5)=1.5\times0.88623=1.329345$；

例3. $\Gamma(3.4)=2.4\times1.4\Gamma(1.4)=2.4\times1.4\times0.88726=2.9812$.

附表 4　t 分布的分位数表

$$\left(|t|>t\frac{\alpha}{2}\right)=\alpha$$

(　)中值是单侧分数 t_α

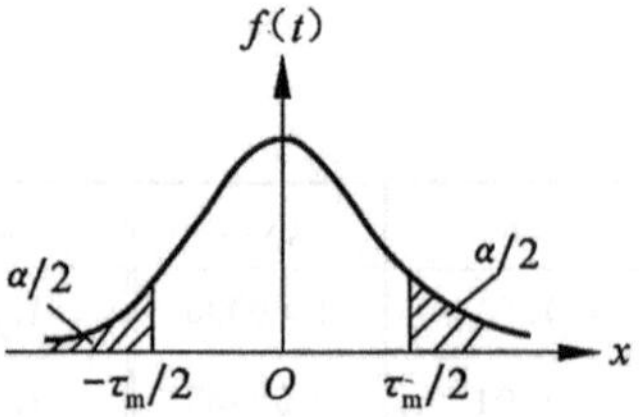

α / v	0.9 (0.45)	0.8 (0.4)	0.7 (0.35)	0.6 (0.3)	0.5 (0.25)	0.4 (0.2)	0.3 (0.15)	0.2 (0.1)	0.1 (0.05)	0.05 (0.025)	0.02 (0.01)	0.01 (0.005)	0.001 (0.005)	α / v
1	0.158	0.325	0.510	0.727	1.000	1.376	1.963	3.078	6.314	12.706	31.821	63.657	636.619	1
2	.142	.289	.445	.617	0.816	1.061	1.386	1.886	2.920	4.303	6.965	9.925	31.598	2
3	.137	.277	.424	.584	.765	0.978	1.250	1.638	2.353	3.182	4.541	5.841	12.924	3
4	.134	.271	.414	.569	.741	.941	1.190	1.533	2.132	2.776	3.747	4.604	8.610	4
5	.132	.267	.408	.559	.727	.920	1.156	1.476	2.015	2.571	3.365	4.032	6.859	5
6	.131	.265	.404	.553	.718	.906	1.134	1.440	1.943	2.447	3.146	3.707	5.959	6
7	.130	.263	.402	.549	.711	.896	1.119	1.415	1.895	2.365	2.998	3.499	5.405	7
8	.130	.262	.399	.546	.706	.889	1.108	1.397	1.860	2.306	2.896	3.355	5.041	8
9	.129	.261	.398	.543	.703	.883	1.100	1.383	1.833	2.262	2.821	3.250	4.781	9
10	.129	.260	.397	.542	.700	.879	1.093	1.372	1.812	2.228	2.764	3.169	4.587	10
11	.129	.260	.396	.540	.697	.876	1.088	1.363	1.796	2.201	2.718	3.106	4.437	11
12	.128	.259	.395	.539	.695	.873	1.083	1.356	1.782	2.179	2.681	3.055	4.318	12
13	.128	.259	.394	.538	.694	.870	1.079	1.350	1.771	2.160	2.650	3.012	4.221	13
14	.128	.258	.393	.537	.692	.868	1.076	1.345	1.761	2.145	2.624	2.977	4.140	14
15	.128	.258	.393	.536	.691	.866	1.074	1.341	1.753	2.131	2.602	2.947	4.073	15
16	.128	.258	.392	.535	.690	.865	1.071	1.337	1.746	2.120	2.583	2.921	4.015	16
17	.128	.257	.392	.534	.689	.863	1.069	1.333	1.740	2.110	2.567	2.898	3.965	17
18	.127	.257	.392	.534	.688	.862	1.067	1.330	1.734	2.101	2.552	2.878	3.922	18
19	.127	.257	.391	.533	.688	.861	1.066	1.328	1.729	2.093	2.539	2.861	3.883	19
20	.127	.257	.391	.533	.687	.860	1.064	1.325	1.725	2.086	2.528	2.845	3.850	20
21	.127	.257	.391	.532	.686	.859	1.063	1.323	1.721	2.080	2.518	2.831	3.819	21
22	.127	.256	.390	.532	.686	.858	1.061	1.321	1.717	2.074	2.508	2.819	3.792	22
23	.127	.256	.390	.532	.685	.858	1.060	1.319	1.714	2.069	2.500	2.807	3.767	23
24	.127	.256	.390	.531	.685	.857	1.059	1.318	1.711	2.064	2.492	2.797	3.745	24
25	.127	.256	.390	.531	.684	.856	1.058	1.316	1.708	2.060	2.485	2.787	3.725	25
26	.127	.256	.390	.531	.684	.856	1.058	1.315	1.706	2.056	2.479	2.779	3.707	26
27	.127	.256	.389	.531	.684	.855	1.057	1.314	1.703	2.052	2.473	2.771	3.690	27
28	.127	.256	.389	.530	.683	.855	1.056	1.313	1.701	2.048	2.467	2.763	3.674	28
29	.127	.256	.389	.530	.683	.854	1.055	1.311	1.699	2.645	2.462	2.756	3.659	29
30	.127	.256	.389	.530	.683	.854	1.055	1.310	1.697	2.042	2.457	2.750	3.646	30
40	.126	.255	.388	.529	.681	.851	1.050	1.303	1.684	2.021	2.423	2.704	3.551	40
60	.126	.254	.387	.527	.679	.848	1.046	1.296	1.671	2.000	2.390	2.660	3.460	60
120	.126	.254	.386	.526	.677	.845	1.041	1.289	1.658	1.980	2.358	2.617	3.373	120
∞	.126	.253	.385	.534	.674	.842	1.036	1.282	1.645	1.960	2.326	2.576	3.291	∞

附表 5　F 分布的分位数表

$$P(F>F_\alpha)=\alpha$$

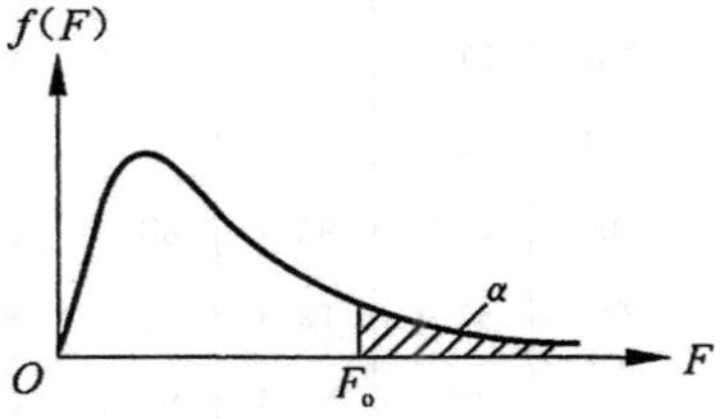

$\alpha=0.10$

v_2 \ v_1	1	2	3	4	5	6	7	8	9	10	15	30	40	50	100	200	500	∞	v_1 / v_2
1	39.9	49.5	53.6	55.8	57.2	53.2	58.9	59.4	59.9	60.2	61.2	61.7	62.3	62.7	63.0	63.2	63.3	63.3	1
2	8.53	9.00	9.16	9.24	9.39	9.33	9.35	9.37	9.38	9.39	9.42	9.44	9.46	9.47	9.48	9.49	9.49	9.49	2
3	5.54	5.46	5.39	5.34	5.31	5.28	5.27	5.25	5.24	5.23	5.20	5.18	5.17	5.15	5.14	5.14	5.14	5.13	3
4	4.54	4.32	4.19	4.11	4.05	4.01	3.93	3.95	3.94	3.92	3.87	3.84	3.82	3.80	3.78	3.77	3.76	3.76	4
5	4.06	3.78	3.62	3.52	3.45	3.40	3.37	3.34	3.32	3.30	3.24	3.21	3.17	3.15	3.13	3.12	3.11	3.10	5
6	3.78	3.46	3.29	3.18	3.11	3.05	3.01	2.98	2.96	2.94	2.87	2.84	2.80	2.77	2.75	2.73	2.73	2.72	6
7	3.59	3.26	3.07	2.96	2.88	2.83	2.78	2.75	2.72	2.70	2.63	2.59	2.56	2.52	2.50	2.48	2.48	2.47	7
8	3.46	3.11	2.92	2.81	2.73	2.67	2.62	2.59	2.56	2.54	2.46	2.42	2.38	2.35	2.32	2.31	2.30	2.29	8
9	3.36	3.01	2.81	2.69	2.61	2.55	2.51	2.47	2.44	2.42	2.34	2.30	2.25	2.22	2.19	2.17	2.17	2.16	9
10	3.28	2.92	2.73	2.61	2.52	2.46	2.41	2.38	2.35	2.32	2.24	2.20	2.16	2.12	2.09	2.07	2.06	2.06	10
11	3.23	2.86	2.66	2.54	2.45	2.39	2.34	2.30	2.27	2.25	2.17	2.12	2.08	2.04	2.00	1.99	1.98	1.97	11
12	3.18	2.81	2.61	2.48	2.39	2.33	2.28	2.24	2.21	2.19	2.10	2.06	2.01	1.97	1.94	1.92	1.91	1.90	12
13	3.14	2.76	2.56	2.43	2.35	2.28	2.23	2.20	2.16	2.14	2.05	2.01	1.96	1.92	1.88	1.86	1.85	1.85	13

续表

v_2 \ v_1	1	2	3	4	5	6	7	8	9	10	15	30	40	50	100	200	500	∞	v_1 / v_2
14	3.10	2.73	2.52	2.39	2.31	2.24	2.19	2.15	2.12	2.10	2.01	1.96	1.91	1.87	1.83	1.82	1.80	1.80	14
15	3.07	2.70	2.49	2.36	2.27	2.21	2.16	2.12	2.09	2.06	1.97	1.92	1.87	1.83	1.79	1.77	1.76	1.76	15
16	3.05	2.67	2.46	2.33	2.24	2.18	2.13	2.09	2.06	2.03	1.94	1.89	1.84	1.79	1.76	1.74	1.73	1.72	16
17	3.03	2.64	2.44	2.31	2.22	2.15	2.10	2.06	2.83	2.00	1.91	1.86	1.81	1.76	1.73	1.71	1.69	1.69	17
18	3.01	2.62	2.42	2.29	2.20	2.13	2.08	2.04	2.00	1.93	1.89	1.84	1.78	1.74	1.70	1.68	1.67	1.66	18
19	2.99	2.61	2.40	2.27	2.18	2.11	2.06	2.02	1.98	1.96	1.86	1.81	1.76	1.71	1.67	1.65	1.64	1.63	19
20	2.97	2.59	2.38	2.25	2.16	2.09	2.04	2.00	1.96	1.94	1.84	1.79	1.74	1.69	1.65	1.63	1.62	1.61	20
21	2.95	2.56	2.35	2.22	2.13	2.06	2.01	1.97	1.93	1.90	1.81	1.76	1.70	1.65	1.61	1.59	1.58	1.57	22
24	2.93	2.54	2.33	2.19	2.10	2.04	1.93	1.94	1.91	1.88	1.78	1.73	1.67	1.62	1.58	1.56	1.54	1.53	24
26	2.91	2.52	2.31	2.17	2.08	2.01	1.96	1.92	1.88	1.86	1.76	1.71	1.65	1.59	1.55	1.53	1.51	1.50	26
28	2.89	2.50	2.29	2.16	2.06	2.00	1.94	1.90	1.87	1.84	1.74	1.69	1.63	1.57	1.53	1.50	1.49	1.48	28
30	2.88	2.49	2.28	2.14	2.05	1.98	1.93	1.88	1.85	1.82	1.72	1.67	1.61	1.55	1.51	1.48	1.47	1.46	30
40	2.84	2.44	2.23	2.09	2.00	1.93	1.87	1.83	1.79	1.76	1.66	1.61	1.54	1.48	1.43	1.41	1.39	1.38	40
50	2.81	2.41	2.20	2.06	1.97	1.90	1.84	1.80	1.76	1.73	1.63	1.57	1.50	1.44	1.39	1.36	1.34	1.33	50
60	2.79	2.39	2.18	2.04	1.95	1.87	1.82	1.77	1.74	1.71	1.60	1.54	1.48	1.41	1.36	1.33	1.31	1.29	60
80	2.77	2.57	2.15	2.02	1.92	1.85	1.79	1.75	1.71	1.68	1.57	1.51	1.44	1.38	1.32	1.28	1.26	1.24	80
100	2.76	2.36	2.14	2.00	1.91	1.83	1.78	1.73	1.70	1.66	1.56	1.49	1.42	1.35	1.29	1.26	1.23	1.21	100
200	2.73	2.39	2.11	1.97	1.88	1.80	1.75	1.70	1.66	1.63	1.52	1.46	1.38	1.31	1.24	1.20	1.17	1.14	200
500	2.72	2.31	2.10	1.96	1.86	1.79	1.73	1.68	1.64	1.61	1.50	1.44	1.36	1.28	1.21	1.16	1.12	1.09	500
∞	2.71	2.30	2.03	1.94	1.85	1.77	1.72	1.67	1.63	1.60	1.49	1.42	1.34	1.26	1.18	1.13	1.08	1.00	∞